U0174014

新时代应用型人才培养教材·无人机系列
“双高建设”高校课程重构探索教材
职业教育校企合作开发教材
行业紧缺人才培训教材

无人机概论

主　编　朱　爽
副主编　赵小平　梁治华

北京交通大学出版社
·北京·

内 容 简 介

近年来，无人机技术广泛应用于多个行业和领域，无人机技术发展迅猛。本书主要讲述了与无人机相关的基本概念、基本原理、基本技术、基本应用。全书共分为 8 章，分别为无人机概述、无人机构造、无人机系统组成、无人机飞行原理、无人机飞行性能、航空气象、无人机任务规划、无人机飞行管理。

本书适合高职、中职无人机应用技术及相关专业低年级学生使用，也可作为无人机培训教材和相关技术人员的参考资料。

图书在版编目（CIP）数据

无人机概论 / 朱爽主编. —北京：北京交通大学出版社，2023.8

ISBN 978-7-5121-5036-2

Ⅰ. ① 无…　Ⅱ. ① 朱…　Ⅲ. ① 无人驾驶飞机－概论　Ⅳ. ① V279

中国国家版本馆 CIP 数据核字（2023）第 129946 号

无人机概论
WURENJI GAILUN

责任编辑：刘　蕊
出版发行：北京交通大学出版社　　电话：010-51686414　　http://www.bjtup.com.cn
地　　址：北京市海淀区高梁桥斜街 44 号　　邮编：100044
印 刷 者：北京时代华都印刷有限公司
经　　销：全国新华书店
开　　本：185 mm×260 mm　　印张：13　　字数：324 千字
版 印 次：2023 年 8 月第 1 版　　2023 年 8 月第 1 次印刷
印　　数：1～2 000 册　　定价：39.00 元

本书如有质量问题，请向北京交通大学出版社质监组反映。对您的意见和批评，我们表示欢迎和感谢。
投诉电话：010-51686043，51686008；传真：010-62225406；E-mail：press@bjtu.edu.cn。

前　言

无人机概论是中等、高等职业院校无人机相关专业最早开设的专业基础课之一。通过对本书内容的学习，读者可以了解无人机领域所涉及的基本知识、基本原理及发展概况，为今后的学习和工作打下坚实的基础，亦可开阔视野，扩大知识面。

本书以与无人机相关的基本概念、基本原理、基本技术、基本应用为主，分为 8 个部分，分别为无人机概述、无人机构造、无人机系统组成、无人机飞行原理、无人机飞行性能、航空气象、无人机任务规划、无人机飞行管理。全书力求宽而不深，内容浅显易懂，侧重基本概念、基本原理，适用于无人机相关专业低年级学生。

本书由朱爽担任主编，赵小平、梁治华担任副主编，张锦水、马卫峰、郑阔、桂维振、邱亚辉、郑佳荣、喻静、刘彦君、刘俞含、占文峰参编。参编单位有北京工业职业技术学院、北京师范大学、北京艾尔思时代科技有限公司、航天宏图信息技术股份有限公司等。

在本书编写过程中，参考了国内外大量文献资料及相关院校的有关教材，在此谨对原作者表示感谢。

本书涉及多个领域的科学技术，鉴于编者水平有限，书中不当之处恳请读者批评指正。

编　者

2023 年 5 月

目　录

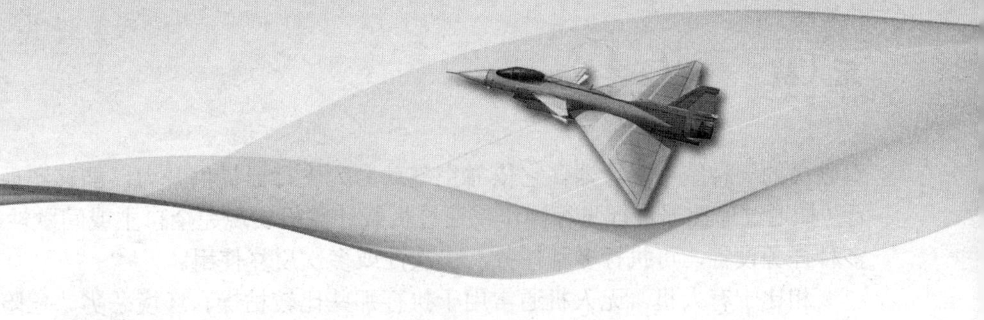

第1章　无人机概述

无人机的起源可追溯到1914年，英国人研制出一种用无线电操纵并用于空投炸弹的小型无人驾驶飞机。随着无人飞行技术的发展，无人机的内涵不断丰富。无人机最早出现在军事领域，广泛应用于靶机、侦察、情报搜集、通信、诱饵等军事任务中。随着社会需求的发展和变化，无人机技术在民用领域得到了快速发展，目前已广泛应用于测绘、影视航拍、地质勘探、气象探测、管线巡查等领域，应用前景十分广阔。

近年来，我国无人机技术从无到有，经历了翻天覆地的变化。目前我国无人机技术已经达到世界先进水平，许多技术已经居于世界前列，我国无人机技术市场潜力大，有广阔发展空间。我国无人机技术飞速发展以及空前的市场前景极大增强了我们的民族自信。

思政目标

通过学习无人机的相关概念、发展情况及行业应用情况，了解我国无人机的发展历程和现状，增强民族自信和行业自信，培养不断开拓创新的职业精神。

学习目标

1. 掌握无人机的相关概念。
2. 熟练掌握无人机的五种分类方法和分类标准。
3. 了解无人机发展情况及行业应用情况。

1.1　无人机的相关概念

1.1.1　无人机的定义

无人机（unmanned aerial vehicle，UAV）是指由控制站管理（包括远程操纵和自主飞行）的航空器，也称为远程驾驶航空器（remotely piloted aircraft，RPA），是由动力驱动、不搭载驾驶员的一种空中飞行器。它依靠空气动力为飞行器提供升力，能够实现不同程度的自主飞行（如通过遥控器进行飞行操作或通过机载计算机实现完全自主或间歇性自主飞行），能携带多种任务设备，可执行多种任务，一次性或多次反复使用。

相比于有人机，无人机通常用于执行那些比较枯燥、环境恶劣、危险的飞行任务。无人机起源于军用领域，但随着社会的发展，应用领域逐渐扩展至民用的各个领域，例如商用、科研、娱乐、农业、监察、物流、航空摄影等。

无人机要完成飞行任务，除无人机本身和携带的任务设备外，还需要地面控制设备、数据通信设备、维护设备，以及指挥控制和必要的操作、维护人员等。某些较大型的无人机还需要专门的起飞（发射）/回收装置、地面保障系统等配合工作。因此，由无人机、相关控制站、所需的指令与控制数据链路，以及批准的型号、设计规定的所有其他部件所组成的系统，称为无人机系统（unmanned aerial system，UAS），也称为远程驾驶航空系统（remotely piloted aircraft system，RPAS）。

图 1–1 为无人机系统。该无人机系统的组成包括飞行器、地面控制站、任务载荷、飞控系统（包含传感器）、指令与控制数据链路等。

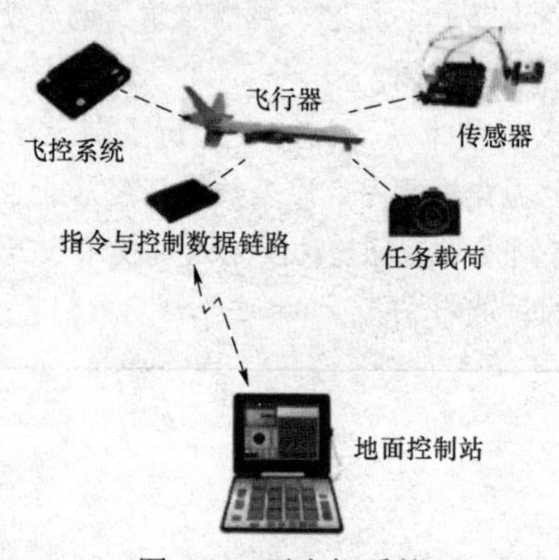

图 1–1　无人机系统

飞控系统（flight control system），是控制无人机飞行姿态和运动的设备。

地面控制站（ground control station，GCS），也称遥控站、控制站、地面站，是用于操纵无人机的设备，具有对无人机飞行平台和任务载荷进行监控和操纵的能力，也能对无人机发射和回收进行控制。

指令与控制数据链路（command and control data link，C2），是指无人机和控制站之间为进行飞行管理而建立的数据链接。

任务载荷（payload）是指那些为完成任务装备到无人机上的设备，但不包括飞行控制设备、数据链路和燃油等。无人机的任务载荷技术的快速发展极大地扩展了无人机的应用领域，无人机根据其功能和类型的不同，装备的任务载荷也不同。

无人机系统驾驶员（drone pilot），是指由运营人指派对无人机的运行负有必不可少职责并在飞行期间适时操纵无人机的人。无人机系统的机长，是指在系统运行时间内负责整个无人机系统运行和安全的驾驶员。

1.1.2　无人机的特点

1. 优点

由于无人机不用考虑驾驶员的存在，因此在结构设计上具有非常大的灵活性，在满足空气动力学的基础上有丰富多样的结构，其优点主要体现在以下几个方面。

1）无驾驶员生命威胁

无人机上没有驾驶员，无需配备生命支持系统，简化了系统，减轻了重量，降低了成本。执行危险任务时，不会危及驾驶员生命安全，更适合执行危险性高的任务，可以适应更激烈的机动飞行和更加恶劣的飞行环境，留空时间也不会受到人的生理限制。

2）门槛降低

无人机在制造方面放宽了冗余性和可靠性指标，放宽了机身材料、过载、耐久性等方面的要求。在使用方面，操作相对简单，训练更易上手，且可用模拟器代替真机进行训练。在维护方面，相对简单，地勤保障要求低，机动性强，维护成本低。

3）配置灵活，任务多元化

无人机由于在体积、使用、维护上的优势，使其在使用过程中配置相当灵活，现有各类平台经过简单改装后都可以支持使用。

4）对环境要求低

无人机对环境要求较低，包括起降环境、飞行环境和地面保障等。大部分民用无人机都能够在较小场地（甚至可以在船舶、石油平台上）起飞（发射）和回收。

5）应用领域广

无人机重量轻、体积小、结构简单，被广泛应用于军用和民用领域。民用领域有影视航拍、公安、工业、地质勘探、卫星遥感、公务、气象等。

2. 缺点

无人机有一些局限性，主要体现在以下几个方面。

1）应变能力不强

无人机上没有驾驶员和机组人员，对导航系统和通信系统的依赖性非常强，不能应对意外事件。当有强信号干扰时，易造成接收机与地面工作站失联，使得无人机容易处于危险状态。

2）受外界影响大

无人机由于体积、重量和动力等原因，受天气影响较大，抗风、抗雨、抗气流变化能力有限。在大风和乱流环境中进行飞行时，易偏离飞行线路，难以保持平稳的飞行姿态。结冰环境下的飞行高度比预计的飞行高度要低，在海拔 3 000～4 500 m 的高度上，连续飞行 10～15 min 后会使无人机受损。

3）安全系数低

无人机放宽了冗余性和可靠性指标，降低了飞行安全系数。当发生机械故障或电子故障时，无人机及机载设备可能会产生致命损伤。

4）续航时间短

无人机的续航时间相对较短，尤其是电动系统的无人机，续航能力普遍小于 30 min。

5）信号传输受限

无人机的控制系统需要多种信号，包括遥控器、控制站、图传、数传等设备的通信频率，

而目前通信传输的稳定性和宽泛性还存在局限性，限制了无人机的通信传输距离和飞行范围。

1.2 无人机的分类

目前，无人机的应用领域非常广泛，种类繁多，尺寸、质量、性能及任务方面的差异也非常大，因此需要从不同角度对无人机进行分类，这也有助于无人机的飞行管理和发展。

1.2.1 按飞行平台构型分类

按无人机飞行平台构型的不同，可将无人机分为固定翼无人机、无人直升机、多旋翼无人机、伞翼无人机、扑翼无人机、无人飞艇、混合式无人机等。

1. 固定翼无人机

固定翼无人机（fix-wing unmanned aerial vehicle）是由动力装置产生前进的推力或拉力，由机身固定的机翼产生升力，在大气层内飞行的重于空气的无人机。图 1–2 为固定翼无人机。

图 1–2 固定翼无人机

固定翼无人机具有续航时间长、航程远、飞行速度快、高空飞行、载荷大的特点，目前已被广泛应用于测绘、地质、石油、农林等行业。但固定翼无人机起降受场地限制，无法悬停，操作难度较大，风险较高。

2. 无人直升机

无人直升机（unmanned helicopter）是依靠动力系统驱动一个或多个旋翼产生升力和推进力，实现垂直起落及悬停、前飞、后飞、定点回转等可控飞行的无人机。按结构形式进行分类，无人直升机可分为单旋翼直升机、纵列式双旋翼直升机、横列式双旋翼直升机、共轴式双旋翼直升机等类型。图 1–3 为单旋翼直升机；图 1–4 为共轴式双旋翼直升机。

图 1–3 单旋翼直升机

图 1–4 共轴式双旋翼直升机

无人直升机可垂直起降、悬停、任意方向飞行，操作灵活，但结构复杂、故障率较高。与固定翼无人机相比，无人直升机飞行速度低、油耗高、载荷小、航程短、续航时间短。

3. 多旋翼无人机

多旋翼无人机（multi-rotor unmanned aerial vehicle）是由具有三个及以上旋翼轴提供升力和推进力的可垂直起降的无人机。其通过每个轴上的电动机转动，带动旋翼，从而产生升力。旋翼的总距固定，不像直升机那样可变。通过改变不同旋翼之间的相对转速，可以改变单轴推进力的大小，从而控制飞行器的运行轨迹和飞行姿态。图 1–5 为八轴旋翼无人机。

图 1–5　八轴旋翼无人机

多旋翼无人机的特点表现为结构简单、价格低廉、操作灵活、可向任意方向飞行，但有效载荷较小、续航时间较短。

4. 伞翼无人机

伞翼无人机（unmanned parawing）是指以伞翼为升力面，以柔性伞翼代替刚性机翼的无人机。伞翼位于全机的上方，多用纤维织物制成不透气柔性翼面，可收叠存放，张开后利用迎面气流产生升力。图 1–6 为伞翼无人机。

图 1–6　伞翼无人机

伞翼无人机构造简单，操纵方便，可以折叠、拆装，由于采用柔性翼面，因此飞行高度不能高于 2 000 m，以防高空水汽冻结使伞翼变形；飞行速度低于 100 km/h，风速太大时也不能飞行，主要用于低空农林作业和体育运动。

5. 扑翼无人机

扑翼无人机（unmanned ornithopter）是一种机翼能像鸟和昆虫的翅膀那样上下扑动的重于空气的航空器，又称振翼机，是利用仿生原理，通过机翼主动运动模拟鸟的翅膀振动，产生升力和前行力的无人机。其特征是机翼主动运动，靠机翼拍打空气的反作用力作为升力和前行力，通过机翼及尾翼的位置改变而进行机动飞行。图 1–7 为扑翼无人机。

图 1–7　扑翼无人机

扑翼无人机的气动效率低、动力及结构要求高、材料要求高、有效载荷小。扑翼空气动力学尚未成熟，现代扑翼虽然已经能够实现较好的飞行与控制，但由于控制技术、材料和结构方面的问题一直未能解决，距实用仍有一定差距，仍无法广泛应用。

6. 无人飞艇

无人飞艇（unmanned airship）是一种轻于空气、具有操纵和推进系统的无人机。飞艇获得的升力主要来自其内部充满的比空气轻的气体，如氢气、氦气等。主要结构包括气囊、辅助气囊、吊舱、推进装置、方向舵和升降舵等。其中，气囊里面充满了氦气以提供升力；飞艇内部有一个小的、辅助性的气囊，可通过在飞行中的充气和放气来控制飞艇形状，保持浮力；吊舱位于飞艇下方，里面装有发动机；推进装置为飞艇的起飞、降落和空中悬停提供动力；方向舵和升降舵为飞艇提供机动能力。图 1–8 为无人飞艇。

图 1–8　无人飞艇

一般从结构上看，飞艇可分为三种类型，分别是硬式飞艇、半硬式飞艇和软式飞艇。硬式飞艇是由其内部骨架（由金属或木材等制成）保持形状和刚性的飞艇，外表覆盖着蒙皮，骨架内部则装有许多为飞艇提供升力的充满气体的独立气囊。半硬式飞艇要保持其形状主要是通过气囊中的气体压力，另外也要依靠刚性骨架。软式飞艇要保持其外形，只能通过气囊中的氦气压力来实现。

无人飞艇的优势就是它具有保持超长滞空时间和静音的性能，但也存在造价高昂、速度过低等问题。

7. 混合式无人机

混合式无人机（mixing type unmanned aerial vehicle）指混合两种或多种平台构型的无人机，如倾转旋翼无人机。倾转旋翼无人机是一种将固定翼无人机和无人直升机融为一体的新型飞行器，既具有普通无人直升机垂直起降和空中悬停的能力，又具有涡轮螺旋桨无人机的高速巡航飞行的能力。图 1–9 为倾转旋翼无人机。

图 1–9　倾转旋翼无人机

垂直起降无人机也是混合式无人机的一种，是有效结合多旋翼无人机垂直起降能力和固定翼无人机高效巡航能力的无人机。图 1–10 为民用垂直起降无人机。

图 1–10　民用垂直起降无人机

1.2.2　按飞行性能分类

1. 按航程分类

无人机按航程（或活动半径）可分为超近程无人机、近程无人机、短程无人机、中程无人机、远程无人机。

超近程无人机活动半径在 15 km 以内；近程无人机活动半径在 15～50 km 之间；短程无人机活动半径在 50～200 km 之间；中程无人机活动半径在 200～800 km 之间；远程无人机活动半径大于 800 km。

2. 按实用升限分类

按实用升限（或任务高度）分类，无人机可分为超低空无人机、低空无人机、中空无人机、高空无人机和超高空无人机。

超低空无人机任务高度一般在 0～100 m 之间；低空无人机任务高度一般在 100～1 000 m 之间；中空无人机任务高度一般在 1 000～7 000 m 之间；高空无人机任务高度一般在 7 000～18 000 m 之间；超高空无人机任务高度一般大于 18 000 m。

3. 按速度分类

无人机按速度可分为低速无人机、亚声速无人机、跨声速无人机、超声速无人机和超高声速无人机。

低速无人机的 *Ma*（马赫数）一般小于 0.4；亚声速无人机的 *Ma* 一般为 0.4～0.85；跨声速无人机的 *Ma* 一般为 0.85～1.3；超声速无人机的 *Ma* 一般为 1.3～5；超高声速无人机的 *Ma* 一般大于 5。

1.2.3 按民用无人机驾驶员管理规定分类

按中国民用航空局飞行标准司 2018 年 8 月 31 日发布的《民用无人机驾驶员管理规定》（AC-61-FS-2018-20R2），无人机可分为七类。表 1-1 为无人机分类等级。

表 1-1 无人机分类等级

分类等级	空机重量/kg	起飞全重/kg
Ⅰ	0＜空机重量/起飞全重≤0.25	
Ⅱ	0.25＜空机重量≤4	1.5＜起飞全重≤7
Ⅲ	4＜空机重量≤15	7＜起飞全重≤25
Ⅳ	15＜空机重量≤116	25＜起飞全重≤150
Ⅴ	植保类无人机	
Ⅺ	116＜空机重量≤5 700	150＜起飞全重≤5 700
Ⅻ	空机重量/起飞全重＞5 700	

1.2.4 按应用领域分类

按应用领域可将无人机分为军用无人机和民用无人机两大类。

1. 军用无人机

军用无人机是指应用于军用领域的无人机。根据不同军事用途和作战任务，军用无人机可分为无人侦察机/监察机、无人战斗机、通信中继无人机、电子对抗无人机等。

1）无人侦察机/监察机

无人侦察机是指无人驾驶的专门用于从空中获取情报的军用飞机。无人侦察机将是侦察卫星和有人侦察机的重要补充和增强手段。它与侦察卫星相比，具有成本低、侦察地域控制灵活、地面目标分辨率高等特点；与有人侦察机相比，具有可昼夜持续侦察的能力，不必考虑驾驶员的疲劳和伤亡等问题，特别在对敌方严密设防的重要地域实施侦察时，或在有人驾驶侦察机难以接近的情况下，使用无人侦察机就更能体现出其优越性。图 1-11 为“祥龙”高空无人侦察机。

图 1–11 “祥龙”高空无人侦察机

2）无人战斗机

无人战斗机是一种全新的空中武器系统，无人作战飞机从过去主要是执行空中侦察战场监视和战斗毁伤评估等任务的作战支援装备，升级成为能执行压制敌方防空系统对地攻击，并可以执行对空作战的主要作战装备之一。现阶段主要功能是实施防空压制和纵深打击。图 1–12 为波音公司设计的 X–45C 无人战斗机。

图 1–12　波音公司设计的 X–45C 无人战斗机

3）通信中继无人机

作为空中中继平台，通信中继无人机可增加信息的传输距离，即利用无人机向其他军用飞机或陆、海军飞机传送图像等信号，这些无人机一般都安装了超高频或甚高频的无线通信设备。图 1–13 为“猎户座”通信中继无人机在空中建立的情报和通信网络示意图。

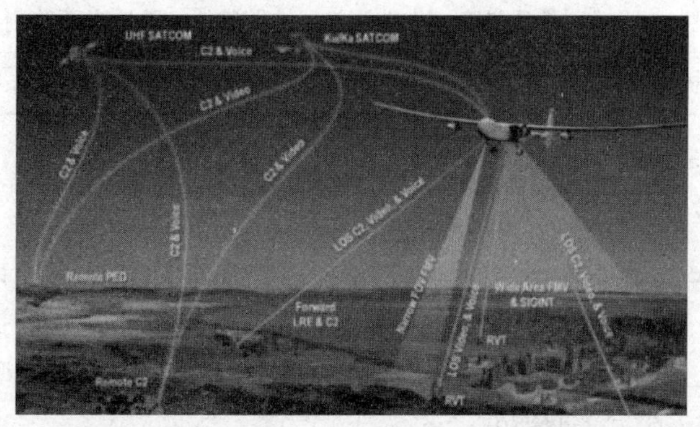

图 1–13　“猎户座”通信中继无人机在空中建立的情报和通信网络示意图

4）电子对抗无人机

电子对抗无人机是装载电子对抗装备执行电子对抗作战任务的专用无人驾驶机，类型有电子对抗侦察无人机、电子干扰无人机和反辐射无人机。电子对抗侦察无人机由无人机载体及所携带的电子对抗侦察设备组成，执行侦察任务时，通过对一定频域和空域范围内的各种电磁信号进行搜索、测量和分析，获取电子情报。电子干扰无人机可飞临敌方防护严密的要地上空或在一定空域内巡航，对敌方雷达和无线电通信实施抵近式干扰。反辐射无人机装有反辐射导引头和战斗部，主要用于压制和攻击敌方地面雷达，削弱防空系统作战能力，掩护己方作战飞机执行作战任务。图 1–14 是以色列“苍鹰”电子对抗无人机。

图 1–14　以色列“苍鹰”电子对抗无人机

2. 民用无人机

民用无人机是指应用于民用领域的无人机。与军用无人机相比，民用无人机具有成本相对较低、无人员伤亡风险、生存能力强、机动性能好等优点，降低了市场准入门槛和研发成本，发展十分迅猛。

民用无人机可分为消费级无人机和工业级无人机。消费级无人机主要用于个人娱乐、航拍、科普教育等，强调产品的易操作性、便携性和性价比。工业级无人机主要用于各个行业领域，强调产品的专业性、稳定性和可靠性。表 1–2 为民用无人机类型及其用途简介。

表 1–2　民用无人机类型及其用途简介

类型	用途简介
农用无人机	农业喷洒、农业施肥、农业土地监测、人工降雨等
探测、监测类无人机	环境监测，灾害监测，森林防护，输油管道，仓库、道路的状态监测，火灾和水灾破坏区域的确定及监测，地震等自然灾害监察，等等
城管、治安管理无人机	城市规划、城市监察、应激反应、公路监控等
科学探测无人机	地质勘测、大地测量、地图测绘、陆地表面监测、海洋研究等
通信、中继无人机	电信、卫星中继、新闻广播等

1.2.5　按运行风险分类

按照国务院、中央军委空中交通管制委员会组织起草并于 2023 年 4 月经由国务院常务会议审议通过的《无人驾驶航空器飞行管理暂行条例（草案）》的规定，按运行风险大小，民用无人机可分为微型无人机、轻型无人机、小型无人机、中型无人机和大型无人机。表 1–3 为无人机根据运行风险大小分类的标准。

表 1–3　无人机根据运行风险大小分类的标准

分类	无人机的运行风险
微型无人机	空机重量小于 0.25 kg，设计性能同时满足飞行真高不超过 50 m，最大飞行速度不超过 40 km/h，无线电发射设备符合微功率短距离无线电发射设备技术要求的遥控驾驶航空器
轻型无人机	同时满足空机重量不超过 4 kg，最大起飞重量不超过 7 kg，最大飞行速度不超过 100 km/h，具备符合空域管理要求的空域保持能力和可靠被监测能力的遥控驾驶航空器，但不包括微型无人机
小型无人机	空机重量不超过 15 kg 或者最大起飞重量不超过 25 kg 的无人机，但不包括微型、轻型无人机
中型无人机	最大起飞重量超过 25 kg 但不超过 150 kg，且空机重量超过 15 kg 的无人机
大型无人机	最大起飞重量超过 150 kg 的无人机

1.3　无人机的发展及趋势

1.3.1　国外无人机的发展

现代战争是推动无人机发展的基本动力。无人机的起源可追溯到 1914 年，当时英国的卡德尔和皮切尔两位将军，向英国军事航空学会提出了一项建议：研制一种不用驾驶员在飞机上驾驶，而是用无线电操控的小型飞机，使它能够飞到某一目标区上空投掷预先装好的炸弹。

1915 年，德国西门子公司成功研制了采用伺服控制装置和指令的滑翔炸弹。1916 年，第一架无线电操控的无人驾驶飞机在美国试飞。世界第一架无人机诞生于 1917 年，是由英国皇家研究院将空气动力学、轻型发动机和无线电进行结合的成果。由于陀螺仪的发明，使得飞机能够保持平衡向前飞行，1917 年 12 月，美国发明家埃尔默 • 斯佩里完成了“航空鱼雷”飞机的设计和飞行。美国陆军航空队采纳查尔斯 •凯特琳的方案，研制出了“自由鹰”式“航空鱼雷”飞机。

两次世界大战期间，军用无人机主要用作无人靶机。1918 年，法国第一架无线电遥控飞机试飞成功。1921 年英国成功研制第一架实用靶机——RAD1921 型无人靶机。20 世纪 30 年代，英国政府研制了一种用于校验战列舰上火炮对目标的攻击效果的靶机，并取得成功。1934—1943 年间，共生产了 420 架“蜂后”靶机，1935 年发明 DH82B“蜂王号”，使得无人机能够回到起飞点。

第二次世界大战末到 20 世纪 60 年代初，很多退役或多余的飞机被改装成靶机，这一时期成为靶机的迅速发展阶段。例如，图 1–15 为美国“火峰”无人机，它是美国特里达因 • 瑞安飞机公司研制的一种装有涡轮喷气发动机且可回收重复使用的无人驾驶靶机，也是世界上生产数量最多的无人机之一。该机的主要任务是用于鉴定各种空对空和地对空武器系统，并用以训练战斗机驾驶员和防空部队等。它的一部分改型还能执行侦察、电子战、飞行试验、携带炸弹或导弹进行对地攻击等任务，除供应美陆、海、空三军使用外，还向北约成员国及其他国家出口。靶机的发展使无人机技术突破了速度飞行界限，从低速到亚声速再发展到超声速；同时也突破了飞行高度限制，实现了从低空到高空的跨越。

图 1–15　美国“火峰”无人机

从冷战期间开始，无人机被频繁应用于军事行动中。1960 年，美国空军启动了“专用飞行器”（SPA）计划，在“火蜂”无人机基础上发展了无人侦察机计划。越南战场成为无人机大规模用于实战的战场，其目的主要是减少驾驶员损失。越战期间，“火蜂”系列高空侦察无人机使用了多达 3 435 架次，执行了高空和超低空照相侦察、电子窃听、电子干扰等任务，开辟了无人机应用和发展的新阶段。

1973 年，第四次中东战争中，以色列用“侦察兵”和“猛犬”无人侦察机成功捣毁敌方部署的空地导弹防控网。1982 年黎以冲突中，“猛犬”无人机在贝卡谷地的战役中充当无人机诱饵，帮助以色列空军取得了战争的全面胜利。图 1–16 为以色列“猛犬”无人侦察机。

图 1–16　以色列“猛犬”无人侦察机

20 世纪 90 年代，无人机进入了蓬勃发展阶段。1991 年 2 月海湾战争爆发后，无人机最大规模地应用于实战中，“先锋”无人机配合“阿帕奇”武装直升机执行空中侦察任务。美军向伊拉克发射了 BQM–74C 型无人机，诱使伊拉克防空导弹雷达开机，随后将其摧毁。1994 年，“蚊蚋–750”I 型系统诞生，后经过改装后成为“蚊蚋–750”III 型远程无人机，即著名的“捕食者”无人机。图 1–17 为“捕食者”无人机。

图 1–17　“捕食者”无人机

1994年，通用原子公司将RQ–1“捕食者”无人机进行改造，用于携带武器并攻击目标，并于1995年在对波斯尼亚的战役中首次使用。1996年3月，美国国家航空航天局研制了X–36无尾技术验证机，它在试验中获取的数据极大提升了未来战斗机的空战操控性和生存能力，后用于研究战斗机隐身设计与飞行敏捷性的配合。图1–18为X–36无人机。

图1–18　X–36无人机

20世纪末，多国研制出新时代军用无人机，改变了军事战争和军事调动的原始格局。

在民用领域，无人机也越来越多地应用于各行各业中，如农业、地质勘探、遥感遥测、气象、观光旅游等，推动了社会进步，并逐步成为社会经济发展的重要增长点。

1.3.2　我国无人机的发展

我国无人机研究始于20世纪50年代后期。20世纪60年代，由于苏联援助的取消、专家的撤离，解放军空军试验用的“拉–17”无人靶机严重缺失，国家开始研制自己的无人靶机，1966年“长空一号”研制成功，该无人机是一架大型喷气式无线电遥控高亚声速飞机，可供导弹打靶或防空部队训练。图1–19为“长空一号”靶机。

图1–19　“长空一号”靶机

1969年，我国在美国“火蜂”无人机的基础上研制出高空、亚声速多用途飞机——“无侦–5”侦察机（又称“长虹一号”），主要用于军事侦察、高空摄影、地质勘探、靶机等任务。图1–20为“长虹一号”无人机。

图 1-20 “长虹一号”无人机

1994 年 12 月，西安爱生技术集团成功研制“ASN-206”无人机，该无人机采用后推式双尾撑结构形式，装备垂直相机和全景相机、红外探测设备、电视摄像机、定位校射设备等，用于昼夜空中侦察、战场侦察、目标定位、炮火定位、边境巡逻、核辐射取样、空中摄影、探矿、电子战等。图 1-21 为“ASN-206”无人机。

图 1-21 “ASN-206”无人机

进入 21 世纪，北京航空航天大学研发了我国第一套大型长航时无人机——“长鹰”无人机。2006 年 10 月，沈阳飞机设计研究所设计的“利剑”无人机在珠海航展上公开亮相，该飞机是具有超声速、超高机动能力和低可探性的无人机作战机。2007 年，中航工业成都飞机设计研究所研制出“翼龙”无人机，该无人机是一种中低空、军民两用、长航时的多用途无人机，可携带各种侦察、激光照射/测距、电子对抗设备及小型空地打击武器，执行监视、侦查及对地攻击等任务，在民用和科学研究等领域，用于灾情监视、缉私查毒、环境保护、大气研究，以及地质勘探、气象观测、大地测量、农药喷洒和森林防火等。图 1-22 为“长鹰”无人机；图 1-23 为“利剑”隐身舰载无人机；图 1-24 为“翼龙”无人机。

图 1-22 “长鹰”无人机

图 1-23 “利剑”隐身舰载无人机

图 1–24 “翼龙”无人机

2015 年 8 月，“彩虹–5”无人机完成首飞，该无人机是一款中空长航时察打一体无人机，可搭载电子综合系统，执行通信侦察干扰、雷达侦察干扰等任务。图 1–25 为“彩虹–5”无人机。

图 1–25 “彩虹–5”无人机

2015 年，在纪念中国人民抗日战争暨世界反法西斯战争胜利 70 周年阅兵式中，哈飞与北航联合设计的一种具有隐身能力的中高空远程无人侦察机系统飞行器——“BZK–005”无人机亮相。图 1–26 为“BZK–005”无人机。

图 1–26 “BZK–005”无人机

2019 年，在中华人民共和国国庆大阅兵中展示了“无侦–8”无人侦察机、“攻击–11”隐身无人机。这些无人机的研制成功标志着我国无人机设计制造水平已经达到了世界先进水平。

图 1-27 为“无侦-8”无人侦察机。

图 1-27 “无侦-8”无人侦察机

2007—2012 年，民用无人机制造商如雨后春笋般涌现，与此同时，军工集团也开始涉足民用领域。这期间，2008 年，面向民用领域的长航时中空无人机“黔中 1 号”顺利首飞。2012 年前后至今，以大疆产品为代表的无人机向消费级市场展开强烈攻势，使无人机真正走进了大众视野，大疆 Phantom3 的问世，让航拍成为流行。零度智控、奇蛙、云顶智能等众企业的参与，更是将消费级无人机市场推向了红海。短短几年间，民用无人机行业发生巨大变革，迎来了前所未有的发展盛世。图 1-28 为大疆 Phantom3 四旋翼无人机。

图 1-28 大疆 Phantom3 四旋翼无人机

1.3.3 无人机的发展趋势

近年来，无人机产业发展不断加快，并逐渐从军用领域延伸到民用领域。围绕民用无人机这个新兴市场，各国相继加大扶持力度，推进全面布局，眼下已形成激烈竞争局面。无人机未来发展趋势体现在以下几个方面。

1）产业体系协同化

随着无人机市场的逐渐兴盛，无人机产业将从设计、研发、制造等技术领域延伸到无人机租赁、驾驶员培训等管理、服务、保障领域，进而触及社会生产生活更广更深的层面，逐步形成一条新的产业链。通过提升生产制造能力及供应链管理和质量控制能力，增强了产业链上下游企业的高度信任。上下游企业互相促进，共同成长，构建产业发展的良性循环格局，实现民用无人机产业体系的协同化发展。军用无人机厂商以贯彻军民融合全发展战略为契机，利用技术优势进入民用无人机市场。同时，大型消费级无人机企业利用市场优势与技术积累进军工业级市场。工业级无人机企业也可利用专业优势生产迎合大众市场需求的消费级无人机产品。通过无人机产业链上下游企业共同协作创新，跨界融合发展，创新商业模式，从而形成跨产业、跨领域的产业形态，构建制造业与服务业一体化的新型产业体系。

2）消费产品个性化

消费市场的无人机资本将更多地向摄影、摄像领域拓展，以形成沉浸式航拍体验，让普通大众享受到无人机飞行带来的乐趣。消费级无人机企业要抓住市场需求与用户痛点，通过准确定位产品，改良升级技术，增强无人机的便携性、安全性、易操控性，并赋予无人机更多的社交、媒体属性，开发出新的应用场景，推出迷你型、个性化、便携式的消费级电子消费品，让消费者得到满意的使用体验，从而使得行业规模获得更大的拓展。

3）行业应用专业化

工业级无人机只有实现用途多领域、性能多样化发展，才能把潜在的需求变为现实的市场。随着对无人机应用价值认知程度的加深，无人机技术的不断创新必将颠覆众多行业的传统作业方式。基于工业级无人机高效的作业与强大的功能，将进一步推进传统行业变革，以实现产业更新升级。随着其在救灾、警务、环保、监测气候、货物运输等方面应用的扩大，尤其是太阳能无人机的使用场景更加丰富，将使无人机呈现出全领域发展的趋势，无人机的经济效益与社会价值更加凸显。通过实施“无人机+”计划，与传统职业跨界融合，细分出无人机应急救援、无人机公共安全、无人机环境保护、无人机石油巡线等应用领域，将开拓全新的无人机产业民用发展新局面。

4）研发升级智能化

智能化趋势下，消费者对于无人机功能性需求提升，复杂的工业应用场景对无人机也提出了更多的技术要求与更高的安全要求，需要深入系统的技术研发，依靠硬件、软件、算法、系统等构建起飞行安全体系。先进的机器人技术和算法技术，丰富的传感器和任务设备，可以自动、智能化地完成各项复杂的任务。智能无人机与VR技术、大数据、云计算、互联网、物联网相结合，未来成为具备智能视觉、深度学习的“空中智能机器人”，能够自适应、自诊断、自决策、重规划，完全脱离人机一体的实体操作，可以实现飞行轨迹、操作控制的全过程数字化与自动化以及未来的交通管理过程的数字化，这将在普通消费用户市场获得巨大的应用空间，延续无人机在工作环境中的价值，向人类提供智慧服务。

5）运营服务精准化

无人机行业不仅需要技术的创新，还需要围绕行业应用市场的实际需求和用户的具体要求，积极探索商业模式来实施精准化的运营服务。随着民用无人机市场的升温，扩大而衍生出的无人机运营企业的产业服务主要包括飞行服务、租赁服务、维修保养服务、培训服务、金融保险服务和大数据服务等。无人机飞行服务包括特定应用领域的专业应用服务，现在国内已有专业无人机航拍公司、无人机植保公司等，客户不用购置专业机型和训练飞手，可根据工作实际需求购置无人机服务来完成目标任务。伴随着消费级市场的升级与工业级市场的拓展，无人机研发操作培训、维修保养服务与金融保险服务也拥有较大市场空间。无人机作为空中的数据端口，针对不同行业进行数据采集、传输、存储、提取、分析和展现，可为用户提供更精确、更强大的数据流服务。

本章练习

（一）单选题

1. 无人机的英文缩写是（　　）。
（A）UVS
（B）UAS
（C）UAV
2. 无人机根据运行风险大小分类的标准，轻型无人机是指（　　）。
（A）同时满足空机重量不超过 4 kg，最大起飞重量不超过 7 kg 的无人机
（B）空机重量不超过 7 kg 的无人机
（C）大于 116 kg，小于 5 700 kg 的无人机
3. 近程无人机活动半径为（　　）。
（A）小于 15 km
（B）15～50 km
（C）200～800 km
4. 任务高度一般在 0～100 m 之间的无人机为（　　）。
（A）超低空无人机
（B）低空无人机
（C）中空无人机
5. 不属于无人机机型的是（　　）。
（A）塞纳斯
（B）侦察兵
（C）捕食者
6. 不属于无人机系统的是（　　）。
（A）飞行器平台
（B）驾驶员
（C）导航飞控系统
7. 常规固定翼/旋翼平台是大气层内飞行的（　　）空气的航空器。
（A）重于
（B）轻于
（C）等于
8. 超近程无人机活动半径在（　　）以内。
（A）15 km
（B）15～50 km
（C）50～200 km
9. 中程无人机的活动半径为（　　）。
（A）50～200 km
（B）200～800 km

（C）800 km 以上

10. 低空无人机任务高度一般在（　　）之间。
    （A）0～100 m
    （B）100～1 000 m
    （C）1 000～7 000 m
11. 中空无人机任务高度一般在（　　）之间。
    （A）0～100 m
    （B）100～1 000 m
    （C）1 000～7 000 m
12. 依据《民用无人机驾驶员管理规定》，Ⅱ级无人机是指（　　）。
    （A）空机重量大于 0.25 kg 小于等于 4 kg，起飞全重大于 1.5 kg 小于等于 7 kg 的无人机
    （B）质量小于 0.25 kg 的无人机
    （C）质量小于等于 7 kg 的无人机
13. 依据《民用无人机驾驶员管理规定》，Ⅲ级无人机是指（　　）。
    （A）质量大于等于 7 kg，但小于 116 kg 的无人机
    （B）质量大于 7 kg，但小于等于 116 kg 的无人机
    （C）空机重量大于 4 kg 小于等于 15 kg，起飞全重大于 7 kg 小于等于 25 kg 的无人机

（二）简答题

1. 什么是无人机？和有人机相比，无人机有哪些优缺点？
2. 无人机的分类方式有哪些？
3. 简述民用无人机的应用领域。
4. 简述无人机的发展趋势。

第2章　无人机构造

不同飞行平台构型的无人机，其升力产生的原理不同，因此有不同的构造类型。固定翼无人机的构造与载人固定翼飞机类似，主要由螺旋桨、机身、机翼、尾翼和起落架构成。无人直升机主要由机身、主旋翼、桨毂、尾桨、操纵系统、动力装置、起落架等构成，其操纵系统十分复杂。多旋翼无人机使用定距螺旋桨，其构造最为简单。通过本章学习，了解各平台无人机的构造和气动布局，增强逻辑思维能力，为后续学习无人机飞行原理打下基础。

思政目标

通过学习无人机构造的相关知识，立足扎实的理论基础，培养踏实努力的职业精神。

学习目标

1. 掌握固定翼无人机的气动布局，以及机翼、机身、起落架、尾翼的构造。

2. 掌握无人直升机的气动布局，以及机身、主旋翼、操纵系统、传动系统、尾桨、起落架的构造。

3. 掌握多旋翼无人机的气动布局和构造。

2.1　固定翼无人机构造

固定翼无人机构造与载人固定翼飞机类似，主要由螺旋桨、机身、机翼、尾翼、起落架等结构组成。与载人固定翼飞机相比，固定翼无人机无驾驶员，简化了系统。图2-1为固定翼无人机的基本结构。下面分别介绍一下固定翼无人机的气动布局和各主要构成部分的构造。

1—螺旋桨；2—机身；3—机翼；4—垂直尾翼；5—水平尾翼；6—起落架

图 2–1 固定翼无人机的基本结构

2.1.1 固定翼无人机的气动布局

由于飞行器设计任务不同，机动性能要求不同，因此气动布局也有所不同。对于固定翼无人机而言主要有常规布局、鸭式布局、无尾布局、三翼面布局等。

1. 常规布局

常规布局，是将固定翼无人机的水平尾翼和垂直尾翼都放在机翼后面，即机翼、尾翼两翼面的布局。这是固定翼无人机最经典的气动布局，一直沿用到现在。图 2–2 为常规布局固定翼无人机。

图 2–2 常规布局固定翼无人机

2. 鸭式布局

鸭式布局，是将水平尾翼移到主翼之前的机头两侧，飞起来像鸭子，因此得名。鸭式布局可以通过较小的翼面来达到同样的操纵效能，而且前翼和机翼可以同时产生升力，而不像水平尾翼那样，平衡俯仰力矩多数情况下会产生负升力。在大迎角状态下，鸭翼（即固定翼无人机的前翼）只需要减少产生升力即可产生低头力矩（称为卸载控制面），从而有效保证大迎角状态下抑制过度抬头的可控性。图 2–3 为鸭式布局固定翼无人机。

图 2-3 鸭式布局固定翼无人机

鸭式布局固定翼无人机的鸭翼有两种：一种是不可操纵的，其功能是当无人机处在大迎角状态时加强机翼的前缘涡流，改善无人机大迎角状态的性能，也利于无人机的短距起降；另一种是可操纵的，其鸭翼除用于产生涡流外，还用于改善跨声速过程中安定性骤降的问题，同时也可减少配平阻力，另外在降落时，鸭翼还可偏转一个很大的负角，起减速板的作用。

鸭式布局也具有局限性，主要体现在两个方面：一是鸭翼在大迎角情况下容易失速；二是鸭翼和其他机翼间存在相互干扰。

3. 无尾布局

无平尾、无垂尾和飞翼布局也可以统称为无尾布局，其机身的主要部分隐藏在厚厚的机翼内。

1）优点

（1）超声速阻力小且无人机重量较轻。取消尾部使全机质量更趋合理地沿机翼翼展分布，从而可以减小机翼弯曲载荷，使结构质量进一步减轻。

（2）空气动力效率高。由于机身的主要部分和机翼融为一体，整个机翼都是用来产生升力的，空气阻力最小，因此这种无人机的空气动力效率最高。尾翼的取消可以明显减小无人机的气动阻力，同常规布局相比，其型阻可减小 60%以上。

（3）隐身性能好。取消尾翼之后将使无人机的目标特征尺寸大为减小，隐身性能得到极大提高。更重要的是这种机型对雷达波的反射最小，是隐身性最好的无人机。

（4）维修性好。尾翼的取消减少了操纵面、作动器和液压系统，从而也改善了维修性，具有更低的全寿命周期成本。图 2-4 为无尾布局固定翼无人机。

图 2-4 无尾布局固定翼无人机

2）缺点

（1）由于无尾布局无人机没有前翼和平尾，其纵向操纵和配平仅靠机翼后缘的升降舵来实现，其尾臂较短，效率不高。

（2）在起降时，增加升力需下偏较大角度，由此带来低头力矩，为配平又需上偏，造成操纵困难和配平阻力增加，因而限制了无人机的气动性能。

4. 三翼面布局

三翼面布局是在常规布局的基础上增加一个水平前翼而构成（即前翼+机翼+平尾），因此，它综合了常规布局和鸭式布局的优点。图 2–5 为三翼面布局固定翼无人机。

图 2–5 三翼面布局固定翼无人机

1）优点

（1）经过仔细设计，能得到更好的气动特性。

（2）能够增大静不稳定度，充分发挥主动控制技术的潜力。

（3）可以大大改善无人机的起降性能。

（4）具有更强的抗失速、抗尾旋能力，提高了无人机的稳定性、安全性。

（5）可减轻机翼上的载荷，全机载荷分配更为合理。

（6）在相同的外形尺寸下，三翼面布局无人机的起飞全重大大增加。在相同的起飞全重下，三翼面无人机尺寸比二翼面无人机尺寸减小约 20%。

2）缺点

三翼面布局也存在一些问题，主要表现在当迎角增大到一定程度后，旋涡会发生破裂，导致稳定性和操纵性的突然变化以及气动力非线性的产生。

2.1.2 固定翼无人机机翼的构造

机翼是固定翼无人机的重要部件之一，安装在机身上，其最主要的作用是产生升力，与尾翼一起形成良好的稳定性与操纵性。固定翼无人机的机翼一般都安装有副翼、襟翼、扰流板。副翼是机翼的重要部件之一，位置在机翼后缘的活动面上，其最主要的作用是产生升力，与尾翼一起形成良好的稳定性与操纵性，操纵副翼可控制无人机进行滚转运动。襟翼是机翼边缘部分的一种翼面形可动装置，可向下偏转或（和）向后（前）滑动，其基本效用是在飞行中增加升力。依据所安装部位和具体作用的不同，襟翼可分为后缘襟翼、前缘襟翼。扰流板是固定翼无人机的减升装置，主要用于减速。图 2–6 为固定翼无人机机翼和尾翼的基本结构。

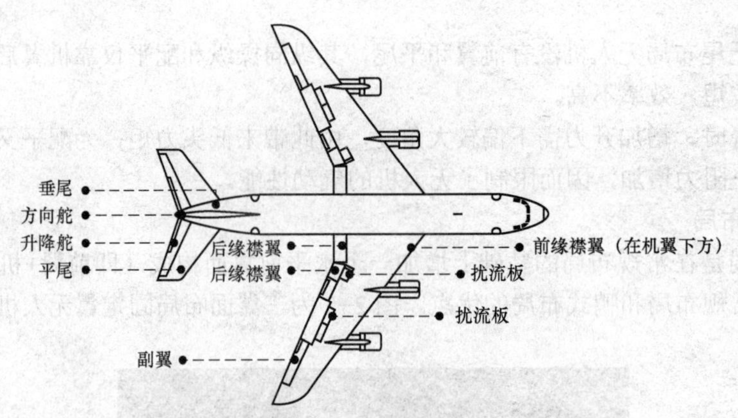

图 2–6 固定翼无人机机翼和尾翼的基本结构

2.1.2.1 机翼的受力

1. 作用在机翼上的外载荷

在飞行中或在起飞、着陆运动时，其他物体对无人机的作用力称为无人机外载荷。按照作用形式，可将作用在机翼上的外载荷分为两种，一种是分布载荷，另一种是集中载荷。将载荷分布在线、面、体上的即为分布载荷。分布载荷以气动力载荷为主，还包括本身结构质量力（重力和惯性）。

图 2–7 为机翼上的外载荷示意图。图 2–7 中，q_a 为气动力沿着机翼翼展方向的分布，q_c 为机翼重力沿着翼展方向的分布。除这两种分布载荷外，还有空气阻力和机翼中燃油重量作用在机翼上的分布载荷。集中载荷是反力作用在一个点上的载荷，对于机翼而言，是由其他部件通过接头传递给机翼的。图 2–7 中发动机传递给机翼的质量力 G 和拉力 P 都是集中载荷。

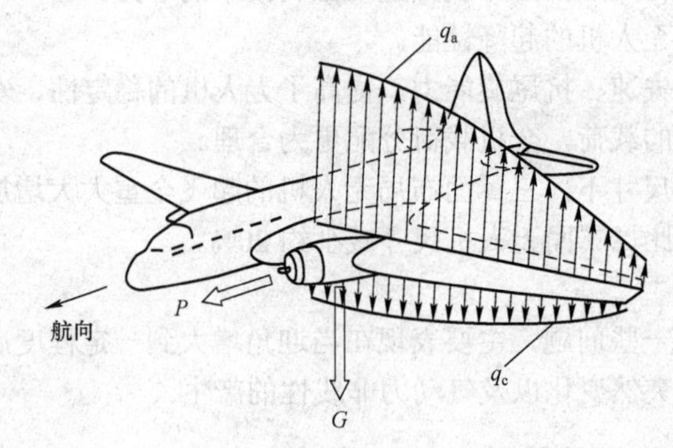

q_a—气动力分布载荷；q_c—机翼重力分布载荷；P—拉力；G—质量力

图 2–7 机翼上的外载荷示意图

2. 机翼上的力和力矩

在前面所述各种外载荷的作用下，机翼承受了剪力（Q_n 和 Q_h）、弯矩（M_n 和 M_h）、扭矩（M_t），并在结构中形成内力平衡这些力和力矩。M_n 是由垂直剪力 Q_n 引起的作用在垂直面内的弯矩；M_h 是由水平剪力 Q_h 引起的作用在旋翼平面内的弯矩；M_t 是由垂直剪力 Q_n 引起的扭矩。弯矩使得机翼产生弯曲变形，扭矩导致机翼产生扭转变形。图 2–8 为机翼上外载荷产生的力和力矩。

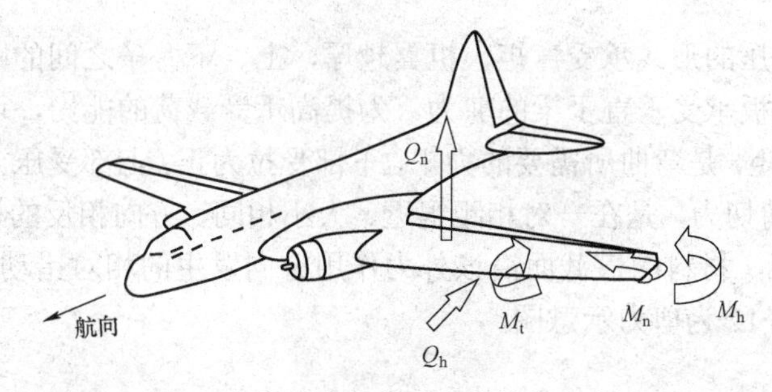

图 2-8　机翼上外载荷产生的力和力矩

2.1.2.2　机翼的结构

根据机翼的基本受力情况，我们将机翼的结构分为纵向骨架和横向骨架。纵向是指沿着翼展的方向，横向是指沿着垂直于翼展的方向。纵向骨架包含翼梁、纵墙和桁条；横向骨架包含翼肋。图 2-9 为机翼的结构。

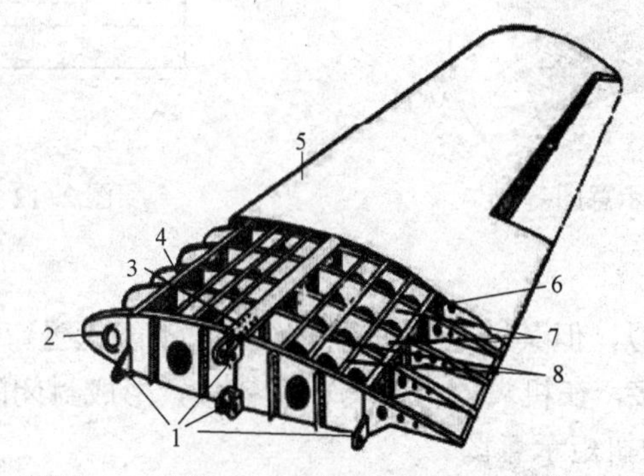

1—接头；2—加强肋；3—翼梁；4—前墙；5—蒙皮；6—后墙；7—翼肋；8—桁条

图 2-9　机翼的结构

1. 纵向骨架

1）翼梁

翼梁，机翼的纵向构件，在翼面中主要承受弯矩和剪力，在机翼的根部与机身用固定连接头进行连接。翼梁主要由橼条、支柱、腹板构成。图 2-10 为翼梁的结构。

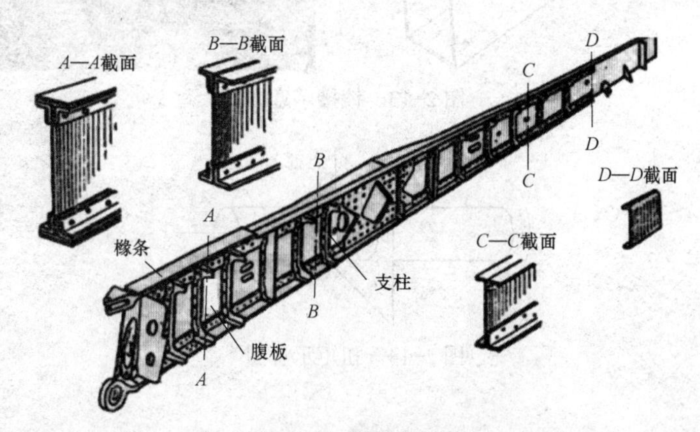

图 2-10　翼梁的结构

上、下椽条以拉压的形式承受弯矩，机翼越厚，上、下椽条之间的距离就越远，椽条的轴向压力就越小。腹板承受垂直于梁的剪力，为提高承受载荷的能力，可用一些支柱来加强腹板。弯矩是一种力矩，是弯曲所需要的力矩，下部受拉为正（上部受压），上部受拉为负（下部受压）。剪力又称剪切力，是在一对相距很近、大小相同、方向相反的横向外力（即垂直于作用面的力）作用下，材料的横截面沿该外力作用方向发生的相对错动变形现象。图 2-11 为弯矩示意图；图 2-12 为剪力示意图。

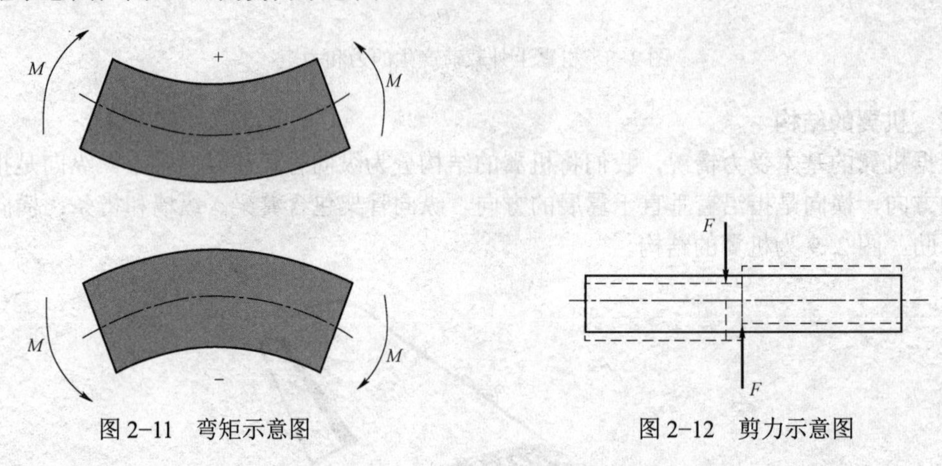

图 2-11　弯矩示意图　　图 2-12　剪力示意图

2）纵墙

纵墙的结构与翼梁类似，但其椽条要细得多，因此不能承受弯矩。纵墙多布局在机翼的前缘和后缘，与蒙皮相连接，在机翼的根部与机身铰接，形成封闭的盒段承受扭矩。图 2-13 为铰接示意图；图 2-14 为扭矩示意图。

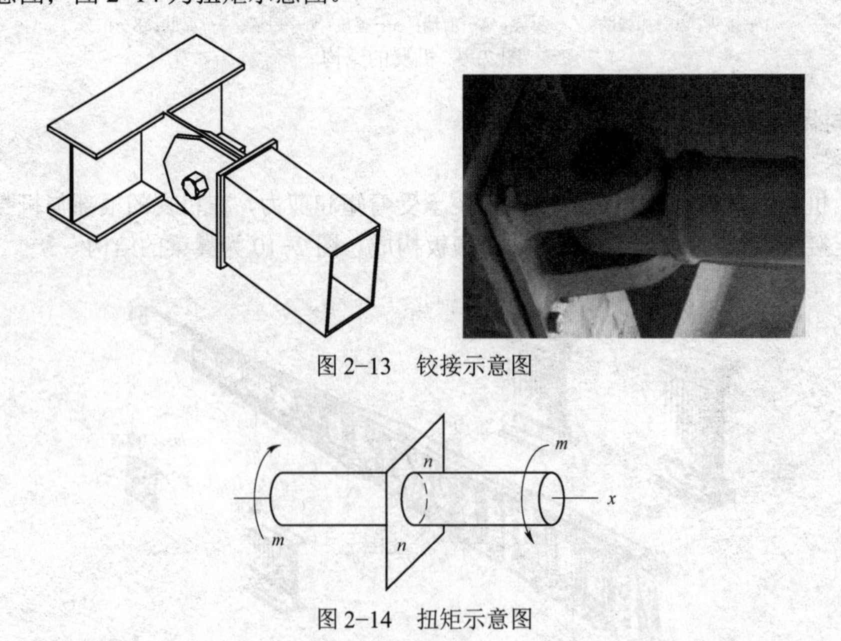

图 2-13　铰接示意图

图 2-14　扭矩示意图

3）桁条

桁条多采用挤压型材或板材弯制，沿着翼展方向，与翼肋相连并铆接在蒙皮内表面。主要用于支撑蒙皮，提高蒙皮的承载力。桁条一方面能够承受机翼的扭矩和弯矩，还能够与蒙皮共同将气动力分布载荷传递给翼肋。图 2-15 为铆接示意图。

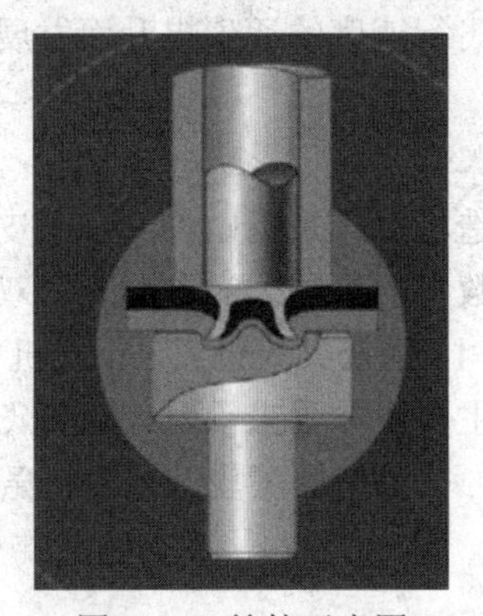

图 2-15　铆接示意图

2. 横向骨架

翼肋是机翼主要的横向骨架，主要用来支撑蒙皮，维持机翼的剖面形状。主要包括普通翼肋和加强翼肋。普通翼肋的作用是形成机翼剖面所需的形状，它与桁条、蒙皮相连，并以自身平面内的刚度给桁条、蒙皮提供垂直方向的支持。加强翼肋除了有普通翼肋的功用外，还作为固定翼无人机构件的局部加强构件，承受较大的集中载荷和悬挂外挂部件或由于结构不连续（如大开口）引起的附加剪流。翼肋的构成主要包括支柱、椽条、腰板。图 2-16 为翼肋的结构。

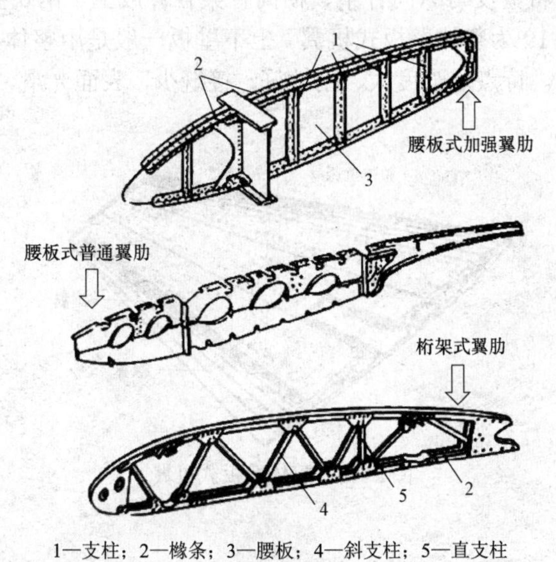

1—支柱；2—椽条；3—腰板；4—斜支柱；5—直支柱

图 2-16　翼肋的结构

3. 蒙皮

蒙皮是指包围在固定翼无人机骨架结构外且用粘接剂或铆钉固定于骨架上，形成无人机气动力外形的构件。其主要功能是承受局部空气载荷，形成和维持机翼的气动外形，同时也承受机翼的剪力、扭矩和弯矩。早期低速固定翼无人机的蒙皮是布质的，现代无人机蒙皮多用硬质铝板制成，通过铆接的方式与翼梁、桁条、翼肋连接成一个整体。

2.1.2.3 机翼的构造形式

机翼的构造形式很多，随着飞行速度的逐步提升而发展，主要有蒙皮骨架式机翼、整体壁板式机翼和夹层式机翼三种。

1. 蒙皮骨架式机翼

蒙皮骨架式机翼又称薄壁构造机翼，是指由骨架和蒙皮构成的翼面，是固定翼无人机机翼的典型构造形式。它可按翼梁数目的不同分为单梁式、双梁式和多梁式机翼，构造基本类似。图 2-17 为单梁式机翼；图 2-18 为双梁式机翼。梁式机翼的特点是蒙皮较薄，桁条较少，因此蒙皮的承弯作用不大，弯矩主要由翼梁来承受。随着飞行速度的不断增大，为了保证机翼有足够的局部刚度和扭转刚度，需要增厚蒙皮并增多桁条。

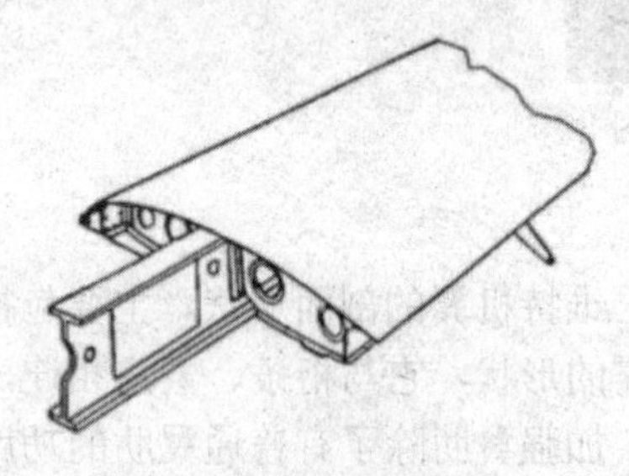

图 2-17 单梁式机翼

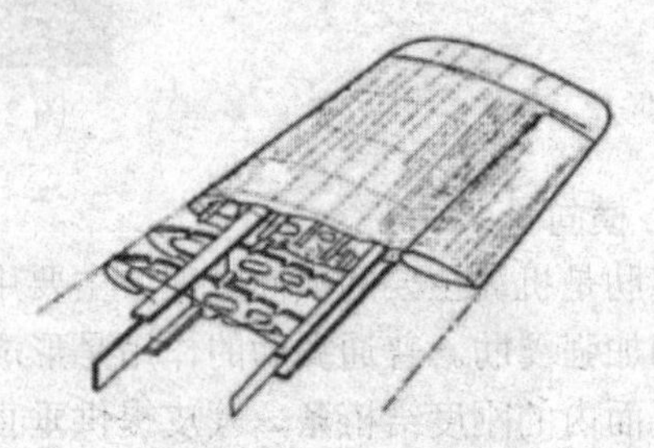

图 2-18 双梁式机翼

2. 整体壁板式机翼

整体壁板式机翼是将蒙皮与纵向骨架、横向骨架合并成上下两块整体壁板，然后用铆接或螺接连接起来。图 2-19 为整体壁板式机翼。上下壁板一般是用整体材料，通过锻造或化学加工等方法制造而成的。特点是强度大、刚性好，接缝少，表面光滑，气动外形好，零件少，装配容易。

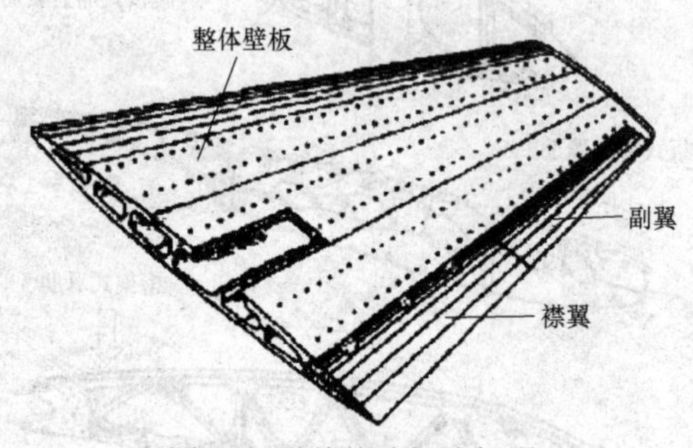

图 2-19 整体壁板式机翼

3. 夹层式机翼

夹层式机翼主要是以夹层壁板做蒙皮，甚至纵墙和翼肋也是用夹层材料制造。图 2-20 为夹层式机翼，其依靠内外层面板承受载荷，很轻的夹芯对它们起支持作用。与同样重量的单层蒙皮相比，夹芯蒙皮的强度大、刚度大，能承受较大的局部气动载荷，并有良好的气动外形。上下面板可用金属材料，也可用复合材料制造。内部一般采用蜂窝夹层或泡沫塑料夹层。图 2-21 为蜂窝夹层示意图。夹层材料中充满空气和绝热材料，可以起到良好的隔热作用，能较好地保护其内部设备。当翼面高度较小时可采用全高度填充的实心夹层结构。这种结构的受力构件少，构造简单，通常用在较小的机翼、尾翼或舱面等部件上。

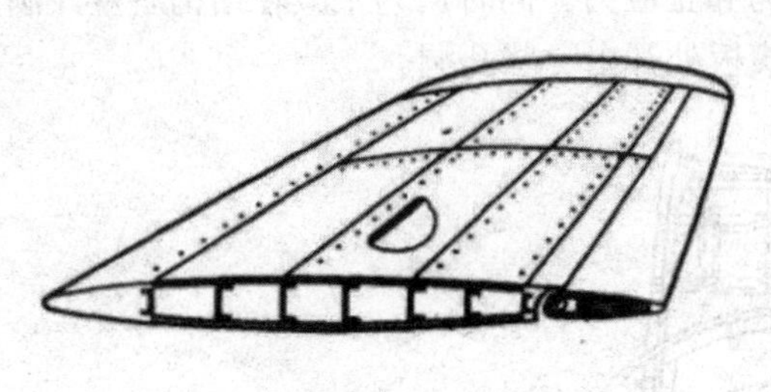

图 2-20　夹层式机翼

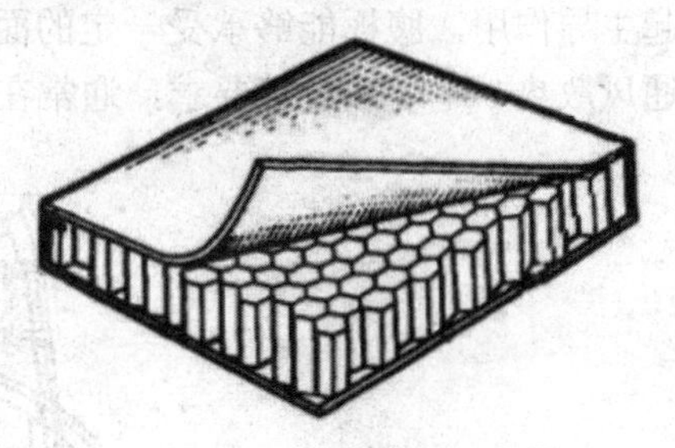

图 2-21　蜂窝夹层示意图

2.1.3　固定翼无人机机身的构造

2.1.3.1　机身的结构

无人机的机身是主要用来装载货物、武器和机载设备的部件，它将机翼、尾翼、起落架等部件连成一个整体。机身的结构与机翼类似，由纵向骨架（包括桁梁和桁条）、横向骨架（隔框）及蒙皮构成。图 2-22 为机身的结构。

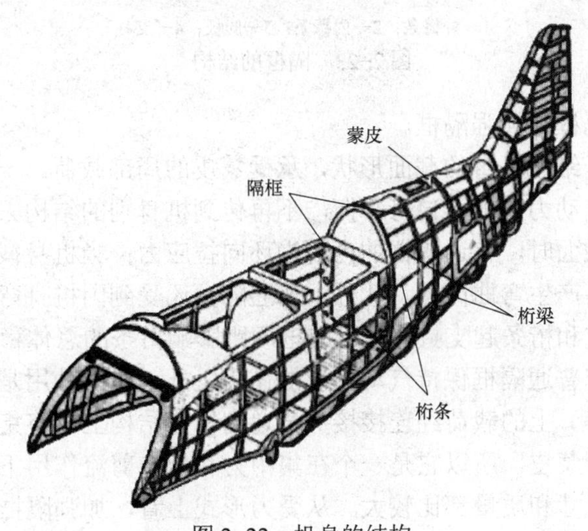

图 2-22　机身的结构

1. 纵向骨架

机身的纵向骨架主要包括桁梁和桁条。

1）桁梁

桁梁是由许多板条组成的腹板与两翼缘连接而成的大梁，是机体结构中承受由弯矩引起的轴向力且截面面积较大的纵向构件。

2）桁条

机身中较细的纵向骨架为桁条，作用是支撑蒙皮，提高蒙皮的承载能力，将气动力传给翼肋。

2. 横向骨架

机身的横向骨架是隔框，其结构是无人机中常用的主要传力及承力结构，其结构通常由内外橼条、腹板、支柱组成。图 2–23 为隔框的结构。橼条是隔框的主要受力部位，在结构传力中起主导作用，腹板能够承受一定的面内剪力和正应力。同时，为了减轻结构质量，满足环控通风散热、电缆敷设等要求，通常在隔框腹板处开出一些孔洞。

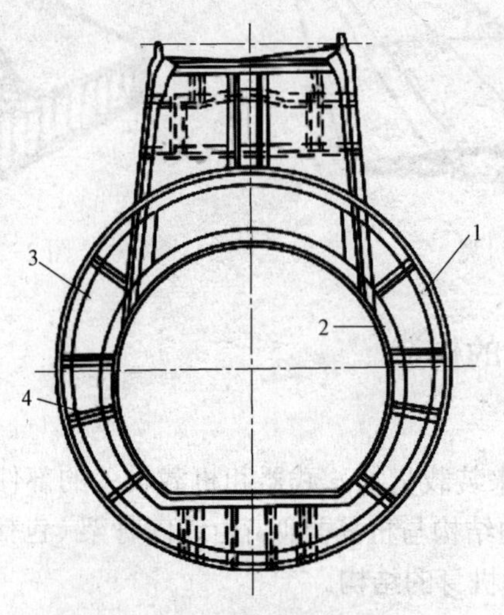

1—外橼条；2—内橼条；3—腹板；4—支柱

图 2–23　隔框的结构

隔框可分为普通隔框和加强隔框。

普通隔框主要用于维持机身的截面形状，承受蒙皮的局部载荷。一般沿机身周边空气压力对称分布，此时空气动力在框上自身平衡，不再传到机身别的结构去。普通隔框一般都为环形框。当机身为圆截面时，普通隔框的内力为环向拉应力；当机身截面有局部接近平直段时，则普通隔框内就会产生弯曲内力。此外，普通隔框还受到因机身弯曲变形引起的分布压力。普通隔框还对蒙皮和桁条起支持作用。隔框间距影响桁条的总体稳定性。

加强隔框除了具有普通隔框保持气动外形的作用之外，主要功用是将装载的质量力和其他部件（机翼、尾翼等）上的载荷经连接接头传递到机身结构上，将集中力加以分散，然后以剪流的形式传给机身蒙皮，所以它是一个在集中力和分布剪流作用下平衡的平面结构。与普通隔框相比，它的尺寸和质量都比较大。从受力形式上看，加强隔框基本分为整体式和环式两大类。图 2–24 为整体式加强隔框；图 2–25 为环式加强隔框。

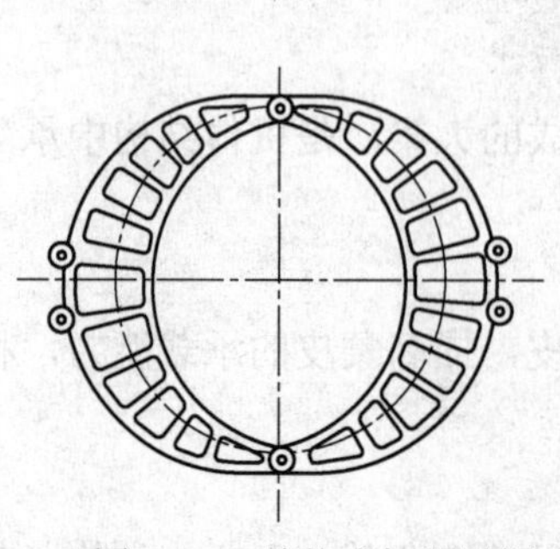

图 2–24　整体式加强隔框

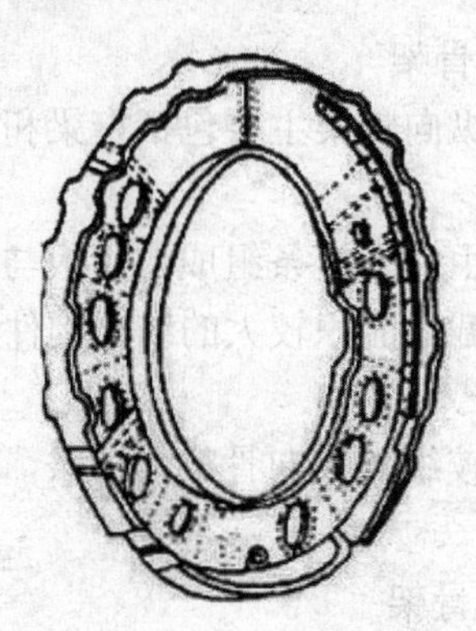

图 2–25　环式加强隔框

3. 蒙皮

机身蒙皮和机翼蒙皮作用相同，蒙皮和横、纵骨架的不同组合方式可以构造出不同形式的机身。

2.1.3.2　机身的构造形式

机身的基本构造形式有两种，分别是构架式和应力蒙皮式。应力蒙皮式机身根据其构件设计和受力特点又分为硬壳式机身和半硬壳式机身，而半硬壳式机身又可细分为桁梁式机身和桁条式机身两种。

1. 构架式机身

构架式机身的骨架通常用钢管或铝合金管焊接而成，且形成构架的所有杆件均主要承受轴向拉伸或压缩载荷。为了保证所需气动外形，在骨架外部敷设不承受载荷的布质蒙皮。构架式机身已应用很少，只在一些轻型固定翼无人机上使用。图2–26为构架式机身。

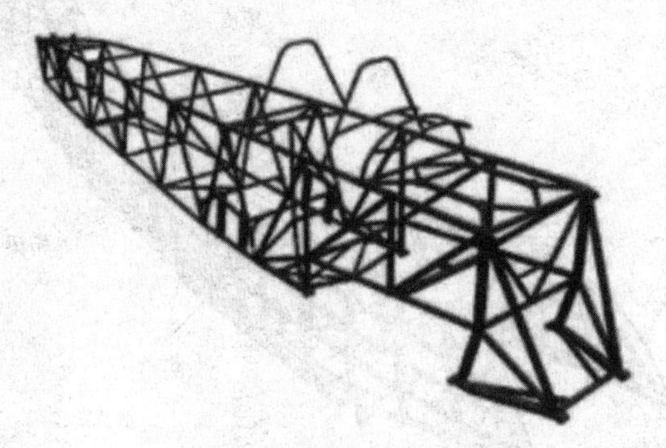

图2–26　构架式机身

2. 应力蒙皮式机身

应力蒙皮式机身与构架式机身的最大区别在于，机身的蒙皮参与承受载荷，常采用金属蒙皮。如果机身载荷全部由蒙皮承受，则称为硬壳式机身；如果机身蒙皮仅承受部分载荷，则称为半硬壳式机身。

（1）硬壳式机身

硬壳式机身由普通隔框和加强隔框维持机身截面形状，蒙皮则几乎承受全部应力。蒙皮直接铆接在普通隔框和加强隔框上，具有良好的气动外形。图2–27为硬壳式机身。

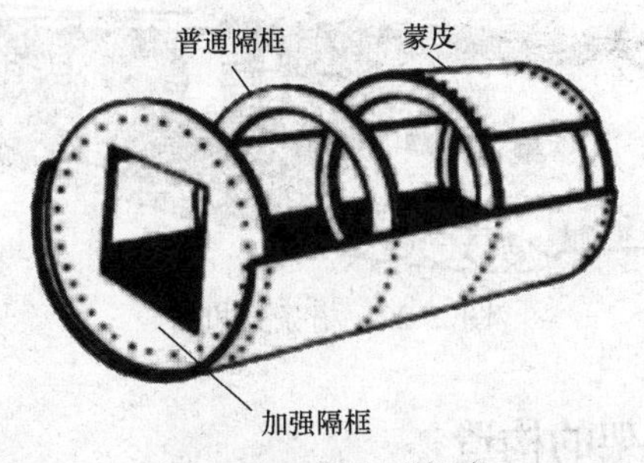

图2–27　硬壳式机身

（2）半硬壳式机身

半硬壳式机身遵循破损安全强度规范的设计思想，即结构中单个构件破坏时，整个结构不会发生灾难性破坏。半硬壳式机身由普通隔框、加强隔框、桁梁和桁条构成机身骨架，外部铆接金属蒙皮，形成光滑、洁净的外形，并可承受很大的载荷。根据机身结构中纵梁的强弱或有无，以及蒙皮、桁条参与承受应力的程度，半硬壳式机身又可分为桁梁式机身和桁条式机身。

桁梁式机身中，桁梁较强，承受大部分因弯曲引起的拉、压应力；蒙皮较薄，桁条数量较少且较弱。它们构成的壁板承受少部分弯曲引起的拉、压应力。机身两侧和上下蒙皮承受绝大部分剪切引起的剪应力；蒙皮围成的闭合框承受全部扭矩引起的剪应力。图 2-28 为桁梁式机身。

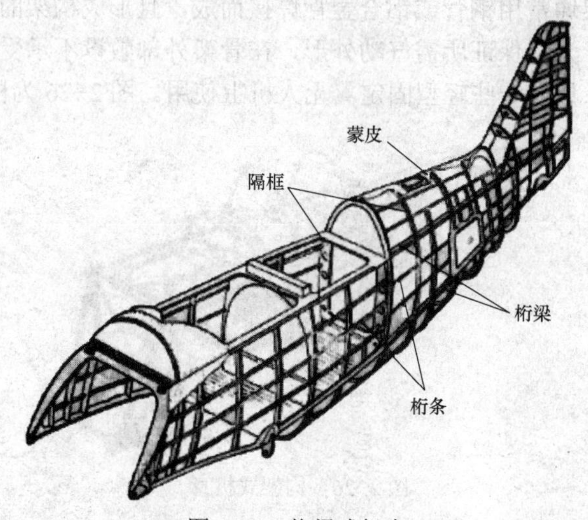

图 2-28　桁梁式机身

桁条式机身的桁条和外蒙皮都参与承力，受压稳定性好，弯矩引起的轴向力全部由上下蒙皮和桁条组成的壁板受拉、受压来承受。由于蒙皮加厚，改变了机身的空气动力性能，增大了机身结构的抗扭刚度，所以与桁梁式机身相比，它更适用于高速无人机。图 2-29 为桁条式机身。

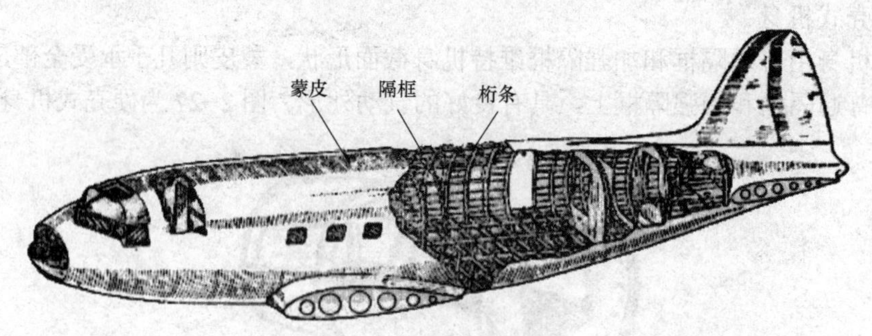

图 2-29　桁条式机身

2.1.4　固定翼无人机起落架的构造

2.1.4.1　起落架的结构

固定翼无人机起落架是用以使无人机在地面或水面起飞着陆滑跑、滑行和停放的装置。一般由收放动作筒、撑杆、机轮、铰链、减震支柱等组成。图 2-30 为起落架的结构。

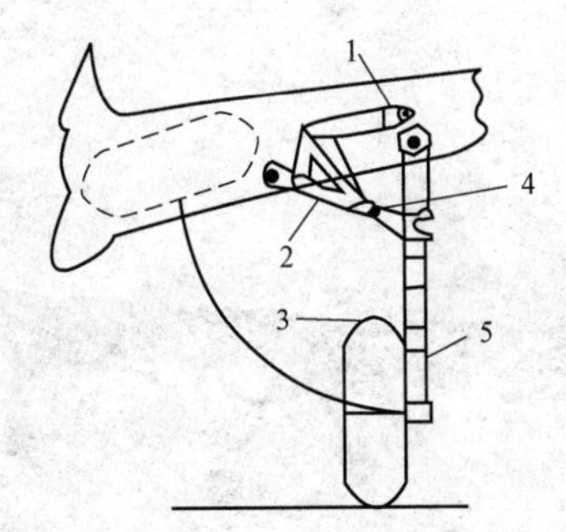

1—收放动作筒；2—撑杆；3—机轮；4—铰链；5—减震支柱

图 2–30　起落架的结构

减震器的作用是吸收着陆和滑跑冲击能量。无人机在着陆接地瞬间或者在不平的地面上滑跑时，与地面会发生剧烈撞击，撞击能量大部分由减震器来进行吸收。

支柱主要起支撑作用并作为机轮的安装基础。为了减轻重量，通常将减震器与支柱合并，成为减震支柱。

机轮与地面接触支持无人机的重量，减少无人机地面运动的阻力，可以吸收一部分撞击动能，有一定的减震作用。

收放动作筒用于收放起落架以及固定支柱。飞行时收起起落架可减少阻力，着陆时放下起落架。

2.1.4.2　起落架的布局

根据固定翼无人机主轮相对重心的位置不同，将起落架的布局分为三种形式，分别是后三点式、前三点式、自行车式。

1. 后三点式

在早期的飞机设计中，大多采用后三点式起落架。后三点式起落架的两个支点（主轮）对称安置在飞机重心前面，第三个支点（尾轮）位于飞机尾部，其两个主轮和尾轮共同支撑整架飞机。图 2–31 为后三点式起落架，这种布局飞机重心位于主轮之后，它最大的优势是结构比较简单，尾轮安装容易，尺寸、重量较小，着陆滑跑迎角大，落地时所有机轮同时着地，利于减速和缩短滑跑距离。但它的缺点也相当明显，在大速度滑跑时，遇到前方撞击或者强力刹车时，容易发生倒立；速度较大时着陆容易跳起，造成低空失速；滑跑过程中方向稳定性差；起飞滑跑时机身仰起。

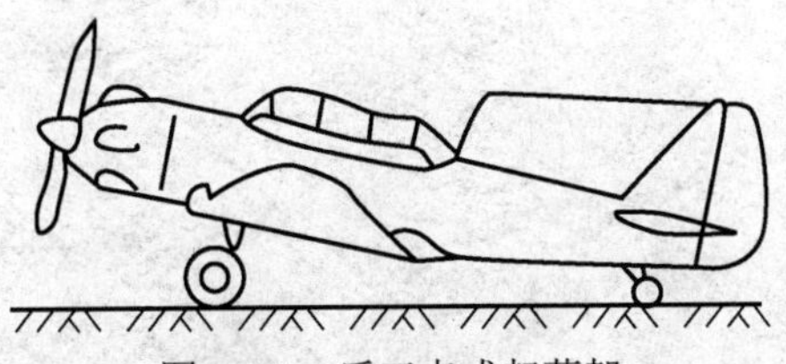

图 2–31　后三点式起落架

2. 前三点式

在 1940 年后，大多数飞机都开始使用前三点式起落架布局。前三点式起落架的两个支点（主轮）对称安置在飞机重心后面，第三个支点（前轮）位于机身前部，尾部通常还装有保护座，防止在飞机离地时出现擦尾。图 2–32 为前三点式起落架。

图 2–32　前三点式起落架

1）优点

（1）飞机地面运动的稳定性好，滑行中不容易偏转和倒立。

（2）着路时，只用后两个主轮接地，比较容易操纵。

（3）当飞机在地面运动时，机身与地面接近平行，视野较好，同时还可以避免喷气发动机喷出的燃气损坏跑道。

2）缺点

（1）前起落架的安排较困难，尤其是对单发动机的飞机，机身前部剩余的空间很小。

（2）前起落架承受的载荷大、尺寸大、构造复杂，因而质量大。

（3）着陆滑跑时处于小迎角状态，因而不能充分利用空气阻力进行制动。

（4）在不平坦的跑道上滑行时，超越障碍（沟渠、土堆等）的能力也比较差。

（5）前轮会产生摆振现象，因此需要有防止摆震的设备和措施，这又增加了前轮的复杂程度和质量。

3. 自行车式

军用飞机多使用自行车式起落架。这种布局是机身只有一组（或没有）主轮，在每侧机翼下均设置主轮。大型飞机则多使用多支柱式布局，它的设计和前三点式起落架差不多，飞机的重心位于主轮之前。自行车式起落架能明显降低飞机对跑道的压力，而且机轮中还放置有刹车系统，解决了部分飞机主起落架的收放问题。缺点在于，由于前轮离重心较近，承受载荷较大，起飞滑跑时不易离地而使起飞滑跑距离增大；由于没有左右主轮，因此不能采用主轮刹车转弯方式，必须采用转向操纵机构实现地面转弯。图 2–33 为自行车式起落架。

图 2–33　自行车式起落架

2.1.5　固定翼无人机尾翼的构造

固定翼无人机的尾翼通常是由水平尾翼和垂直尾翼构成的。水平尾翼水平安装在机身尾部，由固定的水平安定面及升降舵构成。垂直尾翼垂直安装在机身尾部，由垂直安定面及方向舵构成。尾翼的主要功能是维持无人机稳定，并控制无人机的俯仰和偏航运动。图 2-34 为垂直尾翼和水平尾翼示意图。

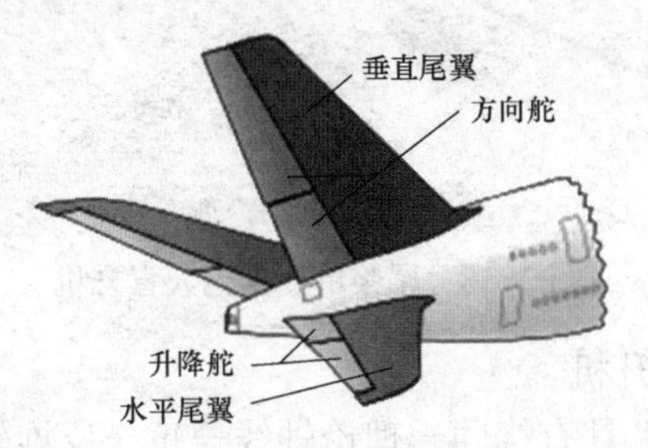

图 2-34　垂直尾翼和水平尾翼示意图

2.2　无人直升机构造

直升机是一种重于空气的航空器，无人直升机与载人直升机结构类似，主要包括尾桨单旋翼直升机、共轴式双旋翼直升机等类型。目前使用最为广泛的是尾桨单旋翼直升机，这种直升机主要由机身、主旋翼、桨毂、尾桨、操纵系统、动力装置、起落架等构成。尾桨单旋翼直升机的机身、起落架、动力装置与固定翼无人机类似，但操纵系统与固定翼无人机有较大不同。图 2-35 为尾桨单旋翼直升机的结构。

图 2-35　尾桨单旋翼直升机的结构

2.2.1　无人直升机的气动布局

无人直升机主旋翼在空中进行旋转时会对周边空气产生一个作用力矩，形成反扭矩，为平衡反扭矩需要采用不同的气动布局形式。直升机的气动布局形式按照旋翼数量和布局方式的不同可分为以下五种。

1. 尾桨单旋翼无人直升机

尾桨单旋翼无人直升机是由主旋翼产生升力，用尾桨来平衡反扭矩的直升机。为了实现方向操纵及改善稳定性，在机身尾部安装水平尾翼和垂直尾翼。图 2–36 为尾桨单旋翼无人直升机。

图 2–36　尾桨单旋翼无人直升机

2. 共轴式双旋翼无人直升机

共轴式双旋翼无人直升机具有绕同一理论轴线一正一反旋转的上下两副旋翼，由于转向相反，两副旋翼产生的扭矩在航向不变的飞行状态下相互平衡。通过所谓的上下旋翼总距差动产生不平衡扭矩可实现方向操纵，共轴式双旋翼在直升机的飞行中，既是升力面又是纵横向和航向的操纵面。这种无人直升机结构紧凑，外廓尺寸小，但升力系统较重，操纵系统结构较为复杂。图 2–37 为共轴式双旋翼无人直升机。

图 2–37　共轴式双旋翼无人直升机

3. 纵列式双旋翼无人直升机

纵列式双旋翼无人直升机的机身前后各有一个旋翼塔座，两副旋翼分别安装在两个塔座上，两副旋翼完全相同，但旋转方向相反，它们的反作用扭矩可以互相平衡。通常后旋翼稍高于前旋翼，以避免互相影响。纵列式双旋翼无人直升机的机身较长，使用重心变化范围较大，但其传动系统和操纵系统复杂，向前飞时后旋翼气动效率低。图 2–38 为纵列式双旋翼无人直升机。

图 2–38　纵列式双旋翼无人直升机

4. 横列式双旋翼无人直升机

横列式双旋翼无人直升机的特征是两副旋翼一左一右分别安装在机身两侧的两个支架上。两副旋翼完全相同，但旋转方向相反，其旋转时反作用力互相抵消。横列式双旋翼直升机最大的优点是平衡性好，其缺点与纵列式双旋翼直升机差不多，操纵系统也比较复杂。横列式双旋翼直升机要在机身两侧增装旋翼支架，无形中会增大重量，而且也加大了气动阻力。图 2–39 为横列式双旋翼无人直升机。

图 2–39　横列式双旋翼无人直升机

5. 交叉式双旋翼无人直升机

交叉式双旋翼无人直升机除与其他双旋翼直升机一样装有两副完全一样但旋转方向相反的旋翼以外，其明显特点是两旋翼轴不平行，是分别向外侧倾斜的，且横向轴距很小，所以两副旋翼在机体上方呈交叉状。这种直升机的最大优点是稳定性比较好，适宜执行起重、吊挂作业。最大缺点是因双旋翼横向布置，气动阻力较大。但由于它的两旋翼轴间距较小，所以其气动阻力又要比横列式双旋翼直升机小一些。图 2–40 为交叉式双旋翼无人直升机。

图 2–40　交叉式双旋翼无人直升机

2.2.2　无人直升机机身的构造

机身是无人直升机的重要部件，与固定翼无人机的机身功能类似，主要功能是用来装载燃料、货物和设备，承载并传力，承受各种载荷，同时作为安装基础将各部分连成一个主体。机身外形对无人直升机飞行性能、稳定性和操纵性有重要影响。图 2–41 为无人直升机机身的结构，主要包含机头部分、中机身、后机身、尾梁。

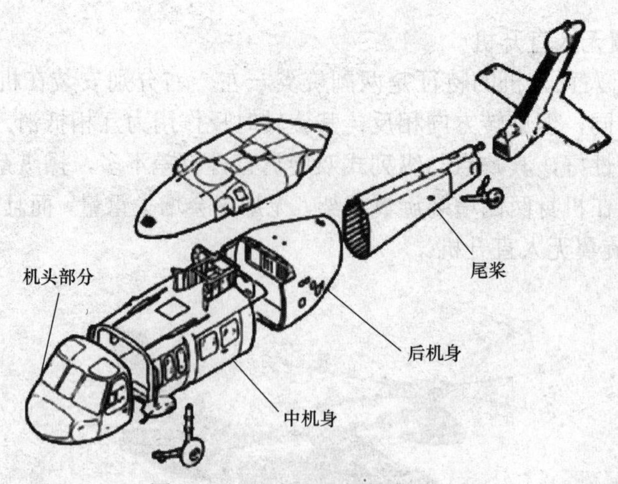

图 2-41　无人直升机机身的结构

2.2.2.1　机身的构造形式

按照承力形式不同，机身的构造形式可分为桁架式和薄壁式两类。

（1）桁架式

桁架式结构主要是由钢管焊接而成的空间桁架，各杆件以轴向力的形式传递载荷，并在外侧固定有隔框、桁条和蒙皮，从而实现机身整形、减阻。图 2-42 为无人直升机桁架式结构机身。

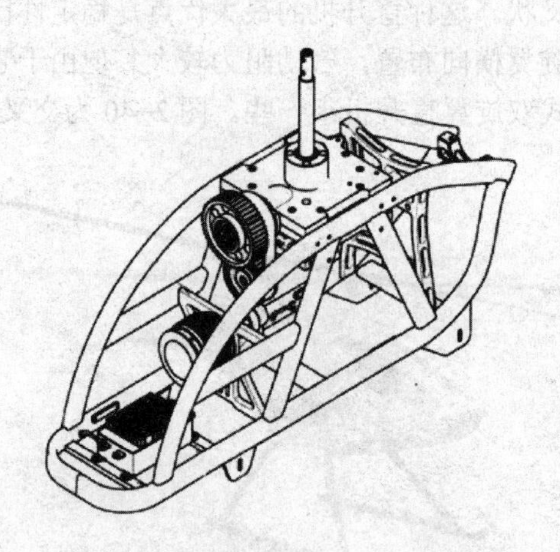

图 2-42　无人直升机桁架式结构机身

桁架式机身特点是重量轻，便于承受集中载荷，但其抗弯和抗扭刚度差，内部空间得不到充分利用。

（2）薄壁式

薄壁式结构机身主要由纵向构件、横向构件和蒙皮组成。其中，纵向构件（纵梁）用来维持结构外形，支撑蒙皮，提高蒙皮承载能力，承受和传递弯矩和轴向载荷。横向构件（隔框）分为普通隔框与加强隔框两种。普通隔框主要用于维持结构外形，提高纵向构件的抗失稳能力，并承受蒙皮传来的气动载荷；加强隔框，除上述作用外，主要用来承受和传递较大的横向集中载荷。蒙皮直接构成了机身的外形，它除了承受气动载荷外，还承受和传递剪力、扭矩、弯矩等结构载荷。

2.2.2.2　机身的材料

机身可以由金属、木质、复合材料或者某些材料组合制成。通常，复合材料部件是由许多层纤维浸渍树脂黏合而成，管状和金属板结构多由铝制成，不锈钢、钛等经常被用于承受较高应力或高温的区域。

早期无人直升机的机身结构多是用金属材料制造的，近年来，复合材料广泛应用于机身结构。与金属材料相比，复合材料的比强度、比刚度高，可以大大减轻结构重量，而且破损安全性能好，成型工艺简单，所以受到人们的普遍重视。实际上，在机身设计阶段，每个部分都需要经过仔细的材料选择过程，从而可以在达到所需性能的基础上将重量和成本降至最低。

2.2.3　无人直升机主旋翼的构造

2.2.3.1　主旋翼的结构

主旋翼是无人直升机最关键的部位，主要由桨叶和桨毂组成，既产生升力，又是水平运动的拉力来源，主旋翼旋转的平面既是升力面也是操纵面。图 2-43 为无人直升机主旋翼的结构。

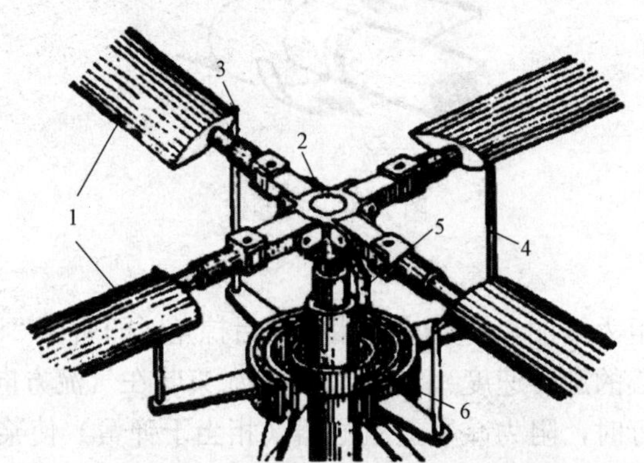

1—桨叶；2—桨毂；3—桨叶摇臂；4—变距拉杆；5—拨杆；6—外环

图 2-43　无人直升机主旋翼的结构

1. 桨叶

桨叶一般有 2～8 片，多为两片，可根据材料不同分成混合式桨叶、金属桨叶和复合材料桨叶。金属桨叶比混合式桨叶气动效率高、刚度好、加工简单。复合材料桨叶制造起来较为方便，近年来更受欢迎。直升机桨叶形状像细长的机翼，与桨毂连接。

2. 桨毂

桨毂是将各个桨叶安装结合的部位，主旋翼轴通过它与桨叶连接。旋转时，桨叶与周围空气相互作用产生空气动力。

3. 桨叶摇臂

桨叶摇臂的作用是改变桨叶的桨距，从而达到改变主旋翼升力大小的目的。

4. 变距拉杆

变距拉杆是用来增大或减小主旋翼的迎角，进而改变升力的大小。

2.2.3.2　铰链的结构

铰链包括三种铰，分别是变距铰、摆振铰、挥舞铰。图 2-44 为铰链的结构示意图。

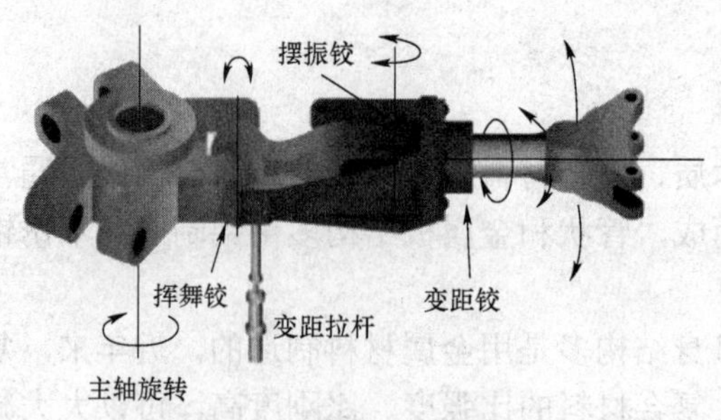

图 2-44　铰链的结构示意图

1. 变距铰

变距铰是全铰接式、半铰接式、无铰式旋翼桨毂上实现桨叶变距运动的转动关节。作用是：当操纵旋翼桨叶绕变距铰转动时，旋翼的桨距发生变化，从而改变旋翼的拉力。简而言之，变距铰能够让每片桨叶变距，即绕桨叶展向轴旋转，主要是用来控制桨叶的桨距（迎角），从而控制无人直升机的运动方向。图 2-45 为变距铰。

图 2-45　变距铰

2. 摆振铰

摆振铰利用前行时阻力增加，使桨叶自然增加后掠角（即所谓“滞后”，因为桨叶在旋转方向上的角速度低于圆心的旋转速度），这也变相增加桨叶在气流方向上剖面的长度，加强了减小迎角的作用；在后行时，阻力减小，阻尼器（相当于弹簧）使桨叶恢复到正常位置（即所谓“领先”，因为桨叶在旋转方向上的角速度高于圆心的旋转速度），当然也加强了增加迎角的作用，其作用是消除桨叶在旋转平面内的摆阵（振动）引起的旋翼桨叶根部弯矩，补充桨叶挥舞铰上下挥舞造成的科里奥利效应，摆振铰又称为垂直铰。一般在摆振铰处设置减摆器起到阻尼作用，因而摆振铰也称为阻尼铰。图 2-46 为摆振铰。

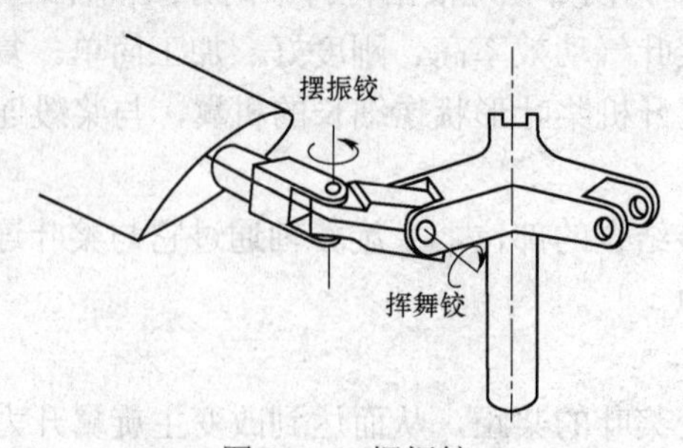

图 2-46　摆振铰

3. 挥舞铰

挥舞铰是旋翼桨叶与桨毂之间的铰接，这个铰接允许桨叶垂直于旋翼平面上下挥舞，用来消除或减小飞行中在旋翼上出现的左右倾覆力矩，补充左右升力的不均匀和减少桨叶的疲劳，也称为水平铰。图 2–47 为挥舞铰。

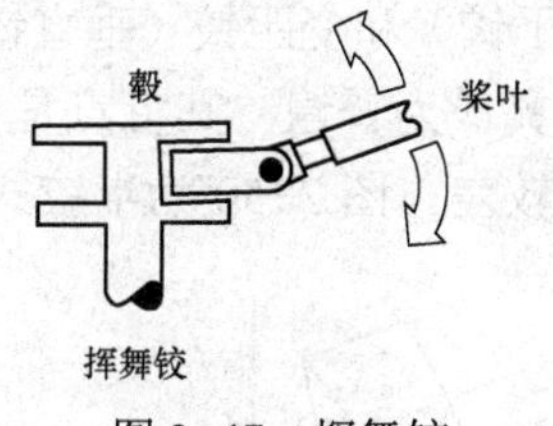

图 2–47　挥舞铰

2.2.3.3　主旋翼的构造形式

桨叶与桨毂连接的方式随着材料、工艺和旋翼理论的发展，目前主要有四种形式，根据连接方式的不同，主旋翼的构造形式可区分为全铰式结构、无铰式结构、半铰式结构、无轴承式结构。

1. 全铰式结构

全铰式结构又称铰接式结构，桨叶通过挥舞铰、摆振铰与桨毂相连。在主轴旋转的时候，桨叶有旋转运动、绕着挥舞铰的上下挥舞运动、绕摆振铰的前后摆动以及通过变距铰操纵实现的变距运动。特点是利用挥舞铰使旋翼倾斜而不需要使旋翼主轴倾斜，且可以减小因阵风引起的反应，通过单独的桨叶挥舞避免干扰力传递到机身上。利用挥舞铰和摆振铰可以释放旋翼安装处的弯曲应力和载荷，提高直升机的稳定性。但这种结构复杂，不便于维护。图 2–48 为全铰式结构。

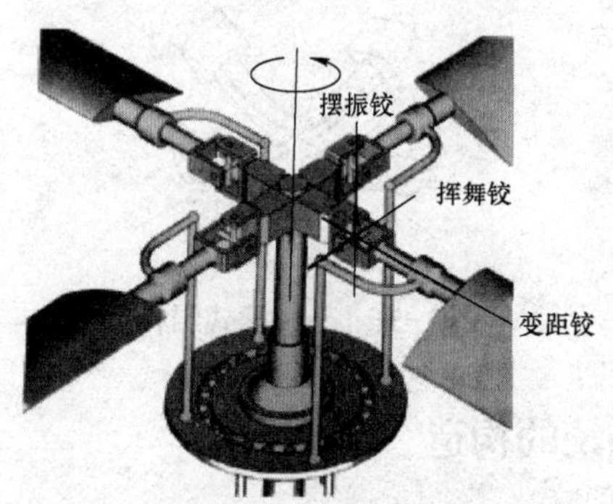

图 2–48　全铰式结构

2. 无铰式结构

无铰式结构取消了挥舞铰和摆振铰，保留了变距铰（轴向铰），桨叶的挥舞及摆阵运动完全通过根部的弹性变形来实现。与全铰式相比，无铰式结构简单，但桨叶和桨毂弯曲载荷较大。图 2–49 为无铰式结构。

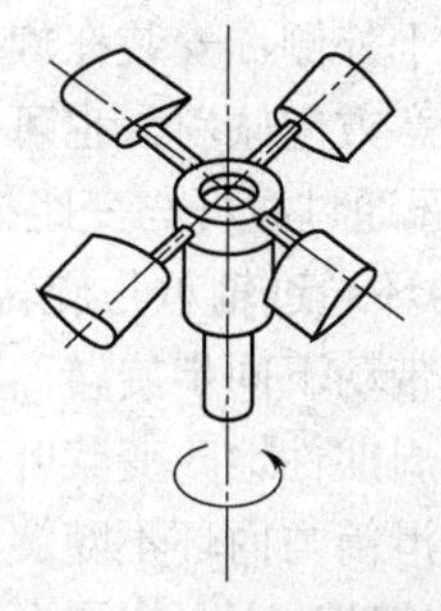

图 2–49　无铰式结构

3. 半铰式结构

半铰式结构，保留挥舞铰（水平铰）和变距铰（垂直铰）。包括半刚性跷跷板式和万向接头式两种，其中半刚性跷跷板式旋翼最为普遍，其特点是只有两片桨叶，共用一个中心水平铰。这种结构比较简单，但操纵性较差。图 2-50 为半铰式结构。

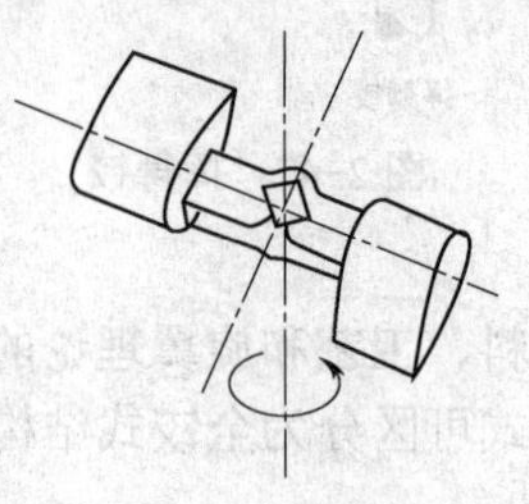

图 2-50 半铰式结构

4. 无轴承式结构

无轴承式结构又称刚性旋翼，不仅没有挥舞铰和摆振铰，连变距铰也取消了，除了周期变距外，这种桨毂不提供旋翼的任何活动。桨叶的挥舞、摆阵、变距都由桨根部的柔性元件来完成。其特点是，结构比较简单，重量比较轻，操纵反应快速准确。要求桨叶根部材料有很高的弯曲强度和刚度，同时又要有很低的扭转刚度。图 2-51 为无轴承式结构。

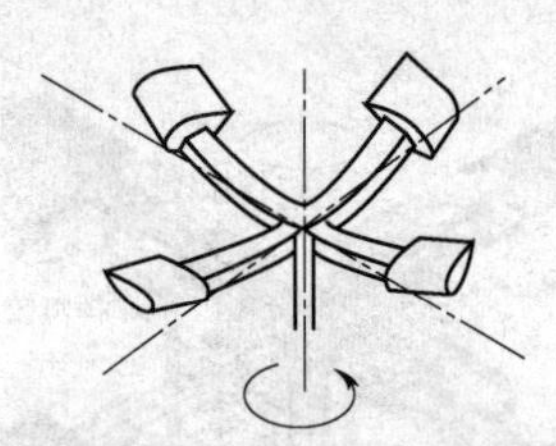

图 2-51 无轴承式结构

2.2.4 无人直升机操纵系统的构造

无人直升机操纵系统是指用来控制无人直升机飞行的系统。无人直升机有四种运动形式，分别为垂直、俯仰、滚转和偏航。通过总距操纵实现直升机升降运动；通过变距操纵实现直升机的前后左右运动；通过航向操纵改变直升机的飞行方向。

总矩操纵和变距操纵是通过改变自动倾斜器倾角实现的。自动倾斜器是直升机改变旋翼倾斜方向和桨叶倾角的专用装置。通过它实现对直升机飞行状态的操纵。自动倾斜器主要由固定环、旋转环和轴承组成。固定环位于外侧，安装在旋翼轴上，并通过一系列推拉杆与变距操纵杆和总距操纵杆相连，可以向任意方向倾斜，也可以垂直上下移动。旋转环通常位于内侧，通过轴承安装在固定环上，旋转环通过拉杆与变距摇臂相连，并可以同旋翼轴一起旋转。

图 2-52 为自动倾斜器的结构。内环通过轴承与旋转环相连，旋转环通过拨杆与旋翼桨毂相连，当桨毂旋转时，旋转环在拨杆带动下同步旋转。变距拉杆连接旋转环和桨叶摇臂，当旋转环向任一方向倾斜时，变距拉杆周期性地改变桨叶安装角。内环通过万向接头固定在滑筒上，滑筒安装在旋翼旋转轴外，但滑筒与内环不随旋转轴旋转而转动。滑筒可以沿着旋转轴上下滑动，从而带动变距拉杆上下移动改变主旋翼上所有桨叶总距大小。

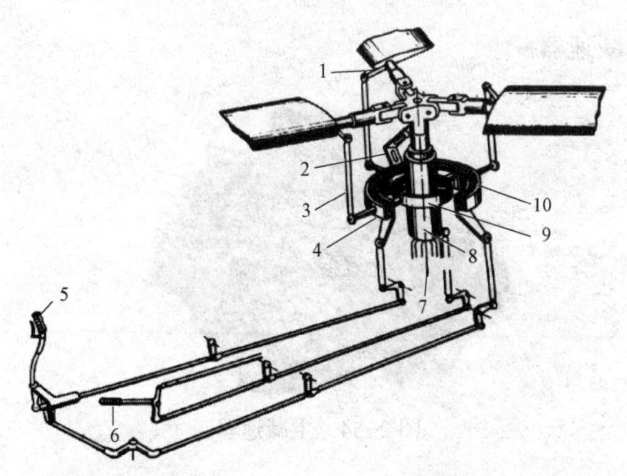

1—桨叶摇臂；2—拨杆；3—变距拉杆；4—旋转环；5—驾驶杆；
6—油门总距杆；7—导筒；8—滑筒；9—内环；10—外环

图 2–52　自动倾斜器的结构

周期变距操纵，用于控制无人直升机滚转或者俯仰运动。操纵驾驶杆通过各种传动杆传动，能够使得自动倾斜器倾斜。由于旋转环通过变距拉杆与桨叶相连，所以当自动倾斜器向任一方倾斜时，变距拉杆周期性的改变桨叶安装角，以实现直升机的周期变距操纵。

总距操纵，用于控制无人直升机垂直运动。油门总距杆上移，滑筒沿着导筒上移，旋转环和内环上移，即十字盘整体上移，通过变距拉杆的传递作用使得桨叶角增大，从而增大桨叶迎角，使得旋翼拉力增大；反之，油门总距杆下移，滑筒沿着导筒下移，旋转环和内环下移，即十字盘整体下移，通过变距拉杆的传递作用使得桨叶角减小，从而减小桨叶迎角，使得旋翼拉力减小。

2.2.5　无人直升机传动系统的构造

在无人直升机的发动机、传动、旋翼三大系统中，传动系统起到了关键的串联作用。发动机提供的动力要经过传动系统才能够到达主旋翼和尾桨，从而使主旋翼旋转产生升力，尾桨旋转产生平衡扭矩。传动系统主要包括主减速器、传动轴、中间减速器和尾减速器。图 2–53 为传动系统示意图。

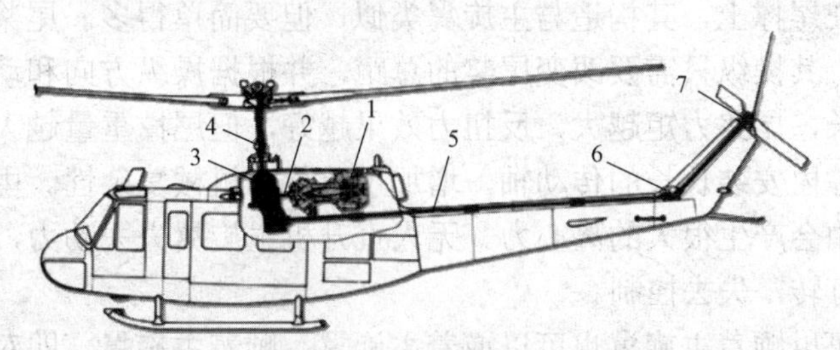

1—发动机；2—动力输出轴；3—主减速器；4—旋翼主轴；
5—传动轴；6—中间减速器；7—尾减速器

图 2–53　传动系统示意图

1. 主减速器

主减速器有输入端和输出端，输入端与发动机输出轴相连，输出端与旋翼、尾桨附件传动轴相连，是无人直升机上主要传动部件之一，也是传动系统中最复杂、最大、最重要的一个部件。图 2-54 为主减速器。

图 2-54 主减速器

无人直升机主减速器一般为齿轮传动式主减速器，其作用是减速、转向，具体而言就是将高转速、小扭矩的发动机功率变成低转速、大扭矩传递给旋翼轴，并按转速、扭矩需要将功率传递给尾桨、附件等。

2. 传动轴

发动机与主减速器之间，主减速器和中间减速器、尾减速器之间以及和附件之间都需要传动轴和联轴节进行连接，用以传递功率。根据传动轴的用途可分为主轴、中间轴、尾轴。

3. 中间减速器和尾减速器

中间减速器和尾减速器通常是由用镁铝合金铸造的壳体和安装在壳体内部的一组混合齿轮组成。中间减速器安装于主减速器和尾减速器之间，用来改变转动方向、转速并传递给尾减速器。尾减速器的功能是获得正确的尾桨转速以及改变 90° 的转动方向。

2.2.6 无人直升机尾桨的构造

尾桨是用来平衡反扭矩和对直升机进行航向操纵的部件。无人直升机的旋翼旋转产生升力的时候，会对机身产生反扭矩，反扭矩迫使直升机向旋翼旋转的反方向偏转，因此需要安装尾桨，以产生侧向的拉力或者推力，通过力臂形成偏转力矩，平衡主旋翼的反扭矩，并控制航向。

尾桨一般安装在尾撑上，其构造与主旋翼类似，但要简单得多。尾桨没有自动倾斜器，没有周期变距问题，其操纵只需要改变尾桨的总距，并根据操纵方向和动作量大小来增大或减小桨距。尾撑越长，尾桨力矩越大，反扭力效果越好，但尾撑重量越大。为了把动力传递到尾桨，需要在尾撑内安装长长的传动轴，增加了重量和机械复杂性。由于尾桨旋转速度很快，因此工作过程中会产生很大的离心力。无人直升机主旋翼失去动力，可以自旋着陆，但是失去尾桨，就会打转，失去控制。

尾桨旋转方向可以顺着主旋翼也可以逆着主旋翼。顺着主旋翼，即对于逆时针旋转的主旋翼，尾桨向前转（从右面看无人直升机，尾桨顺时针旋转），这样尾桨对主旋翼的气动干扰小，主旋翼的升力可以充分发挥。尾桨逆着主旋翼的方向旋转，即对于逆时针旋转的主旋翼，尾桨向后转（从右面看无人直升机，尾桨逆时针旋转），这样，尾桨和主旋翼之间形成互相干扰，主旋翼升力受损失，但是尾桨作用力加强，所以可以缩小尺寸。通常我们选择顺着主旋翼旋转的方向。

尾桨分为常规尾桨、涵道尾桨、无尾系统三种类型。

（1）常规尾桨：这种尾桨的构造与旋翼类似，由桨叶和桨毂组成。图2-55为常规尾桨。

（2）涵道尾桨：这种尾桨由置于尾梁中的涵道和位于涵道中央的转子组成，特点是尾桨直径小，叶片数量多。图2-56为涵道尾桨。

图2-55　常规尾桨

图2-56　涵道尾桨

（3）无尾系统：这种系统用一个空气系统代替常规尾桨，由进气口、喷气口、压力风扇、带缝尾梁等组成。图2-57为无尾系统示意图。在引擎的驱动下，用喷气引射和主旋翼下洗气流的有利交互作用形成反扭力。主旋翼产生的下洗气流从尾梁两侧流经尾梁，发动机产生的压缩空气通过尾梁一侧的向下开槽喷出，促使这一侧的下洗气流向尾梁表面吸附并加速，形成尾梁两侧气流的速度差，产生向一侧的侧向力，实现没有尾桨的反扭力。

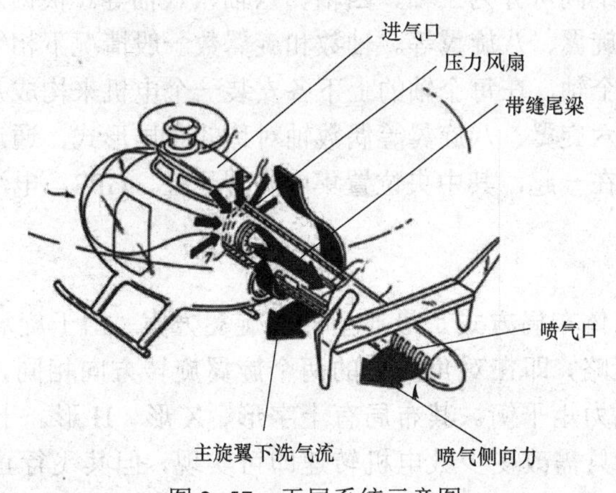

图2-57　无尾系统示意图

2.2.7　无人直升机起落架的构造

起落架是无人直升机上用于地面停放时支撑重量和着陆时吸收撞击能量的部件，主要分为轮式、滑橇式、浮筒式。无人直升机的轮式起落架与固定翼无人机的起落架类似，由机轮和减震器组成。图2-58（a）为轮式起落架无人直升机。滑橇式起落架结构简单，重量轻，但无法收放，飞行阻力大，不便于地面滑行，对起降地点要求较高。图 2–58（b）为滑橇式起落架无人直升机。浮筒式起落架可用于水上起降或应急着水迫降，需要水封机身和保证横侧稳定性的浮筒或应急迫降浮筒。图 2–58（c）为浮筒式起落架无人直升机。

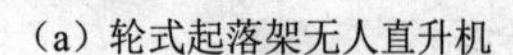

（a）轮式起落架无人直升机　（b）滑橇式起落架无人直升机　（c）浮筒式起落架无人直升机

图 2–58　不同形式起落架的无人直升机

2.3　多旋翼无人机构造

多旋翼无人机是一种具有三个及以上旋翼的特殊无人驾驶旋翼飞行器。其通过每个轴上的电动机转动来带动旋翼，从而产生升力和推力。与无人直升机的变距装置不同，多旋翼无人机旋翼的总距固定不变。通过改变不同旋翼之间的相对转速，可以改变单轴推进力的大小，从而控制飞行器的运行轨迹。

2.3.1　多旋翼无人机的气动布局

根据旋翼轴的数量不同可分为三轴、四轴、六轴、八轴等。根据发动机个数的不同可分为三旋翼、四旋翼、六旋翼、八旋翼等。轴数和旋翼数一般情况下相等，也有特殊情况，例如四轴八旋翼，即有四个轴，在每个轴的上下各安装一个电机来构成八旋翼。目前多旋翼无人机通常采用四旋翼、六旋翼、八旋翼等偶数轴对称的布局形式，通过机身将起落架、动力装置、机载设备等连接在一起，其中央位置集中布置飞控、GPS、电池、载荷，四周布置发动机、旋翼桨、机架。

1. 四旋翼布局

四旋翼无人机的总体布局方式是最典型的多旋翼方案，由于旋翼数量为偶数，力矩平衡一般采用对外平衡策略，即在对角线上的两个旋翼旋转方向相同，一对逆时针旋转，另一对顺时针旋转，构成力矩平衡。其布局有十字形、X 形、H 形。十字形旋翼布局前后左右飞行控制比较直观，只需改变少数电机转速即可实现，但其飞行正前方有螺旋桨，航拍等应用会造成影响，因此用得越来越少。图 2–59 为十字形四旋翼布局。X 形旋翼布局是最常采用的，其前后左右飞行时加速、减速电机较多，操纵性能好，视野好。图 2–60 为 X 形四旋翼布局。H 形可设计为折叠结构，省地方，且具有 X 形特点。图 2–61 为 H 形四旋翼布局。

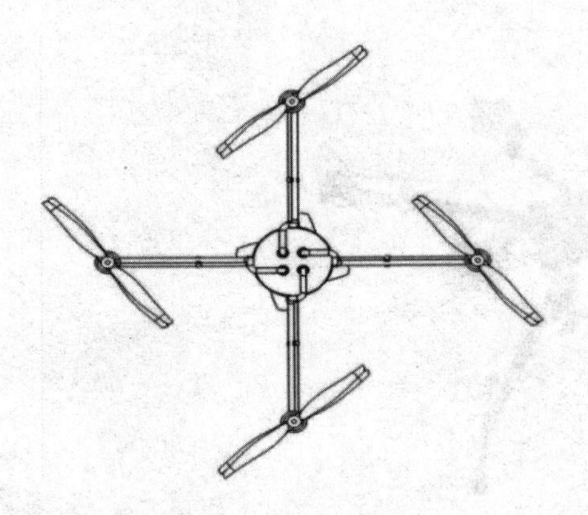
图 2-59　十字形四旋翼布局

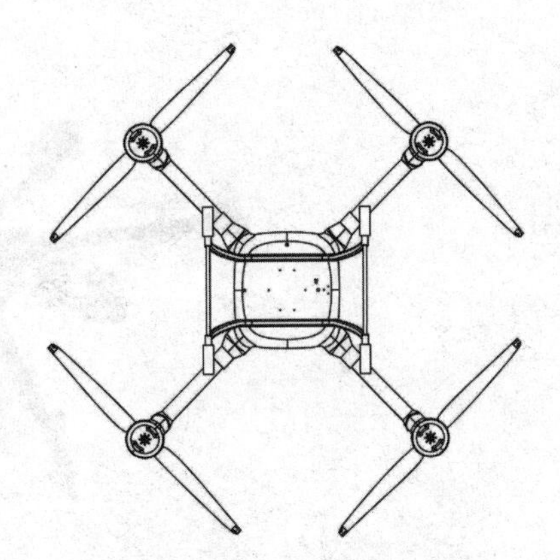
图 2-60　X 形四旋翼布局

图 2-61　H 形四旋翼布局

2. 六旋翼布局

六旋翼无人机布局方式有两种，一种是沿着机身的前后方向设置一对旋翼；另一种是六个旋翼左右对称布置。图 2-62 为前后有旋翼的六旋翼布局。图 2-63 为左右对称布局的六旋翼无人机。左右对称布局的六旋翼无人机视野比较开阔。旋翼桨布局除了考虑对称之外，还要考虑螺旋桨之间的气动干扰。螺旋桨的气动性能关系到多旋翼无人机的飞行性能，为了确保各个螺旋桨能够在一个相对独立的流场中工作，需要确保螺旋桨之间的最小安全距离。各桨叶之间的安全距离为桨径的 15%～20%，可通过调节支架的长度来调节桨叶之间的距离。

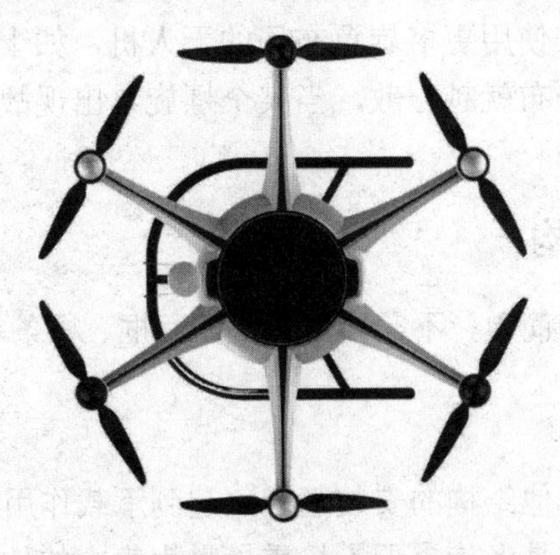
图 2-62　前后有旋翼的六旋翼布局

图 2-63　左右对称布局的六旋翼无人机

3. 八旋翼布局

八旋翼无人机和六旋翼无人机布局类似，且 8 个旋翼在水平圆周面内间隔 45° 均匀布局。图 2-64 为八旋翼无人机。除此之外，还有采用 4 个单独 Y 形支架的布局。而且由于旋翼较多，六旋翼和八旋翼稳定性和抗风性均要优于同等配置的四旋翼无人机。六旋翼和八旋翼更适合进行农业、应急、城市通勤、军事和货物运输等场景的运用。

图 2-64　八旋翼无人机

除了以上布局之外，还有使用更多旋翼布局的无人机，如十旋翼、十六旋翼等。一般情况下，旋翼数量越多，升力分布就越分散，当某个螺旋桨出现故障时，对无人机的平衡影响就越小，安全性越高。

2.3.2　多旋翼无人机的结构

多旋翼无人机的结构比较简单，不需要复杂的梁、框、桁条等部件，主要由机身、支架、起落架、动力装置等构成。

1. 机身

机身是多旋翼无人机的其他结构的安装基础，起到承载作用，主要用来安装 GPS、飞控设备、电池、平衡控制器等，是多旋翼无人机重量最为集中的位置。机身四周安装固定发动机的支架，机身下方搭载有效载荷。起落架安装在机身下方两侧。机身安装所有设备及构件后要保证其重心接近机身的几何中心对称点，以确保飞行安全。

2. 支架

支架一般环绕机身对称布置，内部是中空的，可以为电动机、电调电源线、数据线提供通道，并与飞控设备相连，材质一般为碳纤维。有一些旋翼较多的无人机还会在一个支架上分叉衍生出多个单独支架，用以满足更多旋翼和发动机的安装要求。

支架一端与中央机身固定连接，另一端与发动机机座相连。为便于运输，减小存放空间，部分多旋翼无人机支架采用向下手动折叠的方式进行回收。

3. 起落架

多旋翼无人机的起落架结构比较简单，大部分为固定的，因此飞行阻力比较大。对于对飞行速度要求比较高的多旋翼无人机而言，可采取空中折叠的形式，或者设计阻力更小的细杆。

4. 动力装置

多旋翼无人机的动力装置主要包括电池、电调、电动机、螺旋桨4个部分。

1）电池

电池（battery）为无人机提供能量，有多种类型的电池（包括镍铬电池、镍氢电池、锂离子电池等），考虑电池重量和放电效率问题，目前多采用聚合物锂电池（lithium polymer battery，LiPo）。

2）电调

电子调速器（electronic speed controller，ESC）简称电调，可分为有刷电调和无刷电调，主要功能是根据控制信号调节电动机的转速。

3）电动机

电动机（motor）工作带动桨叶旋转使得多旋翼无人机产生升力，通过对各电机转速的控制，可完成多旋翼无人机的飞行控制。

4）螺旋桨

螺旋桨（propeller）通过电动机工作带动其旋转产生升力或拉力，使无人机完成飞行活动。多旋翼无人机多采用定距螺旋桨。

本章练习

（一）单选题

1.（　　）是固定翼无人机产生升力的最主要构件。

（A）副翼

（B）机翼

（C）机身

2. 以下属于分布式载荷的是（　　）。

（A）发动机通过接头传递给机翼的载荷

（B）机翼沿着翼展方向重力的分布

（C）发动机传递给机翼的拉力

3. 以下属于固定翼无人机横向承力构件的是（　　）。

（A）翼梁

（B）桁条

（C）翼肋

4. 固定翼无人机蒙皮的主要作用是（　　）。

（A）在翼面中主要承受弯矩和剪力

（B）承受局部空气载荷，形成和维持机翼的气动外形，同时也承受机翼的剪力、扭矩和弯矩

（C）承受空气的切向力，保证其他构件正常运行

5. 整体壁板式机翼是（　　）。

（A）以夹层壁板做蒙皮，甚至纵墙和翼肋也是用夹层材料制造

（B）由骨架和蒙皮构成的翼面，可按翼梁数目不同分为单梁式、双梁式和多梁式机翼

（C）将蒙皮与纵向骨架、横向骨架合并成上下两块整体壁板，然后用铆接或螺接连接起来

6. 固定翼无人机机身中较粗大的纵向构件是（　　）。

（A）桁条

（B）翼梁

（C）隔框

7. 无人直升机的主要构成系统中，（　　）起到关键串联作用。

（A）发动机

（B）主旋翼

（C）传动系统

8. 直升机主减速器的输入端连接的是（　　）。

（A）发动机

（B）旋翼

（C）尾桨

9. 无人直升机尾桨的作用是（　　）。

（A）产生升力

（B）平衡反扭矩

（C）传递功率

10. 多旋翼无人机的飞行轨迹控制是通过（　　）来实现的。

（A）改变桨距

（B）改变旋翼的转速

（C）改变电机

（二）填空题

1. 作用在机翼上的外载荷主要有两种形式，分别是（　　）和（　　）。

2. 固定翼无人机机翼的纵向受力构件包括（　　）、（　　）和（　　）。

3. 固定翼无人机机翼的构造形式包括（　　）、（　　）和（　　）。

4. 无人直升机主旋翼的构造形式有四种，分别是（　　）、（　　）、（　　）和（　　）。

5. 固定翼无人机起落架的组成包括（　　）、（　　）、（　　）、（　　）和（　　）。

（三）简答题

1. 简述固定翼无人机的三种主要构造形式及特点。
2. 简述无人直升机主旋翼的构造形式及特点。
3. 直升机自动倾斜器的工作原理是什么？
4. 如何保证多旋翼无人机的重心尽量在机身的几何中心对称点？
5. 简述四旋翼无人机十字形、X 形、H 形布局的特点。

第 3 章　无人机系统组成

不同飞行平台构型的无人机有着非常明显的构造和气动布局差异，但在系统组成上它们是共通的。典型的无人机系统组成主要包括动力系统、飞行控制系统、通信导航系统、地面控制站、任务载荷系统、发射与回收系统等。无人机需要在各系统的共同配合下才能完成起降、飞行控制及任务执行程序。下面将分别对各组成系统进行介绍。

思政目标

通过学习无人机系统组成相关知识，培养学生逻辑思维能力，踏实努力的职业精神。

学习目标

1. 掌握往复式活塞发动机、旋转式活塞发动机、燃气涡轮发动机、冲压发动机构成及工作原理；掌握动力系统中电动系统的构成及其工作原理。

2. 掌握飞行控制系统的构成、功能和控制方式。

3. 了解无人机通信系统链路设备的构成、通信频段与传输技术；了解无人机不同导航系统的特点和工作原理。

4. 了解民用无人机各类任务载荷的特点、工作方式及适用范围。

5. 了解无人机各发射回收系统的特点及工作方式。

3.1　动 力 系 统

无人机动力系统为无人机提供动力，提供满足无人机飞行速度、高度要求的推力或电力输出。目前无人机动力系统主要有三种类型，分别为油动系统、电动系统和油电混合系统。我们主要来介绍常用的油动系统和电动系统。

3.1.1　油动系统

油动系统主要工作过程是将化学能转化为机械能，从而为无人机提供飞行动力，常用的有往复式活塞发动机、旋转式活塞发动机、燃气涡轮发动机和冲压发动机四种。

3.1.1.1　往复式活塞发动机

往复式活塞发动机由气缸、活塞、连杆、曲轴、气门等组成，是一种利用气缸内燃料燃烧膨胀产生压力推动活塞运动做功，将化学能转化为热能又转化为机械能的机器。往复式活塞发动机利用一个曲轴连接机构将活塞的往复直线运动转换成曲轴的旋转运动，带动螺旋桨转动，属于内燃机，通过燃料在气缸内的燃烧，将热能转变为机械能。图 3–1 为往复式活塞发动机结构示意图。

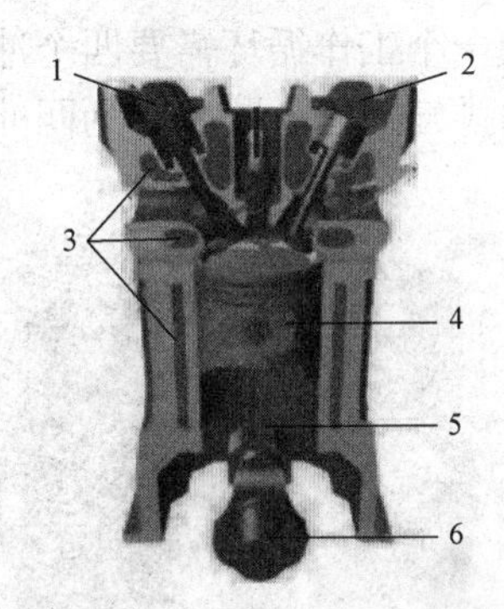

1—进气门；2—排气门；3—气缸；4—活塞；5—连杆；6—曲轴

图 3–1　往复式活塞发动机结构示意图

根据发动机工作原理不同，可将往复式活塞发动机分为二冲程发动机和四冲程发动机。

1. 二冲程发动机工作原理

一个冲程是指活塞从上止点到下止点或者从下止点到上止点，即曲轴转动半圈。二冲程发动机完成一个工作循环需要两个冲程，曲轴要旋转一圈。图 3–2 为二冲程发动机工作原理。

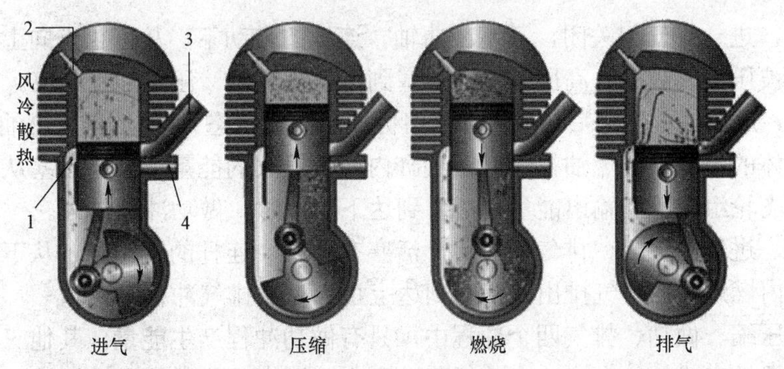

1—扫气孔；2—火花塞；3—排气孔；4—进气孔

图 3–2　二冲程发动机工作原理

第一冲程为进气压缩冲程。当活塞还处于下止点时，进气孔被活塞关闭，排气孔和扫气孔开启。这时曲轴箱内的可燃混合气经扫气孔进入气缸，扫除其中的废气。随着活塞向上止点运动，活塞头部首先将扫气孔关闭，扫气终止。但此时排气孔尚未关闭，仍有部分废气和可燃混合气经排气孔继续排出，称其为额外排气。当活塞将排气孔也关闭之后，气缸内的可燃混合气开始被压缩。直至活塞到达上止点，压缩过程结束。

第二冲程为燃烧排气冲程。在压缩过程终止时，火花塞产生电火花，将气缸内的可燃混合气点燃，燃烧气体膨胀做功。此时排气孔和扫气孔均被活塞关闭，只有进气孔仍然开启。空气和燃油经进气孔继续流入曲轴箱，直至活塞全部将进气孔关闭。随着活塞继续向下止点运动，曲轴箱容积不断缩小，其中的混合气被预压缩。此后，活塞头部先将排气孔开启，膨胀后的燃烧气体已成废气，经排气孔排出。至此，做功过程结束，开始先期排气，随后活塞又将扫气孔开启，经过预压缩的可燃混合气从曲轴箱经扫气孔进入气缸，扫除其中的废气，开始扫气过程。这一过程将持续到下一个活塞行程中直到扫气孔被关闭时为止。

2. 四冲程发动机工作原理

对于四冲程发动机而言，完成一个工作循环需要四个冲程，曲轴要旋转两圈，依次完成进气冲程、压缩冲程、做功冲程和排气冲程。图 3-3 为四冲程发动机工作原理。

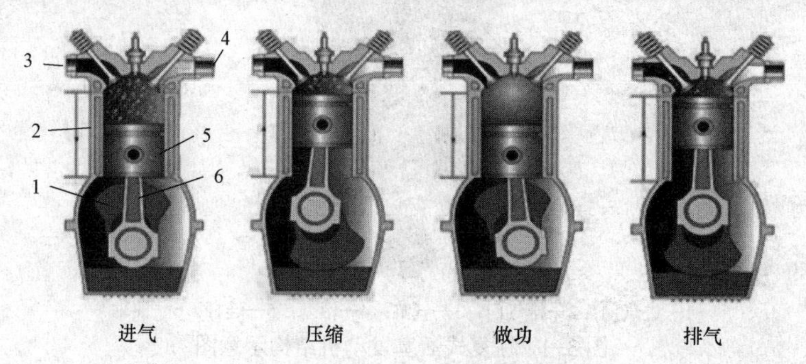

1—曲轴；2—气缸；3—进气孔；4—排气孔；5—活塞；6—连杆

图 3-3　四冲程发动机工作原理

进气冲程，气缸的进气门打开，排气门关闭，活塞在曲轴、连杆的带动下，从上止点向下止点运动，燃油和空气的混合物进入气缸，活塞到达下止点时，进气阀关闭，进气冲程结束。

压缩冲程，进、排气门关闭，活塞在曲轴、连杆的带动下，从下止点向上止点运动，吸进气缸的空气被压缩成高温、高压气体，活塞到达上止点时，压缩冲程结束。

做功冲程，压缩冲程结束后（进、排气门仍处于关闭状态），喷油器将燃油喷进气缸，在高温、高压气体的作用下，燃油被压燃，气缸内产生巨大的能量，推动活塞从上止点向下止点运动，曲轴飞轮组储存和输出能量，活塞到达下止点时，做功冲程结束。

排气冲程，进气门关闭，排气门开启，活塞在曲轴、连杆的带动下，从下止点向上止点运动，将气缸内燃烧后的废气排出，活塞到达上止点时，排气冲程结束。

在进气、压缩、做功、排气四个冲程中，只有做功冲程产生能量，其他三个冲程都是靠曲轴、飞轮的惯性完成的。在这一完整循环过程中，燃油的化学能通过燃烧转化为热能又转化为推动活塞运动的机械能。

往复式活塞发动机的主要优点是效率高、油耗率低，因此在无人机上得到了广泛的应用。二冲程和四冲程发动机有各自的特点和应用范围。表 3-1 为二冲程和四冲程发动机对比。

表 3-1 二冲程和四冲程发动机对比

	二冲程	四冲程
结构	二冲程发动机的进气孔和排气孔设置在缸体上，通过活塞的上下移动就能打开或关闭气孔，实现进气和排气	由相应的驱动机构定时打开或者关闭进气门和排气门
优点	体积小、质量轻、结构简单、维护方便	功率大、油耗低、高空性能好
缺点	1. 发动机缸数和冷却有限制； 2. 提高功率困难； 3. 油耗大	结构较为复杂
适用范围	适用小型、低空、短航时的无人机	适合中高空、长航时无人机

3. 往复式活塞发动机辅助系统

往复式活塞发动机除了主要部件以外，还需要其他相关系统与之相互配合才能工作，这些系统主要包括进气系统、点火系统、燃油系统、冷却系统、启动系统、润滑系统等。

进气系统，为燃烧做功提供燃油和清洁空气并使之混合后输送到气缸内。外部空气从发动机罩前部的进气口进入进气系统，这个进气口通常会包含一个过滤器，以阻止灰尘或异物进入。进气系统内常常装有增压器，作用是来增大进气压力，以增加其中氧气的含量，降低油耗。

点火系统，是点燃空气与燃油混合气的系统。点火系统产生高压电流，准时击穿火花塞两电极，使得气缸内的混合气燃烧。

燃油系统，由油箱、油泵、汽化器或燃油喷射装置组成。其作用是向发动机持续不断提供清洁燃油。油泵将燃油压入汽化器，燃油在此被雾化，并与空气形成油气混合物进入气缸。

冷却系统，作用是将发动机热量散发出去，以保证发动机正常工作。

启动系统，是完成发动机启动所需要的装置。要使发动机从静止状态过渡到工作状态，必须先用外力转动发动机的曲轴，使活塞做往复运动，使气缸内的可燃气体燃烧膨胀做功，推动活塞向下运动使曲轴旋转，发动机才能自行运转，工作循环才能自动进行。

润滑系统，由机油泵、压力调节阀、机油集滤器、机油滤清器、机油散热器、油压传感器等组成。为了保证发动机正常工作，需要对发动机内相对运动的部件表面进行润滑，以减小摩擦阻力，降低功率损耗，减轻磨损，延长发动机使用寿命。另外润滑系统还能起到冷却、清洁、密封和防锈等功能。

3.1.1.2 旋转式活塞发动机

旋转式活塞发动机是指燃烧室内产生的高温高压燃气推动活塞旋转以产生动力的内燃机，又叫转子发动机。转子的活塞为一个凸弧边三角形，当转子在近似椭圆的缸体内旋转时，弧边三角形的三个顶点与缸壁保持接触，从而使得转子弧面与缸壁之间形成三个相互分隔的工作室，这三个工作室的容积大小随着转子的转动而周期性地变化，转子每旋转一周，各个工作室都能完成一次四冲程的过程。图 3-4 为旋转式活塞发动机结构图。

图 3-4　旋转式活塞发动机结构图

旋转式活塞发动机仅通过进气口和排气口换气，而不需要复杂的气阀配气机构。图 3-5 为旋转式活塞发动机工作原理示意图。当三角形活塞按顺时针方向转动时，ab 腔排气，bc 腔吸气，ca 腔压缩吸进的空气和燃油的混合物到上止点（空间最小处），并由前火花塞点火使被压缩的可燃气体燃烧，随后由后火花塞继续点火，使可燃气体继续充分燃烧，高温高压气体推动三角活塞旋转，并通过输出轴输出机械能。

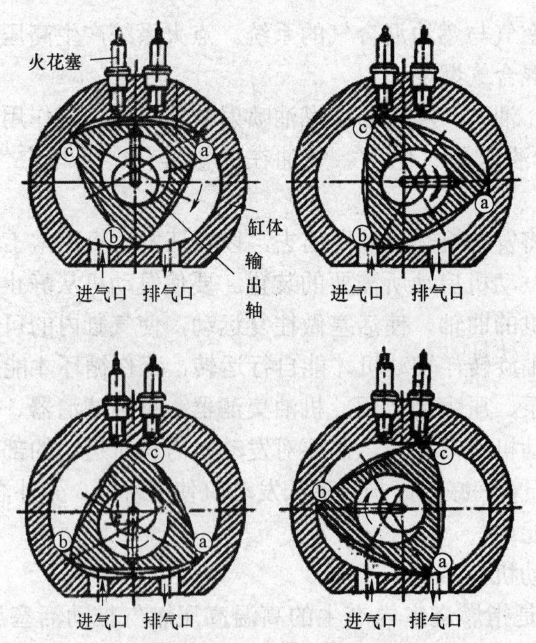

图 3-5　旋转式活塞发动机工作原理示意图

旋转式活塞发动机不需要曲轴、连杆等构件，结构简化，质量轻，体积小，比功率高，制造成本低，运转平衡，高速性能好。但其也有缺点，由于其气缸密封线比往复式活塞发动机长，因此旋转式活塞发动机在低速运转时的气体泄漏就高于往复式活塞发动机；加之，旋转式活塞发动机的燃烧室狭长，发动机面容比大，因此旋转式活塞发动机的低速动力性和燃料经济性也低于往复式活塞发动机（旋转式活塞发动机的高速动力性优于往复式活塞发动机）。

3.1.1.3　燃气涡轮发动机

活塞发动机大多只适用于低速、低空的无人机，对于更高速、更高空范围的无人机而言，燃气涡轮发动机更加适用。燃气涡轮发动机主要包括涡轮喷气发动机、涡轮风扇发动机、涡轮螺桨发动机、涡轮轴发动机。下面分别对这几种发动机进行介绍。

1. 涡轮喷气发动机

涡轮喷气发动机主要由进气道、压气机、燃烧室、涡轮和尾喷管五个部分组成。其中压气机、燃烧室、涡轮是涡轮喷气发动机的核心组成部分，被称为涡轮喷气发动机的“核心机”。图 3-6 为涡轮喷气发动机的组成示意图。

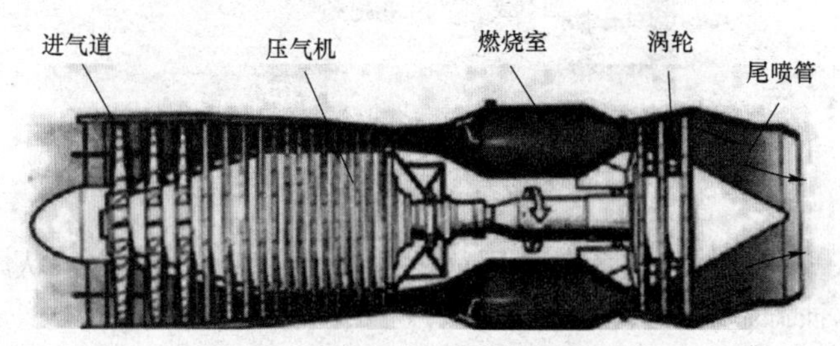

图 3-6　涡轮喷气发动机的组成示意图

其工作原理是，新鲜空气进入进气道，流经压气机时，空气流速降低，压力升高，压气机对气体做功，气体变成高温高压气体，空气压力可以提高几倍甚至数十倍。高温高压气体进入燃烧室与燃油混合燃烧，成为具有很高能量的高温高压燃气。燃气流过涡轮时驱动涡轮旋转，从而带动压气机工作，最后从涡轮中流出温度和压力都下降但速度增大的燃气，在尾喷管中继续膨胀，以很高速度沿发动机轴向从喷口向后排出，产生推动力。

2. 涡轮风扇发动机

涡轮风扇发动机的结构与涡轮喷气发动机结构非常相似，也包括进气道、压气机、燃烧室、涡轮、尾喷管。不同的是涡轮风扇发动机在涡轮喷气发动机的基础上增加了风扇和驱动风扇的低压涡轮。图 3-7 为涡轮风扇发动机的组成示意图。

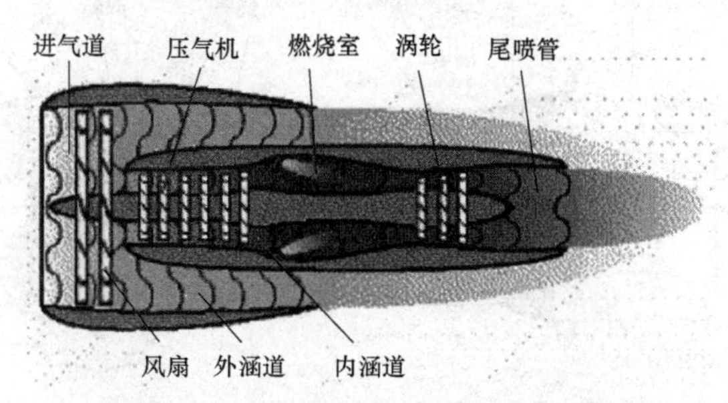

图 3-7　涡轮风扇发动机的组成示意图

其工作原理是，风扇转动吸入大量空气，并将空气进行压缩。压缩后的气流分成了两部分，一部分气流像普通涡轮喷气发动机一样，进入压气机、燃烧室和涡轮，最后经尾喷管加速排出产生推力，这股气流通过的通道为内涵道；另一部分气流从外边的通道不经过燃烧室直接加速喷出产生推力，这股气流所通过的通道为外涵道。

3. 涡轮螺桨发动机

涡轮螺桨发动机包括进气道、压气机、燃烧室、涡轮和尾喷管，与涡轮喷气发动机相比较而言，前面增加了一个直径较大的螺旋桨。图 3-8 为涡轮螺桨发动机的组成示意图。

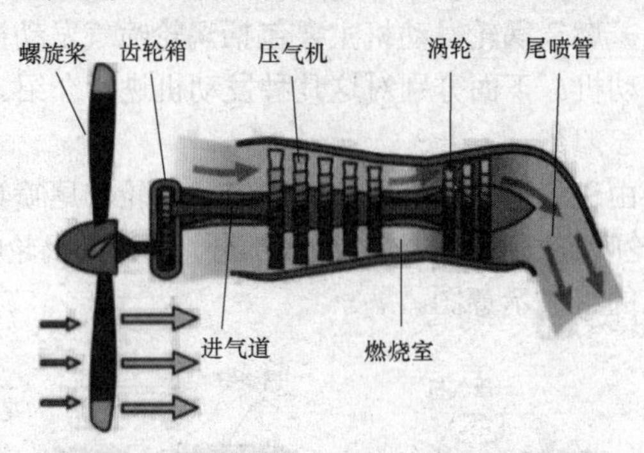

图 3-8　涡轮螺桨发动机的组成示意图

工作过程如下。

（1）进气道吸入大量空气，被压气机压缩后送入燃烧室进行燃烧，从燃烧室出来的高温高速气流吹动涡轮高速旋转。

（2）涡轮除了带动前面压气机转动之外还要带动螺旋桨旋转。由于螺旋桨的转速比涡轮低很多，所以需要在发动机上安装一套减速装置。

4. 涡轮轴发动机

在工作原理和构造上，涡轮轴发动机与涡轮螺桨发动机很相近。它们都是由涡轮风扇发动机的原理演变而来，只不过后者将风扇变成了螺旋桨，而前者将风扇变成了直升机的旋翼。除此之外，涡轮轴发动机也有自己的特点，它一般装有自由涡轮（即不带动压气机，专为输出功率用的涡轮），而且主要用在无人直升机和垂直/短距起落无人机上。涡轮轴发动机利用普通涡轮带动压气机工作，并利用一个不与压气机相连的自由涡轮输出动力带动直升机的旋翼旋转，从而把功率传递出去。图 3-9 为涡轮轴发动机结构示意图。

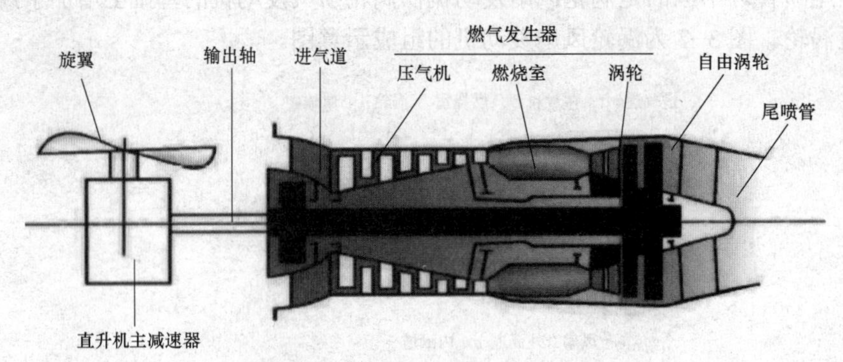

图 3-9　涡轮轴发动机结构示意图

3.1.1.4　冲压发动机

冲压发动机由进气道、燃烧室和尾喷管三部分组成。图 3-10 为冲压发动机结构示意图。与燃气涡轮发动机不同，冲压发动机没有专门的压气机和涡轮等传动部件，结构大大简化。

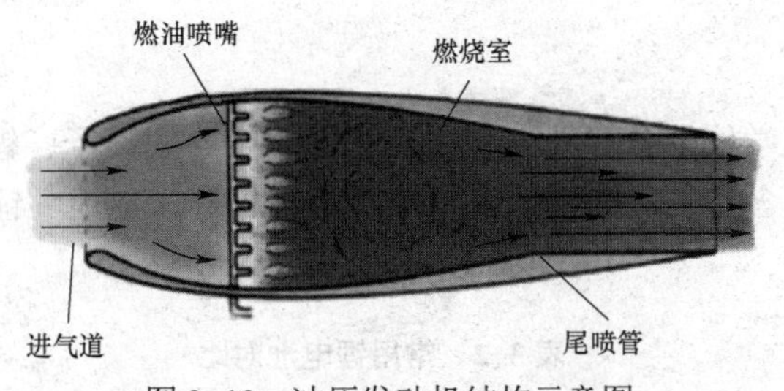

图 3-10　冲压发动机结构示意图

这种发动机压缩空气的方法，是靠高速飞行时的相对气流进入发动机进气道中减速，将动能转变成压力能（如进气速度为 3 倍声速时，理论上可使空气压力提高 37 倍）。冲压发动机工作时，高速气流迎面向发动机吹来，在进气道内扩张减速，气压和温度升高后进入燃烧室与燃油（一般为煤油）混合燃烧，将温度提高到 2 000～2 200 ℃甚至更高，高温燃气随后经推进喷管膨胀加速，由喷口高速排出而产生推力。

冲压发动机的推力与进气速度有关。飞行速度越大，冲压越大，产生的推力也就越大，因此适合高速飞行；在低速飞行时，冲压作用小，压力低，经济性差；静止时不能产生推力，因此需要和其他发动机组合使用形成组合式动力装置。

3.1.2　电动系统

无人机的电动系统是将化学能转化为电能然后再转化为机械能，为无人机提供动力的系统。该系统由四个部分组成，分别是动力电池、动力电机、调速控制系统和螺旋桨。

3.1.2.1　动力电池

动力电池主要为无人机的电动机提供电能。按电池材料构成可划分为镍镉电池、镍氢电池、锂离子电池、锂聚合物电池、氢燃料电池等。考虑到电池的重量和效率问题，无人机多采用锂聚合物电池。

电池按照是否可以被再次利用可分为一次电池和二次电池。不可充电电池称为一次电池，可充电电池称为二次电池。

1. 电池参数

电压分为额定电压、开路电压、工作电压和充电电压等，单位为伏特（V），符号为 U。额定电压，是指电池工作时公认的标准电压，如锂聚合物的一个单体电池电压为 3.7 V；开路电压，是指无负载使用情况下的电池电压；工作电压，是指电池在负载工作情况下的放电电压，它通常是一个电压范围。

电池容量，表示在一定条件下（放电率、温度、终止电压等）电池放出的电量（可用 JS-150D 做放电测试），是指电池储存电量的大小，单位为毫安时（mA·h），符号为 C。电池容量分为实际容量、额定容量、理论容量。实际容量，是指在一定放电条件下，在终止电压前电池能够放出的电量；额定容量，是指电池在生产和设计时，规定的在一定放电条件下电池能够放出的最低电量；理论容量，是指根据电池中参加化学反应的物质计算出的电量。

充放电能力，是指按电池的标称容量最大可以达到多大的充电或放电电流，一般充放电电流的大小常用充放电倍率来表示，符号为 C。例如，一个额定容量为 1 000 mA·h，放电倍率为 10 C 的电池，其最大放电电流=1 000×10=10 000(mA)，即 10 A。

2. 几种常用电池

1）锂电池

锂电池，是指电化学体中含有锂（金属锂、锂合金、锂离子、锂聚合物）的最基本电化学单位的电池，主要包含三类，分别是锂金属电池、锂离子电池、锂聚合物电池。表 3-2 为常用锂电池对比。

表 3-2　常用锂电池对比

	锂金属电池	锂离子电池	锂聚合物电池
类型	一次电池	二次电池	二次电池
构成	纯态锂金属；二氧化锰作为正极材料，金属锂或其合金金属作为负极材料；非水电解质溶液	锂合金金属氧化物作为正极材料，石墨作为负极材料，非水电解质溶液	胶态或固态聚合物取代液态有机溶剂
工作方式	正负极接通，锂和二氧化锰发生化学反应放电	依靠锂离子在正负极之间移动来传递电荷	依靠锂离子在正负极之间移动来传递电荷
特点			工作电压高，能量大，放电点位曲线平稳，自放电小，循环寿命长，低温性能好，无记忆，无污染

锂金属电池是一种一次电池，不可充电，是锂原电池，内含纯态的锂金属，一般使用二氧化锰作为正极材料，使用金属锂或其合金金属作为负极材料，使用非水电解质溶液，当正负极接通时，锂和二氧化锰发生化学反应放电。

锂离子电池是一种二次电池，不含金属态的锂，一般使用锂合金金属氧化物作为正极材料，使用石墨作为负极材料，使用非水电解质溶液。锂离子电池的工作原理是依靠锂离子在正极和负极之间移动，形成锂离子脱嵌和嵌入，来传递电荷，从而形成电流。充电时，锂离子从正极脱嵌，经过电解质嵌入负极，负极处于富锂状态；放电时，锂离子从负极脱嵌，经过电解质嵌入正极，正极处于富锂状态。图 3-11 为锂离子电池工作原理示意图。

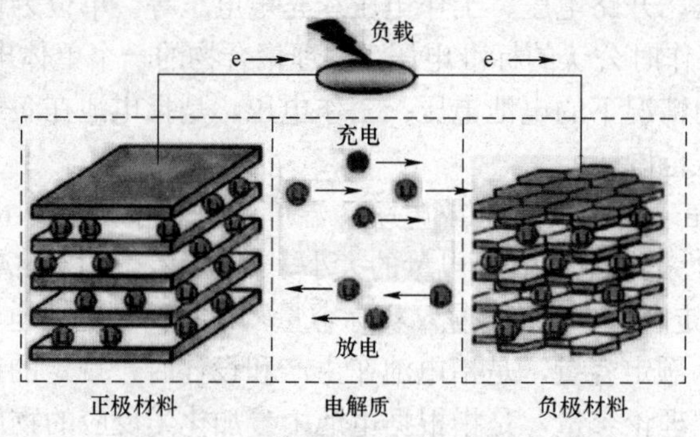

图 3-11　锂离子电池工作原理示意图

锂聚合物电池又称高分子锂电池，是一种化学性质的电池，是用胶态或者固态聚合物取代液态有机溶剂的二次电池。锂聚合物电池可以制成任何形状与容量的电池，进而满足各种产品的需要，而且它采用铝塑包装，内部出现问题可立即通过外包装表现出来，即便存在安全隐患，也不会爆炸，只会鼓胀。在锂聚合物电池中，电解质起着隔膜和电解液的双重作用，一方面像隔膜一样隔离开正负极材料，使电池内部不发生自放电及短路；另一方面又像电解液一样在正负极之间传导锂离子。聚合物电解质不仅具有良好的导电性，而且还具备高分子材料所特有的质量轻、弹性好、易成膜等特性，也顺应了化学电源质量轻、安全、高效、环保的发展趋势。

2）燃料电池

燃料电池是将燃料中的化学能通过电化学反应直接转化为电能的发电装置，包括燃料供应、氧化剂供应、水热管理及电控等子系统。

氢燃料电池的工作原理是水电解的逆反应。把氢气和氧气分别供给电池的阴极和阳极，利用催化剂，氢气通过阴极向外扩散并和电解质发生反应后放出电子，电子通过外部负载到达阳极，产生电流。氧气和氢气在催化剂的作用下产生电能、水和热量。图 3–12 为氢燃料电池工作原理示意图。

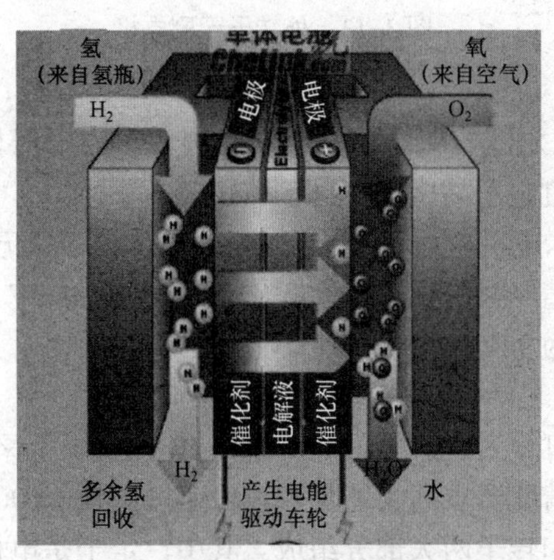

图 3–12　氢燃料电池工作原理示意图

燃料电池的优点：与锂电池相比重量更轻、体积更小、放电时间更长，加注氢气时间短，生命周期内性能衰减小。

燃料电池的缺点：目前安全性能低（加注氢气时安保要求高），成本高，工作温度控制要求严格。

3）锂电池和燃料电池混合动力系统

由燃料电池和锂电池组成的混合动力系统，一般在无人机起飞和爬升阶段用锂聚合物电池，在巡航阶段用燃料电池，这样可以获得更高的推进效率。

3.1.2.2　动力电机

电机旋转带动桨叶，使无人机产生升力和推力等，通过对电机转速的控制，可使无人机完成各种飞行状态。有刷电机中的电刷在电机运转时产生电火花会对遥控无线电设备产生干扰，且电刷会产生摩擦力，噪声大，目前在无人机领域已较少使用，更多使用的是无刷电机。

外转子无刷电机的转子在外面转动，定子在内部不动。电机的定子结构是线圈，即电磁铁。利用磁铁异性相吸的原理，给定子线圈通电，线圈产生磁场，外面的转子由于异性相吸的原理会逆时针转动，让自己的 N 极靠近定子电磁铁的 S 极，随后此线圈停止通电，让下一个线圈通电流，这样永磁铁就开始继续寻找下一个目标。图 3–13（a）为单组线圈通电的外转子无刷电机。很多时候，为了提高效率，我们通常会让多组线圈同时通电。图 3–13（b）为多组线圈通电的外转子无刷电机，该电机前面有一个电磁铁线圈在吸引永磁铁，后面有一个电磁铁线圈在推动永磁铁。在无刷电机里安装了霍尔传感器，能准确判断转子永磁铁的位置，能够及时将永磁铁的位置报告给定子线圈控制器，控制器就根据该信息控制线圈电流方向。

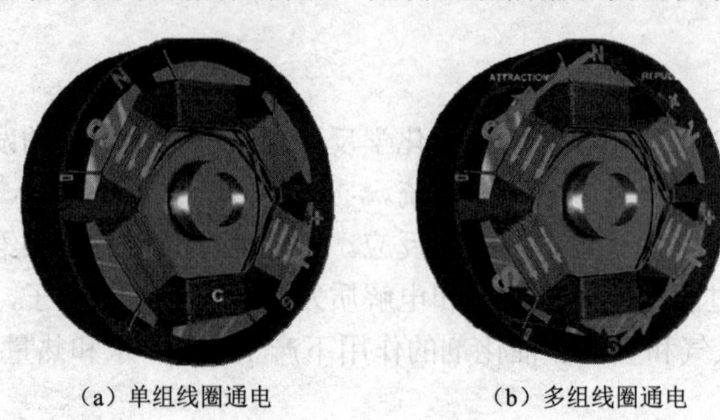

（a）单组线圈通电　　（b）多组线圈通电

图 3–13　外转子无刷电机

1. 电机参数

电机的型号通常用“XXXX”型数字来表示。例如，2212 外转子无刷动力电机，即表示电机定子直径 22 mm，电机定子高度为 12 mm。

电机 KV 值，用来表示电机空载转速，指电压每增加 1 V，无刷电机增加的每分钟转数，电机的空载转速=电机 KV 值×电池电压。例如，KV 值为 920 rpm/V 的电机，电池电压为 11.1 V，那么电机的空载转速应该为 920×11.1=10 212（r/min）。

2. 直流电机

电机按使用电源不同可分为直流电机和交流电机，无人机上采用的电机主要是直流电机。直流电机适合高速旋转和精度要求高的场合，其转速可达到 14 000 r/min 以上。

直流电机主要由定子和转子两大部分组成。其中，定子是电机的静止部分，主要包括主磁极、电刷装置、机座、端盖。转子是电机的转动部分，包括电枢绕组、电枢铁心、换向器等。图 3–14 为直流电机结构示意图。

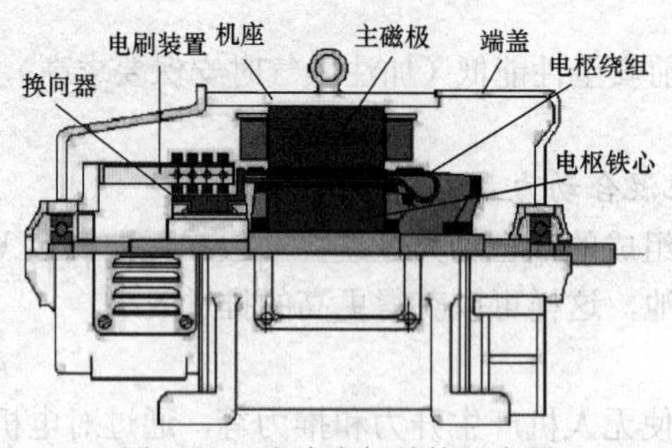

图 3–14　直流电机结构示意图

主磁极包括铁芯和励磁绕组。当励磁绕组中通入直流电后，铁芯中产生励磁磁通，并在气隙中产生励磁磁场。电刷用石墨粉压制而成，作用是通过电刷与换向器表面的滑动接触，将直流电压、直流电流引入或引出电枢绕组，与换相片配合，完成直流电与交流电的互换。换向器是位于两个主磁极之间的小磁极，用于产生换向磁场，以减小电流换向时产生的火花。

图3-15是直流电机的工作原理示意图。电刷A为正极，B为负极，在S极磁场范围内的导体ab中的电流从a流向b，在N极磁场范围内的导体cd中的电流从c流向d。根据磁场方向和导体中的电流方向，利用左手定理分析，ab边的受力方向向下，cd边的受力方向向上，两边力的大小相等，方向相反，使得线圈产生顺时针旋转。线圈旋转一周以后，ab和cd位置调换，由于电刷和换向片的作用，转到N极的cd边电流改变方向（从d流向c），而在S极的ab边电流也改变（从b流向a），因此两边电磁力方向不变，线圈继续在电磁力的作用下顺时针旋转。在线圈转到磁性极的中立面时，线圈中电流为0，磁力矩也为0，转子会由于惯性作用继续进行旋转，但是旋转速度不均，为了克服这个问题，需要多加几个线圈绕组。这样，周而复始，线圈就能通过齿轮或皮带等传动机构，持续不断地带动其他机械部分做功。

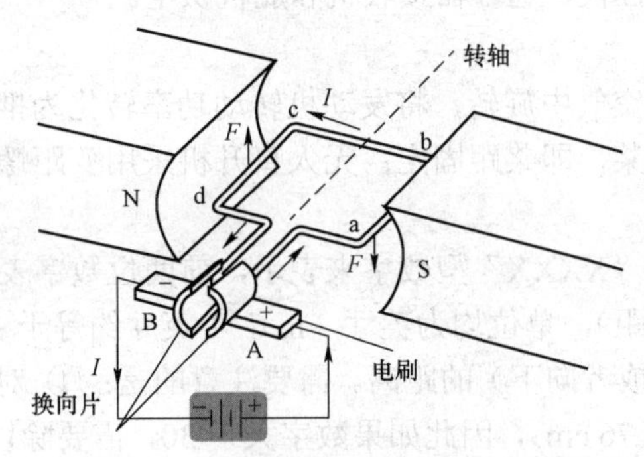

图3-15　直流电机的工作原理示意图

3.1.2.3　调速控制系统

动力电机的调速控制系统称为电子调速器（electric speed control，ESC），简称电调。电子调速器主要功能是将飞控板的控制信号进行功率放大，并向各开关管送去能使其饱和导通及可靠关断的驱动信号，以控制电机的转速，简而言之就是根据控制信号调节电机的转速。图3-16为电子调速器。

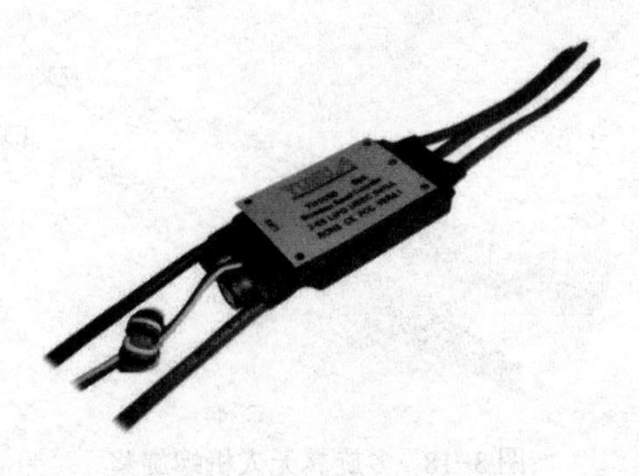
图3-16　电子调速器

电子调速器两端都有接线，图3-17为电子调速器连接方式，输入线与电池相连，输入电流；输出线与电机相连，用以调整电机转速；电子调速器的信号线与接收机相连接，用以接收飞控信号并给飞控板供电。

图 3-17 电子调速器连接方式

飞控板没有驱动无刷电动机的功能，需要电子调速器将直流电源转换为三相电源，为无刷电机供电。同时，电子调速器在多旋翼无人机中也充当了变压器的作用，将电源电压转换成 5 V 左右的电压，给飞控板、遥控器接收机和舵机供电。

3.1.2.4 螺旋桨

螺旋桨是指靠桨叶在空气中旋转，将发动机转动功率转化为推进力或升力的装置。多旋翼无人机多采用定距螺旋桨，即桨距固定；无人直升机采用变距螺旋桨，即桨距可进行周期变距。

螺旋桨尺寸，通常用“XXXX”型数字来表示，前两位数字表示螺旋桨直径，后两位数字表示螺旋桨桨距（或螺距），单位均为英寸（in），1 英寸约等于 2.54 cm，螺距即桨叶旋转一圈旋转平面移动（向上或者向下）的距离。需要注意的是：① 对于旋翼机而言，螺旋桨直径一般很少超过 30 英寸（76 cm），因此如果数字大于 30，需要除以 10；② 旋翼机螺距一般很少大于 10 英寸（25 cm），因此如果后两位数字大于 10，则需要除以 10。例如，“8060 桨”表示桨直径为 8 英寸[(80/10)×2.54=20.32 (cm)]，桨距为 6 英寸[(60/10)×2.54=15.24 (cm)]。再如，“1045 桨”表示桨直径为 10 英寸[10×2.54=25.4 (cm)]，桨距为 4.5 英寸[(45/10)×2.54=11.43 (cm)]。

螺旋桨有正反桨之分，顺时针方向旋转的是反桨，逆时针方向旋转的是正桨。图 3-18 为多旋翼无人机螺旋桨。

图 3-18 多旋翼无人机螺旋桨

电机与螺旋桨的匹配需要看电机的转速和螺旋桨的大小，配型原则为，高 KV 值电机配小桨，低 KV 值电机配大桨。因为电机 KV 值越小转动惯量越大，KV 值越大转动惯量越小，所以螺旋桨尺寸越大，无人机产生的升力就越大，需要更大力量来驱动螺旋桨旋转，应采用低 KV 值电机；反之，螺旋桨小，需要转速更快才能达到足够升力，应采用高 KV 值电机。

3.2　飞行控制系统

飞行控制系统简称飞控系统，是控制无人机姿态和运动的设备，是无人机完成起飞、空中飞行、任务执行、返场回收等整个飞行过程的核心。飞控系统对于无人机而言相当于有人机的驾驶员，是无人机最核心的技术之一。

3.2.1　飞控系统的构成

飞控系统的构成主要包括传感器、飞控计算机、执行机构三个部分。

3.2.1.1　传感器

飞控系统传感器较多，主要包括角速度传感器、姿态传感器、航向传感器、高度空速传感器、位置传感器、迎角传感器等。

角速度传感器，用于感受无人机绕机体坐标轴的转动角速度，以构成角速度反馈，改善系统的阻尼特性，提供稳定性。图 3–19 为 7310A–18K 角速度传感器。

图 3–19　7310A–18K 角速度传感器

姿态传感器，是基于微机电系统技术的高性能三维运动姿态测量系统。它包含三轴陀螺仪、三轴加速度计、三轴电子罗盘等运动传感器，通过内嵌的低功耗 ARM 处理器得到经过温度补偿的三维姿态与方位等数据，用于感受无人机俯仰角和滚转角。图 3–20 为九轴姿态传感器。

航向传感器，用于感受无人机航向角，实现姿态航向稳定与控制功能。图 3–21 为 0.2° 航向传感器。

图 3–20　九轴姿态传感器

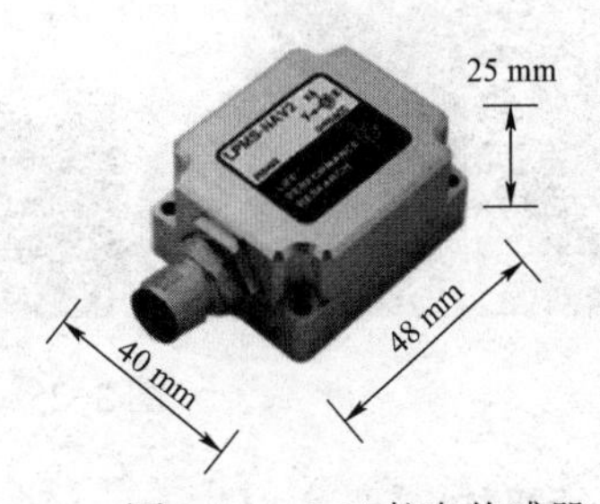

图 3–21　0.2° 航向传感器

高度空速传感器，用于感受无人机飞行高度和空速，是高度保持和空速保持的必备传感器。图 3-22 为高度空速传感器。

位置传感器，是能感受被测物的位置并转换成可用输出信号的传感器，用于感受无人机位置，是飞行轨迹控制的必要前提。图 3-23 为位置传感器。

图 3-22 高度空速传感器

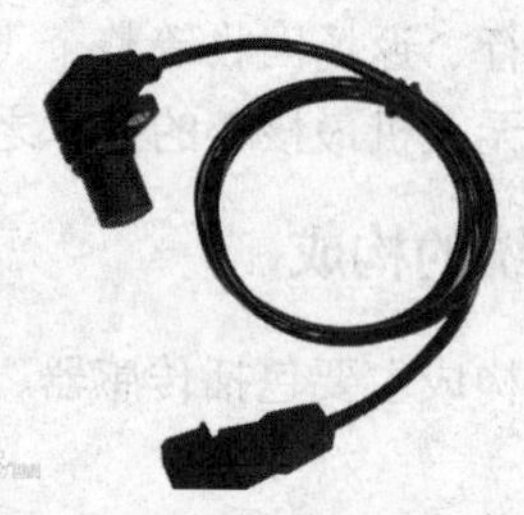

图 3-23 位置传感器

迎角传感器，是测量无人机迎角的装置，又称攻角传感器。当实际迎角接近临界迎角而使无人机有失速的危险时，失速警告系统即刻发出各种形式的报警信号。在飞控系统中常引入迎角信号来限制最大法向过载，也用于油门控制系统。图 3-24 为迎角传感器。

图 3-24 迎角传感器

3.2.1.2 飞控计算机

飞控计算机是飞控系统的核心部件，集机载控制测量设备、导航管理、飞行状态管理、无线电链路管理于一体，是联系空中和地面指挥系统的枢纽，具有姿态稳定与控制、导航与制导控制、自主飞行控制、自动起飞及着陆控制功能。图 3-25 为各种类型的飞控计算机。

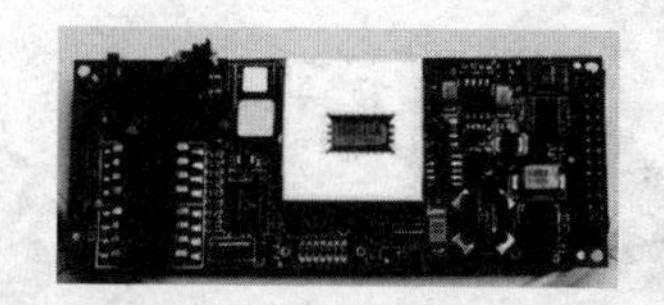

图 3-25 各种类型的飞控计算机

3.2.1.3 执行机构

执行机构也称舵机，是飞控系统的执行部件。其作用是接收飞行控制指令，进行功率放大，并驱动舵面或发动机节风门偏转，从而达到控制无人机姿态和轨迹的目的。

舵机一般分为液压式和电动式两种，无人机一般使用电动式。电动式舵机的转轴输出端通过摇臂与舵面旋转轴处设置的可以活动的铰链用刚性链接连接起来，当舵机旋转一定角度时，会带动铰链旋转相应的角度，从而实现对舵面偏转角的控制。图 3-26（a）为电动式舵机；图 3-26（b）为电动式舵机工作原理。

（a）电动式舵机

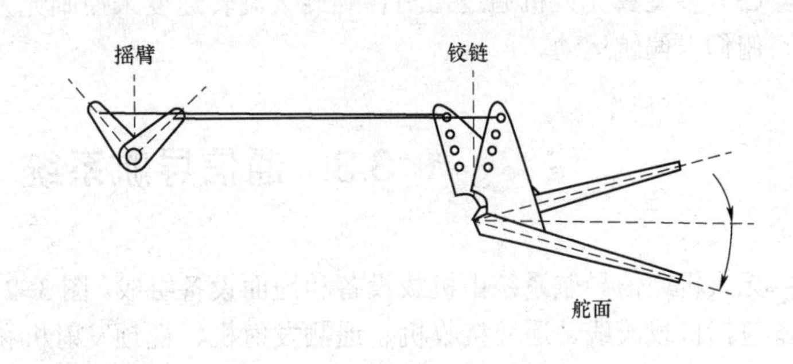

（b）电动式舵机工作原理

图 3-26　电动式舵机及其工作原理

3.2.2　飞控系统的功能

飞控系统实时采集各传感器测量的飞行状态数据、接收无线电测控终端传输的由地面测控站上行信道送来的控制命令及数据，经计算处理，输出控制指令给执行机构，实现对无人机中各种飞行模态的控制和对任务设备的管理与控制；同时将无人机的状态数据及发动机、机载电源系统、任务设备的工作状态参数实时传送给机载无线电数据终端，经无线电下行信道发送回地面测控站。主要功能包含以下几个方面。

（1）完成多路模拟信号的高精度采集，包括陀螺信号、航向信号、舵偏角信号、发动机转速、缸温信号、动静压传感器信号、电源电压信号等。

（2）输出各类能适应不同执行机构控制要求的信号。

（3）利用多个通信信道，分别实现与机载数据终端、GPS 信号、数字传感器以及相关任务设备的通信。

3.2.3　飞控系统的控制方式

无人机飞控系统的控制方式主要包含自主控制、半自主控制、指令控制、人工控制。

（1）自主控制，是指飞控系统按照预先设定的航路和任务规划控制无人机飞行，飞行过程中飞控系统根据传感器获取的无人机状态信息和任务规划信息自动控制无人机的飞行，无需人工参与。

（2）半自主控制，是指飞控系统一方面根据传感器获取的无人机状态信息和任务规划信息自主控制无人机的飞行，另一方面接收来自地面控制站的遥控指令，以改变无人机的飞行状态。

（3）指令控制，是指地面驾驶员通过地面站发送遥控指令，飞行过程中，由飞控系统响应这些指令，驾驶员根据无人机的状态信息和任务要求控制无人机飞行。

（4）人工控制，是指完全由驾驶员通过操控设备来控制无人机的飞行。

在无人机操纵过程中，固定翼、直升机、多旋翼的控制也有各自的特点。

（1）固定翼无人机飞行控制包括方向舵、副翼、升降舵、油门、襟翼等控制面板，通过舵机操纵各活动面，产生相应的操纵力矩，控制无人机转弯、爬升、横滚、俯仰等。

（2）无人直升机通过控制倾斜盘、油门、尾舵来控制无人直升机爬升、俯冲、横滚、转弯。

（3）多旋翼无人机通过控制各螺旋桨旋转速度来控制无人机的姿态，实现垂直起降、横滚、俯仰、偏航运动。

3.3 通信导航系统

无人机通信导航系统由机载设备和地面设备组成。图 3-27 为通信导航系统的构成。机载设备包括机载天线、遥控接收机、遥测发射机、视频发射机和终端发射机等。机载设备一方面接收处理各个传感器的飞行参数，并将这些数据发送给地面站；另一方面接收来自地面站的遥控指令，以调整无人机的飞行参数。地面设备包括由天线、遥控发射机、遥测接收机、视频接收机和终端处理机组成的测控站数据终端，以及操纵设备和监测设备。地面设备对来自无人机的数据接收处理，也发送指令调整飞行状态。

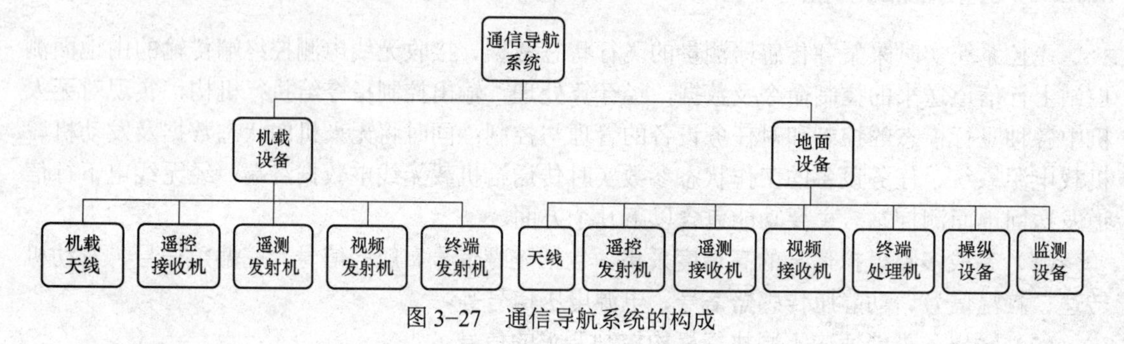

图 3-27 通信导航系统的构成

3.3.1 无人机通信

无人机通信链路是无人机系统的重要组成部分，是无人机与地面系统联系的纽带，其任务是建立空地双向数据传输通道，用于完成地面控制站对无人机的远距离遥控、遥测和任务信息传播。图 3-28 为无人机通信链路示意图。

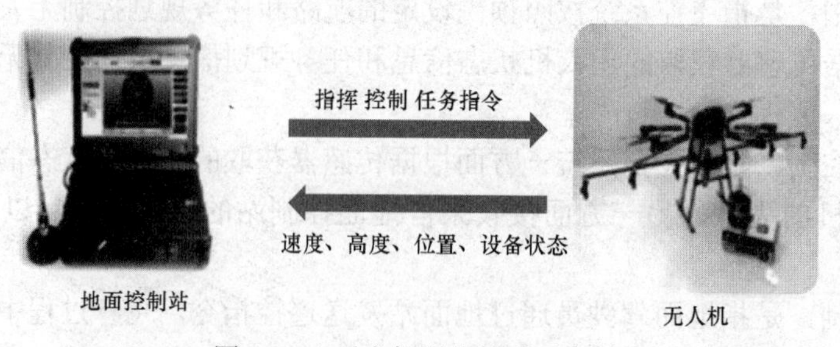

图 3-28 无人机通信链路示意图

3.3.1.1 通信链路设备的构成

1. 通信链路设备的基本构成

通信链路设备主要由遥控设备、遥测设备、跟踪设备、信息传输设备、数据中继设备等构成。其中，遥控设备用于实现对无人机和任务设备进行远距离的操作。遥测设备用于实现对无人机状态的检测。跟踪设备用于对无人机进行连续跟踪测量，并实时获得无人机的三维坐标信息。信息传输设备通过下行无线信道向测控站传输由机载任务传感器所获取的视频、图像等信息。数据中继设备通过对接收机信号进行再生和发送，进一步增加信号的传输距离。

通信链路设备分类有多种。按设备的位置可分为机载设备和地面设备。机载设备由机载数据终端和天线构成；地面设备由天线和地面数据终端构成。图3-29为通信链路设备分类。

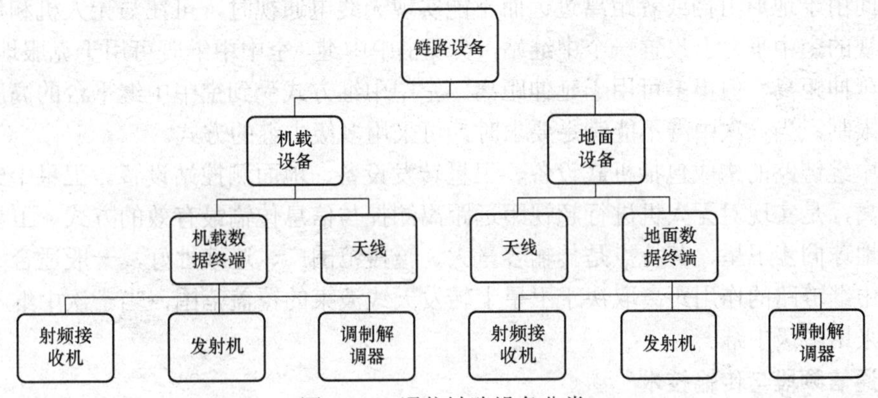

图3-29 通信链路设备分类

无人机的通信链路按数据传输方向可分为上行链路和下行链路。其中上行链路能够完成无人机遥控指令的发送和接收；下行链路能够完成无人机到地面站的遥控数据、红外或视频图像的发送和接收，并根据定位信息的传输利用上下链路进行测距。

无人机的通信链路按功能分为遥控接收链路、数据传输链路、图像传输链路。其中，遥控接收链路主要负责对无人机进行飞行和姿态控制；数据传输链路主要负责将传感器获得的无人机状态数据进行传输；图像传输链路主要用于将载荷设备获得的数据（如影像数据）进行传输。图3-30为通信链路分类。

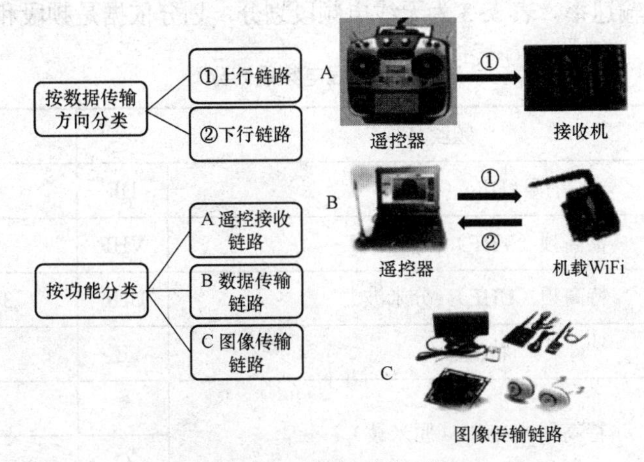

图3-30 通信链路分类

2. 通信数据中继链路

对于长航时无人机而言，为了克服地球曲率、大气吸收、地形阻挡等因素的影响，延伸链路的作用距离，可以在无人机和地面控制站之间增加一个或多个中继站。中继链路包括地面中继链路、空中中继链路、卫星中继链路三类。

地面中继链路的构成包括机载设备、地面中继设备和地面测控站设备。地面中继设备主要用于克服地形阻挡，当地面测控站与无人机之间由于地形阻挡而不能进行无线电通视时，可在无人机和地面测控站都能通视的地方设置一个地面中继站，实现地面中继测控与信息传输。

空中中继链路的构成包括机载设备、空中中继设备和地面测控站设备。当地面测控站与无人机之间由于地形阻挡或者距离过远而不能实现无线电通视时，可在与无人机和地面测控站都能通视的空中平台上设置一个中继站，实现空中中继。空中中继既可用于克服地形阻挡，又可实现延伸距离，但更多可用于延伸距离。空中中继方式受到空中中继平台的高度、机载天线尺寸限制，当一次中继不能满足要求时，可采用多级中继的方式。

卫星中继链路的构成包括机载设备、卫星转发设备、地面测控站设备。卫星中继的作用是延伸距离，是实现对无人机进行超视距远距离测控与信息传输最有效的方式。卫星中继平台一般是地球同步卫星，其特点是传输容量大、覆盖范围广、连续性好，一般适合大型无人机。卫星中继链路的作用距离取决于卫星上转发天线波束的覆盖范围，当一次中继不能满足要求时可采用多级中继。

3.3.1.2 通信频段与传输技术

无人机的通信不仅体现在遥控操纵方面，还体现在数据和图像资料的传输方面。通信是通过信号来传输的，所以一般把无人机的无线控制信号分为遥控器信号、数据传输信号和图像传输信号。下面介绍一些无人机常用的通信方法。

1. 通信频段

无人机的信号在地空传输过程中，会受到地形、地物以及大气的影响，引起电波的反射、散射和绕射，形成多径传播，且信道会受到噪声干扰，导致数据传输质量下降。在测控通信中，无线电信道的影响随着工作频率不同而异。无人机测控链路选择的载波频率范围很宽，低频段设备成本较低，可容纳的频道数和数据传输速率有限；高频段设备成本较高，可容纳较多的频道数和较高的数据传输速率。表 3-3 为无线电频段划分，划分依据是频段和波段。

表 3-3 无线电频段划分

序号	频段名称		频段范围
1	高频（HF）（短波）	HF	3～30 MHz
2	甚高频（VHF）（超短波）	VHF	30～300 MHz
3	特高频（UHF）（分米波）	UHF	300～1 000 MHz
4	特高频	L	1～2 GHz
5	特高频（SHF）（厘米波）	S	2～4 GHz
6		C	4～8 GHz

续表

序号	频段名称		频段范围
7	特高频（SHF）（厘米波）	X	8～12 GHz
8		Ku	12～18 GHz
9		K	18～27 GHz
10	极高频（EHF）（毫米波）	Ka	27～40 GHz
11		V	40～75 GHz
12		W	75～110 GHz
13		—	110～3 000 GHz

由于微波链路（300 MHz～3 000 GHz）具有更高的可用带宽，可传输视频画面，抗干扰能力良好，因此成为无人机的主要链路频段。在微波链路中，VHF、UHF、L 和 S 适用于低成本的近程、短程无人机视距链路；C、X 和 Ku 适用于短程、中程、远程无人机视距链路；K 和 Ka 适用于中程、远程无人机的卫星中继链路。

民用传输频段主要是 2.4 GHz 频段和 5.8 GHz 频段。下面分别对两种频段进行介绍。

1）2.4 GHz 频段

无人机的遥控器信号大多数采用的是无线通信芯片，用的是 2.4 GHz 频段无线技术，也有图传使用 2.4 GHz 频段无线技术的。2.4 GHz 频段处于 2.4～2.483 5 GHz 之间，该频段受干扰少，可用于高速传输；但信号传输分配的带宽很小，传输距离不能太远（最远 2 km）。如果同一架无人机使用 2.4 GHz 频段，既用来遥控，又用来进行图传，则相互干扰较大，不利于飞行。图 3-31 为 2.4 GHz 频段模块。

图 3-31　2.4 GHz 频段模块

2）5.8 GHz 频段

5.8 GHz 频段是一个比 2.4 GHz 频段更高、更开放的 ISM 频段。5.8 GHz 频段包含三个 100 MHz 频段，分别是：5.15～5.25 GHz（适用于室内无线通信）；5.25～5.35 GHz（适用于中等距离通信）；5.725～5.825 GHz（适用于社区宽带无线接入）。

5.8 GHz 频段的系统一般采用直接序列扩频技术，它的信道较多且频率较高，所以抗干扰能力相对要强一些。同时它可以满足高带宽应用支持大量用户的需要。5.8 GHz 频段采用基于 IP 或基于电路的无线传输技术，其信令协议简单，实现容易，开销低，频谱利用率高，业务种类多，接口简单统一，升级容易，特别适合于非连接的数据传输业务。5.8 GHz 频段基于电路的技术时延小，适用于进行传统的语音传送和基于连接的传输业务。但 5.8 GHz 频段的缺点在于，波长较短、绕射能力较差、传输带宽小于 2.4 GHz 频段。目前，5.8 GHz 频段既可用于遥控信号传输，又可用于图像传输。

2. 传输技术

1）WiFi 传输技术

WiFi（wireless fidelity），是基于 IEEE 802.11 标准的无线局域网技术，通常使用 2.4 GHz 特高频无线电波或 5.8 GHz 超高频无线电波。和蓝牙技术类似，通过该技术，相关电子设备可以接入无线局域网以实现在小范围内高速传输信号。

无人机上的 WiFi 模块特点为：能够传递通知信号，控制无人机的飞行方向、距离、速度和倾斜角度等；能够给无人机传输航拍的视频数据；能够增加传输距离。图 3–32 为无人机 WiFi 模块。

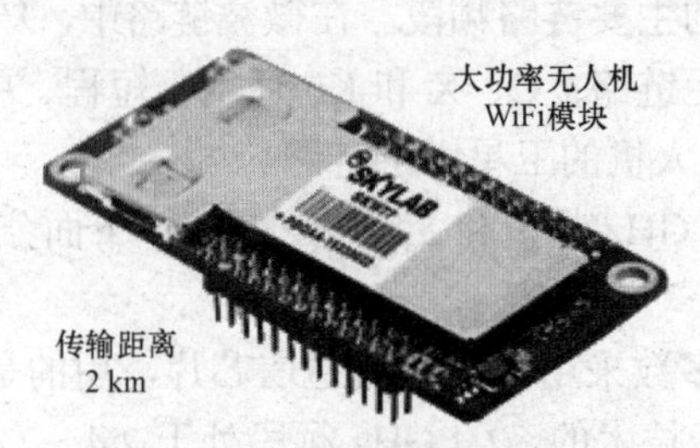

图 3–32　无人机 WiFi 模块

2）4G 通信技术

4G 通信技术是第四代移动通信技术，是在 3G 技术上进行的一次更好的改良，其相较于 3G 通信技术来说一个更大的优势，是将无线局域网（wireless local area network，WLAN）技术和 3G 通信技术进行了很好的结合，使图像的传输速度更快，让传输图像的质量和图像看起来更加清晰。在智能通信设备中应用 4G 通信技术让用户的上网速度更加迅速，速度可以高达 100 Mbps。其特点是无线通信的信号稳定、传输速率高、兼容性平滑、通信质量高、覆盖范围大、传输距离远，可以弥补 2.4 GHz、5.8 GHz 因建筑物遮挡等出现信号缺失的情况，但是限于低空 200 m 以下，只能用于低空民用无人机。

3）5G 通信技术

5G 通信技术是第五代移动通信技术，是具有高速率、低时延和大连接特点的新一代宽带移动通信技术。与之前的移动通信技术相比，5G 技术可以提供更高速的数据传输和更低的延迟，可以通过网络的优化和路径规划算法的优化，实现更加智能化的路径规划和飞行控制，还可以通过网络协同的方式，实现多个无人机之间的协同作业和数据共享，使得无人机可以更加便捷、高效地采集、传输和处理数据，提供更加稳定、精确的实时控制，更加高效地完成任务，大大提高无人机的工作效率和完成任务的质量。

4）卫星

卫星可以提供中继服务，扩大无人机控制范围，尤其是高度方面的扩充，弥补 4G 低空控制的缺陷。但其成本过高，只能作为辅助通信进行使用。表 3-4 为传统无人机和卫星无人机通信功能对比。

表 3-4　传统无人机和卫星无人机通信功能对比

	传统无人机	卫星无人机
飞行控制	无线电遥控设备，最远传输距离为 100 km	卫星数据控制，最远传输距离超过 5 000 km
图像传输	受通信方式限制，一般最远为 5 km	在 5 000 km 范围内，可将无人机所拍摄的图像实时传送回地面控制站
安装	定向天线、无线电远程控制需要进行调试、架高等，安装麻烦	直接集成于无人机内部，不需要调试，可直接进行应用

5）COFDM

编码正交频分复用（coded orthogonal frequency division multiplexing，COFDM）是目前世界最先进和最具发展潜力的调制技术。

COFDM 高清图传是指前端摄像机或播放设备通过数字高清接口（HDMI/SDI 数字信号）传送 1 920×1 080 像素逐行扫描画质的视频给到 COFDM 调制方式的发射机，发射机编码后通过天线用无线微波方式向外传送信号，接收机通过天线隔空接收信号，解码还原为全高清数字信号（HDMI）输出。

在无人机传输方面用 COFDM 可以解决模拟图传画面不清晰和 WiFi 图传有马赛克及卡顿的问题，且其传输数据量大、距离远，是民用无人机通信的首选。图 3-33 为 COFDM 图传设备。

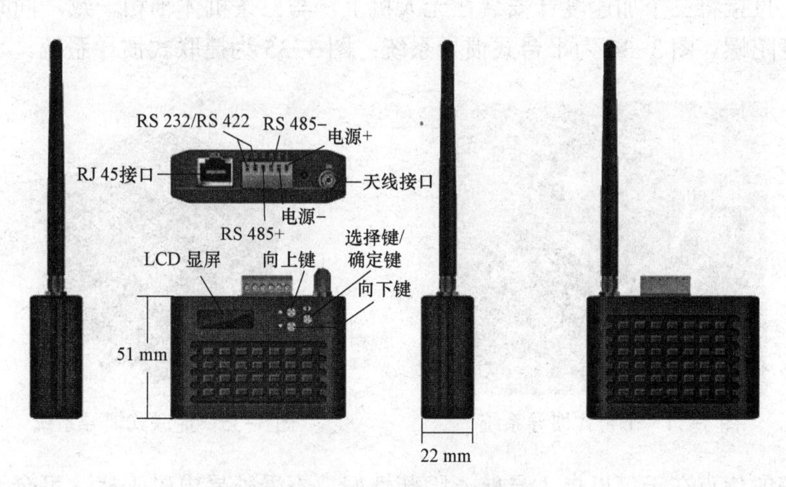

图 3-33　COFDM 图传设备

3.3.2　无人机导航

无人机导航系统是根据飞行计划和要求，实现无人机定位、目的地选择、路径计算和路径指导的任务系统。导航的主要任务是确定无人机的位置、速度、飞行状态，引导无人机沿着规定的航线安全、准时、准确地飞行。无人机导航系统的主要功能包括以下几个方面。

（1）获得必要的导航要素，如高度、速度、姿态、航向等。

（2）给出满足精度要求的定位信息，如经度、纬度。

（3）引导无人机按飞行计划飞行。

（4）接收预定任务航线计划，并对任务航线的执行进行动态跟踪管理。

（5）接收并执行控制站的导航模式控制指令，具有指令导航模式与预定航线飞行模式相互切换的功能。

（6）具有接收并融合无人机其他设备的辅助导航定位信息功能。

（7）配合其他系统完成各项任务。

导航分为自主导航、非自主导航、组合导航三类。

3.3.2.1 自主导航

自主导航是指完全依靠所搭载的设备自主完成导航任务，和外界不发生任何光、电联系。主要包括惯性导航、图像匹配导航、天文导航。

1. 惯性导航

惯性导航（inertial navigation）简称惯导，是一种不依赖于外部信息，也不向外部辐射能量的自主式导航。惯导系统工作环境不仅包括空中、地面，还可以在水下。惯导的基本工作原理是以牛顿力学定律为基础，通过测量载体在惯性参考系的加速度，将它对时间进行积分，且把它变换到导航坐标系中，就能够得到在导航坐标系中的速度、偏航角和位置等信息，可引导无人机完成飞行任务。

常用的惯导系统包含平台式惯导系统和捷联式惯导系统。平台式惯导系统加装陀螺平台，这个平台不受无人机姿态影响，然后把加速度计安装在陀螺平台上。捷联式惯性导航系统没有陀螺平台，直接将三个加速度计安装在无人机上，与三条机体轴相一致，同时还安装有绕三轴的角速度陀螺。图 3-34 为平台式惯导系统；图 3-35 为捷联式惯导系统。

图 3-34　平台式惯导系统

图 3-35　捷联式惯导系统

惯导系统的优点在于可以自主导航，隐蔽性好，不受外界电磁干扰，可全天候在空中、地面、水下工作，能够提供位置、速度、航向和姿态角信息，数据更新率高，稳定性好。但惯导系统也有缺点，导航信息由积分产生，定位误差随着时间增加而增大，长期精度较差，初始对准时间较长，且设备价格昂贵。

2. 图像匹配导航

图像匹配导航（pattern matching guidance）是指由于地表特征一般很难发生变化，所以预先拍摄地表图片保存在无人机中，当无人机飞过时，通过辨别原图和当前地表特征来判断飞行位置，进而得到偏离预定位置的纵向和横向偏差，从而进行导航。

图像匹配导航分为地形匹配导航和景象匹配导航两种。图像匹配导航的关键数据原图称为数字地图。

3. 天文导航

天文导航（celestial navigation）是指以已知准确空间位置的自然天体为基准，通过天体测量仪器被动地探测天体位置，经解算确定测量点所在载体的导航信息，从而进行导航。航空天文导航跟踪的天体主要是亮度高的恒星，航天中亮度较弱的恒星或者其他天体。以天体为参考点，可确定飞行器在空中的真航向。

常用的天文导航仪器有星体跟踪器、天文罗盘和六分仪等。

3.3.2.2　非自主导航

非自主导航是机载设备需要依靠外部基准（地面基准或者卫星基准等）导航台来获取导航信息和数据的一种导航方式。非自主导航系统分为无线电导航系统、卫星导航系统等。

1. 无线电导航系统

无线电导航系统（radio navigation system）利用无线电波的传播特性可测定飞行器的导航参量（方位、距离和速度），算出与规定航线的偏差，由驾驶员或自动驾驶仪操纵飞行器消除偏差以保持正确航线。特点是受气候条件限制少、作用距离远、精度高、设备简单可靠、应用广。缺点在于由于必须发射和接收无线电波而易被发现和干扰，需要载体外的导航台支持，一旦导航台失效，与之对应的导航设备则无法使用，易发生故障。

无线电导航系统有多种分类方式，按测量参数不同可分为无线电导航测角系统、无线电导航测距系统、无线电导航测距差系统、无线电导航测速系统。

无线电导航测角系统利用无线电波直线传播的特性，将无人机上的环形方向性天线转到使接收的信号幅值为最小的位置，从而测出电台航向，属于振幅式导航系统。同样，也可利用地面导航台发射迅速旋转的方向图，根据无人机不同位置接收到的无线电信号的不同相位来判定地面导航台相对无人机的方位角，属于相位式导航系统。

无线电导航测距系统利用无线电波恒速直线传播的特性，在无人机和地面导航台上各安装一套接收、发射机。从无人机发射信号到接收信号，会经过一段时间，根据这段时间的长短就可以相应计算出无人机与导航台之间的距离。

无线电导航测距差系统利用多个导航台同时发射无线电信号，根据各个导航台的信号到达无人机接收的时间差就可以求得相应的距离差，以此来确定无人机的位置。

无线电导航测速系统利用在无人机上安装的多普勒导航雷达先向地面发射无线电信号，然后接收由控制站反射回来的信号，根据多普勒效应，发射的信号频率和反射回来的信号频率不同，两者存在一个频移（当移动台以恒定的速率沿某一方向移动时，由于传播路程差的原因，会造成相位和频率的变化，通常将这种变化称为多普勒频移），通过求这个频移可求出无人机相对于地面的速度。

2. 全球导航卫星系统

全球导航卫星系统（global navigation satellite system，GNSS）利用导航卫星发射的无线电信号，求出无人机相对卫星的位置，再根据已知的卫星相对地面的位置，计算出无人机在地球上的位置，是一种空基无线电导航系统，具有全天候、全区域和连续精确定位的能力。

全球导航卫星系统由导航卫星、地面台站和用户定位设备三部分组成。世界上主要的全球导航卫星系统有美国的全球定位系统（global positioning system，GPS）、俄罗斯的全球导航卫星系统（global navigation satellite system，GLONASS）、欧洲的伽利略导航卫星系统（Galileo navigation satellite system，GALILED）和中国的北斗导航卫星系统（BeiDou satellite navigation system，BDS）。

美国的全球定位系统是利用在空间飞行的卫星不断向地面广播发送某种频率并加载了某些特殊定位信息的无线电信号来实现定位测量的定位系统。该系统由空间运行的卫星星座、地面控制部分、用户部分组成。该系统由 24 颗高度约 20 000 km 的卫星组成空基卫星系统，其中 21 颗工作卫星，3 颗备用卫星。地面部分由监测站、主控制站、地面天线组成。用户部分包括 GPS 接收机和用户团体。图 3-36 为美国的全球定位系统示意图。

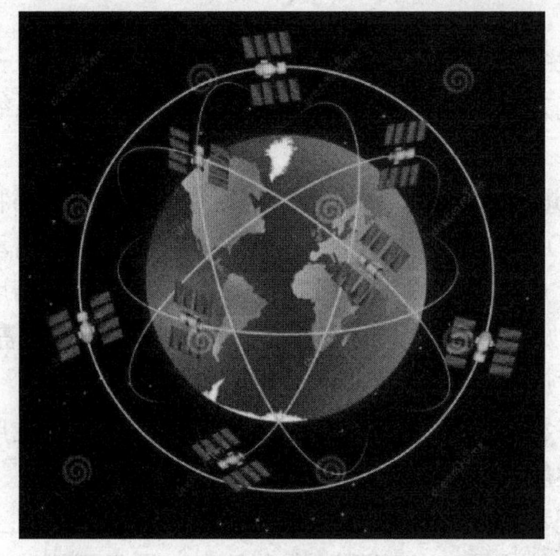

图 3-36　美国的全球定位系统示意图

俄罗斯的全球导航卫星系统，由卫星星座、地面监测控制站、用户设备三部分组成。其系统的卫星星座由 24 颗卫星组成，均匀分布在 3 个近圆形的轨道平面上，每个轨道平面 8 颗卫星，轨道高度 19 100 km，运行周期 11 h 15 min，轨道倾角 64.8°。地面监测控制站由地面支持系统控制中心、中央同步器、遥测控制站（含激光跟踪仪）、外场导航控制设备组成。图 3-37 为俄罗斯的全球导航卫星系统示意图。

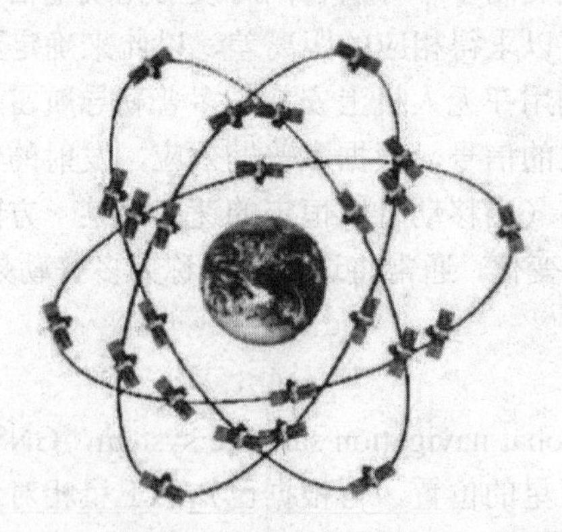

图 3-37　俄罗斯的全球导航卫星系统示意图

欧洲的伽利略导航卫星系统，是由欧盟研制和建立的全球卫星导航定位系统。系统由轨道高度为23 616 km的30颗卫星组成，其中有27颗工作星，3颗备份星。卫星轨道高度约24 000 km，位于3个倾角为56°的轨道平面上。由全球设施、区域设施、局域设施、用户端和服务中心5个部分组成。全球设施部分由空间段和地面段组成。空间段由分布在3个轨道平面上的30颗中等高度轨道卫星组成。地面段由完好性监控系统、轨道测控系统、时间同步系统和系统管理中心组成。图3−38为欧洲的伽利略导航卫星系统示意图。

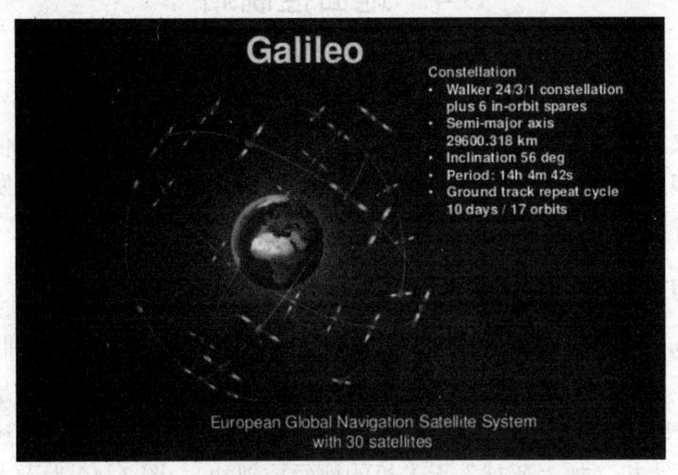

图3−38　欧洲的伽利略导航卫星系统示意图

中国的北斗导航卫星系统是世界上比较成熟的导航卫星系统。北斗导航卫星系统由空间段、地面段和用户段三部分组成，可在全球范围内全天候、全天时为各类用户提供高精度、高可靠定位、导航、授时服务，并且具备短报文通信能力，已经初步具备区域导航、定位和授时能力，定位精度为分米、厘米级别，测速精度0.2 m/s，授时精度10 ns。图3−39为中国的北斗导航卫星系统示意图。

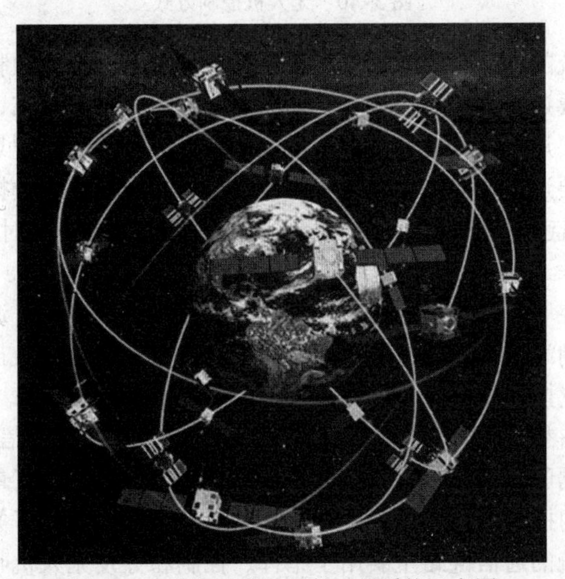

图3−39　中国的北斗导航卫星系统示意图

3.3.2.3 组合导航

每一种导航系统单独使用都有其优缺点。将无线电导航、卫星导航、图像匹配导航、惯性导航、天文导航等组合在一起，形成综合导航系统（integrated navigation system），取长补短，可显著提高系统的导航精度，增强可靠性，是今后无人机导航的主要发展方向。

3.4 地面控制站

无人机地面控制站又被称为遥控站、任务规划与控制站、地面站，由显示台和通信设备组成。地面站用来监测和控制无人机飞行过程、飞行轨迹、有效载荷、通信链路，并对故障进行警示并采取相应的诊断处理措施，是一个集实时采集分析数据、定时发送遥控指令、动态显示飞行状态等功能于一体的综合系统。

3.4.1 地面站的组成和功能

无人机地面站主要由飞行操纵系统、任务载荷控制系统、数据链路控制系统、通信指挥系统等组成，可完成对无人机机载任务载荷等的操纵控制。控制方式可以是一个控制站控制一架无人机，也可以是一个控制站控制多架无人机（如无人机编队飞行），还可以是多个控制站协同控制一架无人机（如“死神”无人机的地面控制站）。图 3-40 为无人机控制方式。

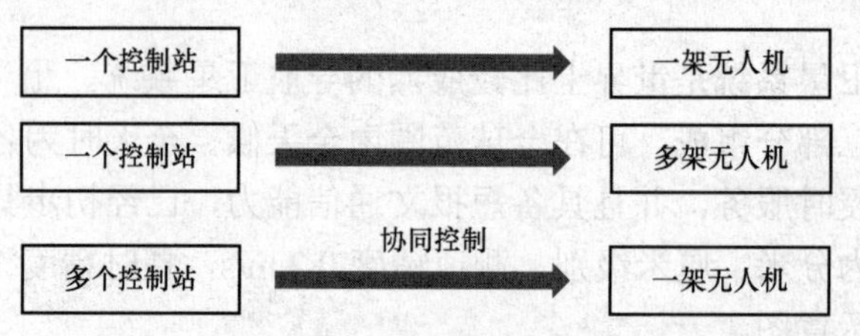

图 3-40 无人机控制方式

无人机地面站系统的功能主要包括指挥控制、任务规划、操纵控制等，具体如下。

（1）指挥控制主要进行上级指令接收、系统之间联络、系统内部调度等工作。

（2）任务规划主要进行飞行航路规划与重规划、任务载荷工作规划与重规划等工作。

（3）操纵控制主要进行起降操纵、飞行操纵、任务载荷操纵、数据链路控制等工作。

（4）飞行器位置监控及航线的地图显示，主要便于驾驶员实时监控飞行器和航迹的状态。

（5）无人机姿态控制，机载传感器获得无人机有关飞行数据后，通过链路系统将这些数据传递给控制站。控制站根据需要将其要求形成控制指令和控制参数，再通过链路系统将指令和控制参数传递给飞控计算机，实现对无人机的飞行状态控制。

（6）进行飞行状态参数显示与记录、航迹显示与记录、任务载荷信息显示与记录等工作。

（7）有效载荷数据的显示和控制。有效载荷是无人机任务的执行单元。地面站根据任务要求实现对有效载荷的控制，并通过有效载荷状态的显示来实现对任务执行情况的监管。

（8）与其他子系统的通信链路主要用于指挥、控制和分发无人机收集的信息。可在任务执行期间，通过相关专业人员对共享数据进行多层次分析，提高控制站工作效率。

3.4.2　地面站的硬件和软件

1. 硬件

地面站硬件泛指地面上可以对无人机发出指令以及接收无人机传回信息的设备，它可以是一个遥控器，也可以是一台手机、平板电脑或者笔记本电脑。图 3–41 为各种类型的地面站。

（a）遥控器

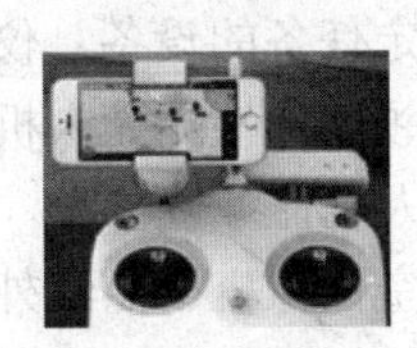
（b）手机地面站

（c）平板电脑地面站

（d）笔记本电脑地面站

图 3–41　各种类型的地面站

遥控器集成了数传电台，通过控制摇杆的舵量向无人机发出控制信号，来实现对无人机的控制。遥控器有单独进行飞行操控的，也有集成显示设备进行相关飞行信息显示和控制的。遥控器有很多种，通用的为美国手和日本手两种。美国手左手控制油门和方向，右手控制升降和副翼；日本手左手控制升降和方向，右手控制油门和副翼。通过遥控器的摇杆可以控制无人机的各种飞行姿态。图 3–42 为遥控器常用类型。

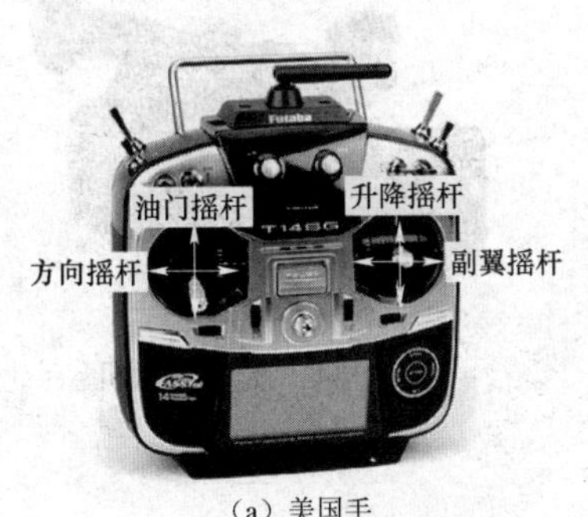

（a）美国手

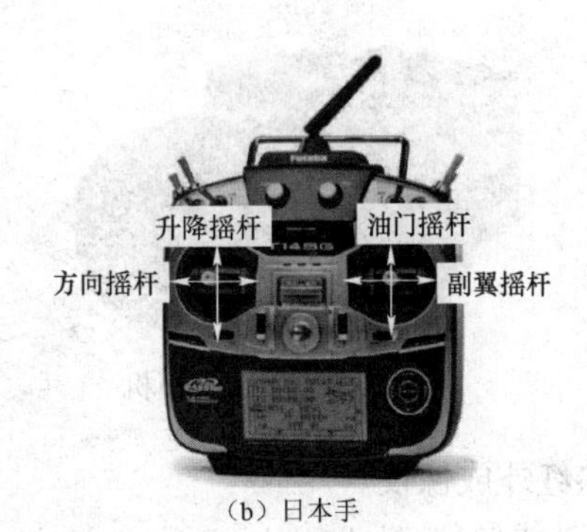

（b）日本手

图 3–42　遥控器常用类型

2. 软件

地面站软件主要功能是为无人机提供全面的飞行控制和任务规划。常见的主要有以下几种。

（1）美国 UAV Flight Systems 公司研发的 Ground Pilot 地面站。该地面站通过数字和仪表的方式，可以较为全面地反映无人机飞行过程中的飞行高度、当前位置、速度、马赫数、过载、迎角、滚转角、航向和航迹等信息，并可以通过操作界面实现对无人机飞行模式、航路点、滚转角、偏航角和俯仰角的控制。

（2）加拿大 Micro Pilot 公司研制的 HORIZON 地面站。该地面站软件除了具有基本功能外，还拥有用于测试和训练的模拟器，便于工作人员对规划任务进行分析和修改。

（3）中国大疆公司的 DJI Pilot 地面站软件。DJI Pilot 支持最新的大疆行业应用机型（包括御 2 行业版、经纬系列、精灵 4 等），可配合大疆行业飞行器实现流畅的飞行器操控、实时图传、相机控制与回放、航线飞行、固件升级、飞行记录查看等功能。

3.5 任务载荷系统

任务载荷，是指那些装备到无人机上以完成特定任务的设备、仪器及其子系统等。无人机任务载荷的快速发展极大地扩展了无人机的应用领域。根据无人机功能和类型的不同，所装备的任务载荷也不同。下面我们主要介绍民用无人机任务载荷。

民用无人机任务载荷常见的有航空照相机、航空摄像机、热红外成像仪、激光探测及测距系统等。

1. 航空照相机

航空照相机（aerocamera）是安装在航空器上从空中摄取地面目标的光学仪器，用于在无人机上或其他飞行器上对地面、空中进行摄影测量。该设备具有良好的机动性、时效性、成本较低，在航空摄影、遥感等领域发挥了重要作用。图 3–43 为航空照相机。

2. 航空摄像机

航空摄像机（aerocamera）是将景物的活动影像通过光学器件转换成电信号，进行存储或传输的设备。图 3–44 为航空摄像机。

图 3–43　航空照相机

图 3–44　航空摄像机

3. 热红外成像仪

热红外成像仪（infrared imaging devices）是具有高光学分辨率的高速扫描热像仪，通常装在无人机的头部，摄取无人机前方和下方景物的红外辐射。该仪器可以将物体发出的不可见的红外能量转变为可见的热图像。作用是完成夜间监测，目标捕获、定位和指引，火炮和导弹的瞄准攻击，也是无人机起飞、滑行、着陆的辅助设备。图 3–45 为热红外成像仪。

图 3–45　热红外成像仪

4. 激光探测及测距系统

激光探测及测距系统（light detection and ranging，LiDAR），是用激光作为发射光源，采用光电探测技术手段的主动遥感设备。激光雷达是激光技术与现代光电探测技术结合的先进探测方式。由发射系统、接收系统、信息处理等部分组成。具有分辨率高、隐蔽性好、抗有源干扰能力强、低空探测性能好、体积小、质量轻等优点。图 3–46 为机载 LiDAR。

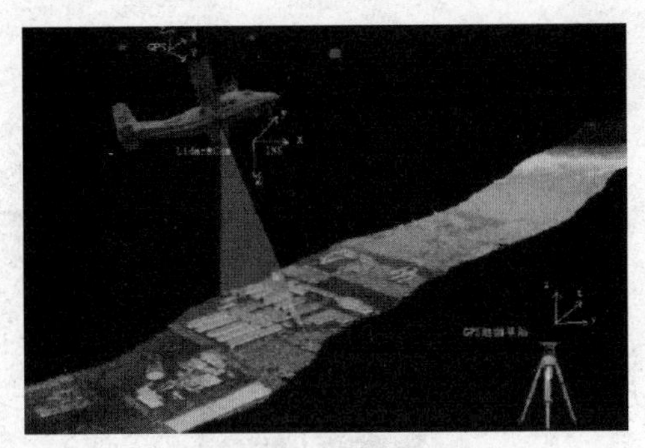

图 3–46　机载 LiDAR

3.6　发射与回收系统

发射与回收系统是无人机的一个重要功能系统，是满足无人机机动灵活、重复使用以及高生存能力等多种需求的必要技术保障，主要保障无人机顺利完成起飞升空，并在完成任务后从天空安全降落到地面。

3.6.1　发射系统

无人机的发射方式主要有零长发射、弹射式发射、起落架滑跑起飞、空中发射、容器式发射、投掷发射、垂直起飞等。下面分别对各种发射系统进行介绍。

1. 零长发射

零长发射是由一台或多台火箭发动机作为助推器产生动力，无人机安装在零长度的发射装备上，无人机起飞后，助飞火箭被抛离机体，无人机凭借自身动力继续爬升，再由无人机上的主发动机完成飞行任务，主要适用于中小型无人机。图 3–47 为零长发射的“火蜂”无人机。

图 3–47　零长发射的“火蜂”无人机

2. 弹射式发射

弹射式发射是将弹性势能转化为机械能，使无人机达到安全起飞速度。这种方式将无人机安装在轨道式发射装置上，在橡皮筋、液压或压缩空气等动力弹射装置的作用下起飞，在无人机起飞并脱离弹射装置后，主发动机开始工作。图 3–48 为弹射式发射的 RQ–7“影子”无人机。

图 3–48 弹射式发射的 RQ–7“影子”无人机

3. 起落架滑跑起飞

起落架滑跑起飞是利用起落架在地面滑跑以达到无人机起飞所需要的速度。图 3–49 为起落架滑跑起飞。

图 3–49 起落架滑跑起飞

根据滑跑起飞的方式和特点分为三种类型。

（1）固定式起落架。该类型主要用于轻、微型无人机，其结构简单。

（2）可收放式起落架。该类型用于大、小型无人机，在起飞后将起落架收起，以减小飞行阻力。

（3）可抛弃式起落架。该类型只在起飞阶段使用起落架，起飞后便抛弃，以减轻无人机重量。

4. 空中发射

无人机由有人机携带于两侧或者悬挂在固定翼下或者机腹的挂架上，当飞行达到某高度和速度时，先启动无人机，然后将无人机投放到空中。图3–50为美国的“萤火虫”无人机，它属于空中发射无人机，由DC–130飞机携带并进行空中发射。

图3–50 美国的“萤火虫”无人机

5. 容器式发射

容器式发射装置是一种封闭式的发射装置，具有发射和存放无人机的功能。发射时，室内动力设备开启室门，调整方向，将无人机推出轨道。

6. 投掷发射

投掷发射是由操作手将无人机投掷到空中，无人机靠自身动力进行起飞，是所有发射方式中最简单的，但无人机重量受到限制，一般适用于微小型低速无人机。图3–51为投掷式无人机。

图3–51 投掷式无人机

7. 垂直起飞

垂直起飞方式对场地要求不高，且旋翼无人机和固定翼无人机垂直起飞方式不同。

旋翼无人机垂直起飞，是以旋翼作为产生升力的部件，动力系统工作带动旋翼旋转产生升力，垂直起飞。

固定翼无人机垂直起飞，有两种形式。

（1）在发射场上将无人机以垂直的形态放置，由无人机尾部支座支撑，在发动机作用下起飞。图3–52为垂直安置无人机。

图 3-52　垂直安置无人机

（2）在无人机上配置专门用于垂直起飞用的发动机，使无人机能够垂直起飞。图 3-53 为垂直起飞固定翼无人机。

图 3-53　垂直起飞固定翼无人机

3.6.2　回收系统

无人机的回收方式主要有伞降回收、空中回收、拦阻网回收、“天钩”回收、起落架滑跑着陆回收、垂直着陆回收、气垫着陆回收等。

1. 伞降回收

伞降回收，是由主伞和减速伞（阻力伞）组成降落伞，是中小型无人机较为常用的回收方式。图 3-54 为无人机伞降回收。

图 3-54　无人机伞降回收

回收过程为：当无人机完成任务后，地面站给无人机发出遥控指令，无人机减速、降高。当达到合适的高度和速度时，开减速伞，无人机急剧减速、降高，并将发动机停掉。当无人机降到某飞行高度和速度时，回收控制系统发出信号，打开主伞。主伞完全充气打开后，无人机悬挂在主伞下慢慢着陆，在到达地面时将主伞与无人机脱离。

伞降回收是较为常用的回收方法，但也存在一些缺点，主要表现为：降落伞需要占用机身内的空间；由于无人机下降速度较快，着陆瞬间有可能会造成机体损坏；另外，如果着陆时不能及时将主伞与机身分离，主伞可能会拖拽无人机造成机身损坏。

2. 空中回收

空中回收系统需要有人机具有回收系统，无人机上有减速伞、主伞、钩挂伞、吊索和可旋转的脱落机构。其主要工作过程为：地面站发出遥控指令，减速伞开伞，同时使发动机停掉；当无人机在减速伞作用下降到合适高度和速度时，主伞和钩挂伞打开，钩挂伞高于主伞，吊索方向指向前进的方向。此时，有人机逆风进入，钩住无人机钩挂伞和吊索，主伞自动脱离无人机，有人机空中悬挂运走无人机。这种回收方式的好处是不会损伤无人机，不足之处是成本过高。图 3–55 为空中回收无人机。

图 3–55　空中回收无人机

3. 拦阻网回收

拦阻网系统通常由拦阻网、能量吸收装置和自动引导设备组成。能量吸收装置与拦阻网相连，其作用是吸收无人机撞网的能量，以免无人机触网后在网上弹跳不止，以致损伤。自动引导设备一般是一部放置于网后的电视摄像机，或是装在拦阻网架上的红外接收机，由它们及时向地面站报告无人机返航路线的偏差。图 3–56 为拦阻网回收无人机。

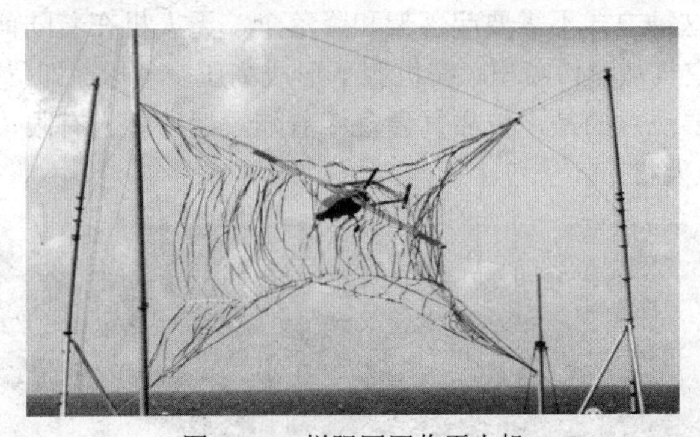

图 3–56　拦阻网回收无人机

4.“天钩”回收

“天钩”回收，和拦阻网回收相似，回收时控制无人机飞向绳索，利用无人机翼尖挂钩钩住绳索进行回收。图 3–57 为“天钩”回收无人机。

图 3–57 “天钩”回收无人机

5. 起落架滑跑着陆回收

起落架滑跑着陆回收与有人机相似，无人机起落架滑跑着陆受到地面环境条件的限制，不同之处有以下几个方面。

（1）在跑道要求方面，无人机比有人机要求低。

（2）有些无人机特意将起落架局部设计成较脆弱的结构，用以吸收无人机着陆时撞击地面的能量。

（3）有些无人机会在尾部装上尾钩，在滑跑着陆过程中，尾钩钩住地面的拦截锁，通过拦截索的弹性变形吸收无人机的动能，降低速度，缩短滑跑距离。

6. 垂直着陆回收

垂直着陆回收，同垂直起飞方式一样，对场地要求不高，且旋翼无人机和固定翼无人机垂直着陆方式不同。旋翼无人机垂直着陆，以旋翼作为产生升力的部件，旋翼旋转产生升力，控制旋翼转速能控制升力大小使无人机垂直着陆。固定翼无人机垂直着陆是通过发动机推力直接抵消重力而实现的。

7. 气垫着陆回收

气垫着陆回收，这种方式不需要起落架和降落伞，无人机在着陆前打开气囊，发动机把空气压入气囊，压宿空气从囊口喷出，在机腹下形成高压空气区（即气垫），达到无人机着陆时的缓冲目的。但需要注意的是，依靠气囊直接着陆，缓冲能力有限，只适用于微小型无人机。图 3–58 为气垫无人机。

图 3–58 气垫无人机

优点是无人机能在未经认证的地面、泥地、雪地或水上着陆，不受地形条件限制。缺点是结构复杂，需要专门增设一套充气系统和气垫装置，增加无人机重量。

本章练习

（一）单选题

1. 活塞发动机系统常采用的增压技术主要是用来（　　）。

（A）提高功率

（B）减少废气量

（C）增加转速

2. 不属于无人机飞控系统所需信息的是（　　）。

（A）经/纬度

（B）姿态角

（C）空速

3. 不属于无人机飞控计算机任务范畴的是（　　）。

（A）数据中继

（B）姿态稳定与控制

（C）自主飞行控制

4. 导航系统功能是向无人机提供相对于所选定的参考坐标系的（　　），引导无人机沿指定航线安全、准时、准确地飞行。

（A）位置、速度、飞行姿态

（B）高度、速度、飞行姿态

（C）俯仰、滚转、偏航

5.（　　）是无人机完成起飞、空中飞行、执行任务、返场回收等整个飞行过程的核心系统，对无人机实现全权控制与管理，因此该系统之于无人机相当于驾驶员之于有人机，是无人机执行任务的关键。

（A）飞控计算机

（B）飞控系统

（C）导航系统

6.（　　）与无人机控制站的功能类似，但只能控制无人机的机载任务设备，不能进行无人机的飞行控制。

（A）指挥处理中心

（B）无人机控制站

（C）载荷控制站

7. 地面控制站飞行参数综合显示的内容包括（　　）。

（A）飞行与导航信息、通信链路状态信息、设备状态信息、指令信息

（B）导航信息显示、航迹绘制显示以及地理信息的显示

（C）告警信息、地图航迹显示信息

8. 惯导系统的优点不包括（　　）。

（A）无漂移

（B）不受干扰

（C）全天候

9. 某多轴电机标有 2208 字样，意思是指（　　）。

（A）该电机最大承受 22 V 电压，最小承受 8 V 电压

（B）该电机转子高度为 22 mm

（C）该电机转子直径为 22 mm

10. 有两个输出功率相同的电机，前者型号 3508，后者型号 2820，以下表述正确的是（　　）。

（A）3508 适合带动更大的螺旋桨

（B）2820 适用于更高的转速

（C）尺寸上，2820 高一些，3508 粗一些

11. 某螺旋桨是正桨，是指（　　）。

（A）从多轴飞行器下方观察，该螺旋桨逆时针旋转

（B）从多轴飞行器上方观察，该螺旋桨顺时针旋转

（C）从多轴飞行器上方观察，该螺旋桨逆时针旋转

12. 同样重量不同类型的动力电池，容量最大的是（　　）。

（A）锂聚合物电池

（B）镍铬电池

（C）镍氢电池

13. 部分多轴飞行器螺旋桨加有外框，其主要作用是（　　）。

（A）提高螺旋桨效率

（B）增加外形的美观

（C）防止磕碰提高安全性

（二）填空题

1. 无人机通过（　　）驱动舵面或发动机节风门偏转来实现无人机控制。

2. （　　）为无人机提供动力，提供满足无人机飞行速度、高度要求及推力或电力输出。

3. （　　）功能通常包括指挥调度、任务规划、操纵控制等。

4. 某多轴螺旋桨长 254 mm，螺距 114 mm，那么它的型号可表述为（　　）。

（三）简答题

1. 简述活塞式二冲程发动机和四冲程发动机工作进程，对比二者的不同。

2. 简述飞控系统的主要组成及其各自的功能。

3. 简述导航系统的分类。

第 4 章　无人机飞行原理

无人机是在大气环境进行飞行的，了解飞行过程中的基本理论对于无人机驾驶是非常必要的。我们首先从飞行环境——大气入手，了解大气环境基本知识，掌握空气动力学相关基础知识，然后针对不同飞行平台构型重点讲述固定翼无人机、无人直升机、多旋翼无人机的升力和阻力产生原理、飞行器稳定性原理和操纵性。

思政目标

通过学习无人机飞行原理相关知识，夯实理论基础，提高学生克服困难解决问题的能力，培养严谨的工作态度和工匠精神。

学习目标

1. 掌握大气性质和流体运动的基本规律。
2. 掌握固定翼无人机的升力、阻力、拉力、稳定性、运动与操纵性原理。
3. 掌握无人直升机升力产生原理和稳定性及操纵性。
4. 掌握多旋翼无人机飞行原理及操纵。

4.1　空气动力学基础

4.1.1　大气环境

大气环境是航空器的飞行环境，对航空器的结构、材料、飞行性能等有着非常重要的影响，关乎航空器的安全，因此我们有必要对大气环境中的各种要素进行了解。

4.1.1.1　大气组成

大气是指包围在地球周围的气体，是由干洁空气、水汽和大气杂质等组成的。干洁空气由 78%的氮气、21%的氧气以及 1%的其他气体组成，其他气体包含二氧化碳、氩气、氖气、臭氧等。无人机在大气层飞行所处的环境称为大气环境。随着飞行高度、地理位置、季节等的变化，无人机飞行的大气层中空气密度、温度、压强会发生变化，从而影响无人机的飞行性能。

4.1.1.2 大气的状态参数和状态方程

大气的状态参数，主要包括压强、温度和密度，这 3 个参数决定了大气状态，组成大气状态方程：

$$p = \rho RT \tag{4-1}$$

其中：p 为大气的压强（Pa）；ρ 为大气的密度（kg/m^3）；R 为大气气体常量，$R=287.05$ J/（kg·K）；T 为大气的热力学温度（K）。

根据大气状态方程可以得出以下结论。

（1）当密度不变时，压强和温度成正比，即一定质量的气体，如果体积保持不变（也就是密度保持不变），当温度升高时，压强会增大。

（2）当温度不变时，压强和密度成正比，即一定质量的气体，如果温度保持不变，压强增加则气体体积减小，密度增大；压强减小，密度也减小。

（3）当压强不变时，密度与温度成反比，即一定质量的气体，如果保持压强不变，温度升高时，空气体积增大。

4.1.1.3 国际标准大气

国际标准大气，是指为比较航空器性能和设计仪表而在国际飞行活动中统一采用的已规定空气特性的大气。国际标准大气规定：大气被看成完全气体，服从气体的状态方程，以海平面的高度为零高度；在海平面上，气温为 15 ℃，密度为 1.225 kg/m^3，声速为 341 m/s，此条件下的大气压强为 1 个标准大气压。

4.1.1.4 大气性质

大气性质主要包括连续性、黏性和可压缩性。

1. 连续性

大气由大量分子组合而成，在标准大气压下，每 1 mm^3 的空间含有 $2.687\,5\times10^{16}$ 个分子。图 4-1（a）为气体分子间距示意图。在气体中，分子之间的联系微弱，因此它们没有固定的外形，其形状取决于容器形状，分子之间有间隙，同时每个分子在作无规则的热运动。我们把热运动过程中，气体分子两次碰撞之间所经过的平均路程称为气体分子的平均自由行程。

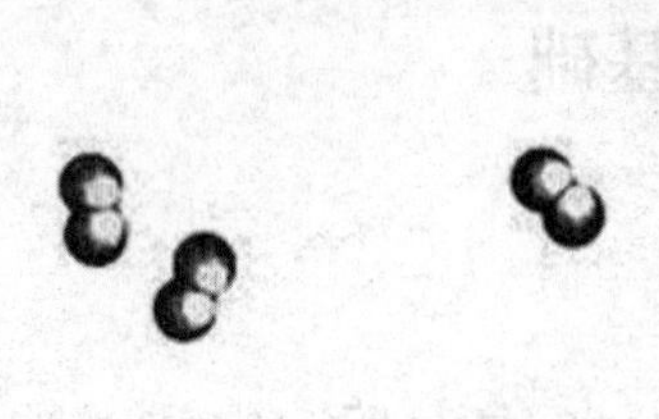

（a）气体分子间距示意图

（b）飞行器在大气中飞行

图 4-1 气体连续性假设

如图 4-1（b）所示，当飞行器在大气中运动时，由于飞行器的外形尺寸远远大于气体分子的平均自由行程，因此在研究飞行器和大气之间的相对运动时，气体分子之间的距离完全可以忽略不计，即把大量的、单个分子组成的大气看成连续的介质，这就是在进行空气动力学研究时提出的连续性假设。

2. 黏性

黏性是真实流体的一个重要输运性质，定义为流体在经受切向（剪切）力时发生形变以反抗外加剪切力的能力，这种反抗能力只在运动流体相邻流层间存在相对运动时才表现出来。大气的黏性是指空气在流动过程中表现出来的物理性质，当空气内部各个层间存在相对运动，相邻的两个运动速度不同的层间的分子就会相互入侵，产生相互牵扯的作用力。相邻的具有不同流速的大气层间相互运动时产生的牵扯作用力，称为空气的黏性力。

大气流过物体时产生的摩擦力与大气黏性有关。由于空气黏性很小，因此物体在空气中低速运动时摩擦力很小，黏性作用不明显，黏性作用可以忽略，此时可将不考虑黏性的流体当作理想流体或无黏流体，可采用理想流体模型进行理论分析。但当飞行器在大气中以较大的速度飞行时，黏性作用就需要考虑了。黏性大小可以用流体的内摩擦系数来衡量。在常温下，水的内摩擦系数为 1.002×10^{-3} Pa·s，而空气的内摩擦系数为 1.81×10^{-5} Pa·s，其值仅为水的 1.81%。

图 4−2 为气体黏性示意图，给出了用风速仪测量的平板附近沿法线方向上的气流速度分布。可以看出，在板面上气流速度为零，越向外速度越大，且直到离开板面一定距离 δ 处，速度 v 才与来流速度 V_c 没有显著差别。平板附近的这种速度分布正是气体黏性造成的，黏性使平板上的流体层完全贴附在静止的板面上，这种与板面完全没有相对速度的情况称为无滑移条件。稍外的一层空气受到气体层与气体层之间的摩擦作用，被板面上的那层静止空气所牵制，其速度也是下降到了接近于零，但由于它已离开板面一个极小的距离，因此速度稍大于零。黏性的牵制作用就这样一层一层向外传递，因此离开板面越远，气流速度越大。从速度的梯度变化来说，越靠近平板板面，速度梯度越大，随着离开板面距离的增加速度梯度逐渐减小。

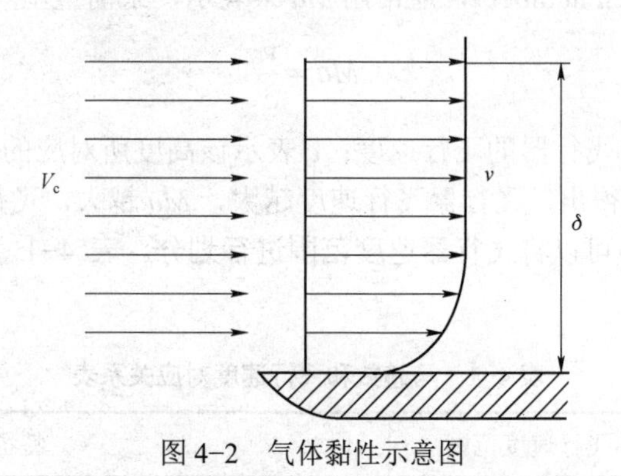

图 4−2　气体黏性示意图

流体的黏性和温度有关。随着流体温度的升高，液体的黏性减小，而气体的黏性将增加。对于液体而言，液体产生黏性的原因主要是相邻流动层分子间的内聚力，温度升高，液体分子热运动加剧，分子间的内聚力减小了，故黏性也会减小。对于气体而言，气体产生黏性的原因主要是相邻流动层间产生内摩擦力，温度升高，分子间的横向动量交换也加剧，层与层之间的相互牵扯力也增大，故而黏性增大。相邻层之间气流速度差越大，牵扯作用力越强，黏性越大。黏性与速度差、接触面积成正比；与相邻层之间的距离成反比。

3. 可压缩性

气体可压缩性是指当气体的压强改变时，其密度和体积随之改变的性质。

当大气流过飞行器表面时，由于飞行器对大气的压缩作用，大气压强会发生变化，密度也随之发生变化。当气流速度较小时，压力变化较小，其密度变化也很小，因此研究大气低速流动的情况时，可以不考虑大气可压缩性影响。但当大气流动速度较高时，由于可压缩性的影响，使得大气以超声速流过飞行器表面时与低速流过飞行器表面时情况有很大差别。例如，在超声速飞行时，由于飞行器对大气的强烈压缩，就会在飞行器上产生冲击波，使得飞行阻力急剧增加，此时需要考虑大气的可压缩性。图 4–3 为飞行器高速飞行产生冲击波。

图 4–3 飞行器高速飞行产生冲击波

空气可压缩性与空气密度和施加于空气的压力有关。空气的密度越大，则空气越难压缩；施加于空气的压力越大，则空气被压缩的程度也越大。施加给空气的压力与在空气中运动的物体速度有关，运动速度越大，则施加给空气的压力也就越大；速度越小，则施加给空气的压力就越小。由于空气的密度与声速有对应关系，密度大，声速大；密度小，声速也小。因此空气密度可以用声速来进行衡量。

我们用马赫数（Mach number），通常用 Ma 来表示，来衡量空气的被压缩程度：

$$Ma=\frac{v}{c} \tag{4-2}$$

其中：v 表示一定高度上飞行器的飞行速度；c 表示该高度所对应的声速。

根据式（4–2）可以得出，飞行器飞行速度越大，Ma 越大，飞行器前面的空气被压缩得就越厉害。根据 Ma 大小可以将飞行器速度范围进行划分。表 4–1 为马赫数和飞行速度对应关系表。

表 4–1 马赫数和飞行速度对应关系表

马赫数大小	飞行速度范围	特征
$Ma \leqslant 0.4$	低速飞行	不考虑空气压缩性，密度当作常数
$0.4 < Ma \leqslant 0.85$	亚声速飞行	空气压缩程度大，考虑空气密度变化
$0.85 < Ma \leqslant 1$	跨声速飞行	出现冲击波，气体物理性质在激波前后突变
$1.3 < Ma \leqslant 5.0$	超声速飞行	
$Ma > 5.0$	超高声速飞行	

4.1.2　流体流动的基本规律

4.1.2.1　相对运动原理

根据牛顿三大定律中的作用力与反作用力定律可知，两物体间的作用力和反作用力总是作用在一条直线上，大小相等，方向相反。该定律可以用来分析无人机与空气之间的相对运动情况。物体在静止的空气中运动，或者气流流过静止的物体，如果两者相对速度相等，物体上所受的空气动力完全相等，这个原理就叫作“空气相对运动原理”。

空气静止、无人机运动和无人机静止、空气运动，虽然运动对象不同，但是所产生的空气动力效果是一样的，只要物体和空气之间有相对运动就会在物体上产生空气动力。因此，在实验研究中，我们通常采用让无人机不动而空气以相应速度流动的“风洞试验”来测试无人机的性能。图 4–4 为风洞试验。

图 4–4　风洞试验

4.1.2.2　连续性定理

质量守恒定律是自然界的基本定律之一，说明在任何与周围隔绝的物质系统（孤立系统）中，不论发生何种变化或过程，其总质量保持不变。将这个定律应用在流体上，可以得出结论，流体在低速、稳定、连续不断地流动时，流管里的任一部分流体都不能中断或积聚，在同一时间内流进任何一个截面的流体质量和从另一个截面流出的流体质量应当相等。

图 4–5 为流体在变截面管道中的流动。图中表明，当气体稳定、连续不断地流过一个粗细不等的变截面管道时，根据质量守恒定律，流过管道任意截面的气体质量都是相等的，这种参数间的变化可以用连续性方程来表示：

$$\rho_A v_A S_A = \rho_B v_B S_B = \cdots = \text{常量} \tag{4–3}$$

其中：ρ_A 为 A 截面处气体的密度（kg/m^3）；ρ_B 为 B 截面处气体的密度（kg/m^3）；v_A 为 A 截面处气体的流速（m/s）；v_B 为 B 截面处气体的流速（m/s）；S_A 为 A 截面的面积（m^2）；S_B 为 B 截面的面积（m^2）。如果在流动过程中，气体密度不变，则 $\rho_A = \rho_B = \rho$，则式（4–3）可简化为：

$$v_A S_A = v_B S_B = \cdots = \text{常量}$$

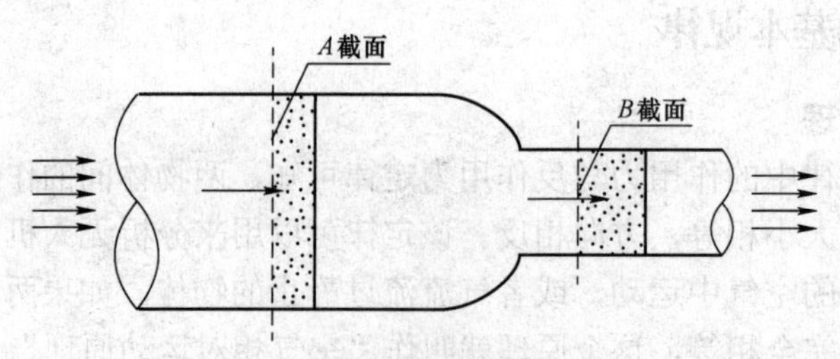

图 4-5　流体在变截面管道中的流动

由此可以看出，当低速定常流动时，气体速度的大小与流管截面积成反比，这就是连续性定理。需要注意的是，连续性定理只适用于低速（即 0.3c，c 为声速）的范围，不适用于亚声速，更不适用于跨声速、超声速、超高声速的情况。

4.1.2.3 伯努利定理

在生活中我们观察到，当气体流速发生变化的时候，气压也会相应发生变化。例如，车站会在站台上设置安全警戒线，当列车快速通过时，警戒线以内的物体会被吸到列车上。距离很近的两只船并肩行驶时，会出现相互靠拢的现象，也就是“车吸现象”。龙卷风经过的时候，如果房屋门窗紧闭，就会出现房顶被掀翻的现象。这些现象都需要用到伯努利定理进行解释。

能量守恒定律说明能量不会自行消失，也不会凭空产生，而只能从一种形式转化为另一种形式。伯努利定理是能量守恒定律在空气动力学中的具体应用，它是描述流体流动过程中流体压强和速度之间关系的流动规律，即：

动压+静压=总压=常量

$$p+\frac{1}{2}\rho v^2=常量 \tag{4-4}$$

其中：p 为流体静压（是指流体在流动过程中流体本身实际具有的压力，Pa）；$\frac{1}{2}\rho v^2$ 代表动压（是指流体以速度 v 流动时由流速产生的附加压力，Pa）；ρ 为流体的密度（kg/m³）；v 为流体的速度（m/s）。

在图 4-6 伯努利定理示意图中，流体在粗细不均的流管中流动。从连续性定理我们可以知道，在低速定常流动时，气体速度的大小与流管截面积成反比，流管较细的地方，流速较大，而流管较粗的地方，流速较小。根据流管三个截面的截面积大小（$s_1>s_2>s_3$）可得出水流速度为 $v_1<v_2<v_3$，进一步可以得出三个截面处的动压为 $\frac{1}{2}\rho v_1^2<\frac{1}{2}\rho v_2^2<\frac{1}{2}\rho v_3^2$。根据伯努利定理可知，三个截面处的静压表现为 $p_1>p_2>p_3$，进而可以得到流管上方的水位高度对比。

连续性方程和伯努利定理是分析和研究空气动力产生及变化的基本定理，是空气动力学的基础。

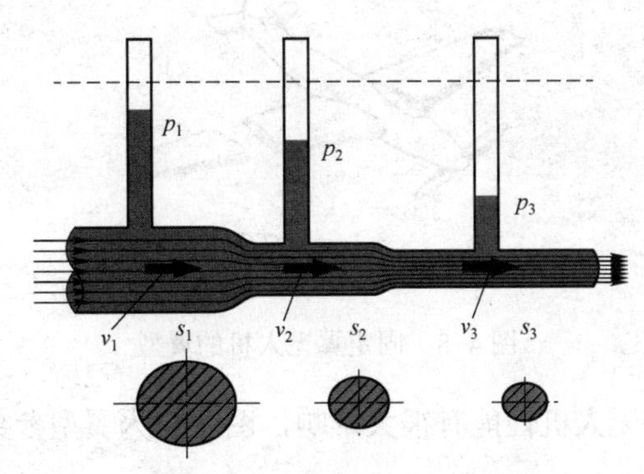

图 4–6　伯努利定理示意图

我们可用伯努利定理来解释刚才提到的现象。图 4–7（a）为车吸现象，产生的原因是列车的快速通过使得物体和列车之间气流流速提高，导致物体靠近列车的一侧动压增加，相应的静压就会减小，而物体的另一侧静压不变，物体两边产生压力差，推动物体向列车靠近。图 4–7（b）为船吸现象，当两船并行时，因两船间水的流速加快，压力降低，外舷的流速慢，水压力相对较高，内外舷形成压力差，推动两船互相靠拢。图 4–7（c）为台风掀起屋顶，原因是龙卷风经过房屋使得屋外大气流速加快，动压增加，静压降低，屋内气压高于屋外气压，产生气压差，会导致掀翻屋顶的情况发生。

（a）车吸现象

（b）船吸现象

（c）台风掀起屋顶

图 4–7　可用伯努利定理解释的现象

4.2　固定翼无人机飞行原理

4.2.1　升力

固定翼无人机在空中飞行的基本条件是，需要产生克服无人机自身重力并将其在空中托举的力。固定翼无人机的升力主要是由机翼产生的。

4.2.1.1　翼型定义及几何参数

翼型是固定翼无人机机翼、尾翼、导弹翼面，直升机旋翼叶片和螺旋桨叶片，平行于飞行器对称面或垂直于前缘（或 1/4 弦长点连线）的剖面形状，也称为翼剖面或叶剖面。图 4–8 为固定翼无人机的翼型。

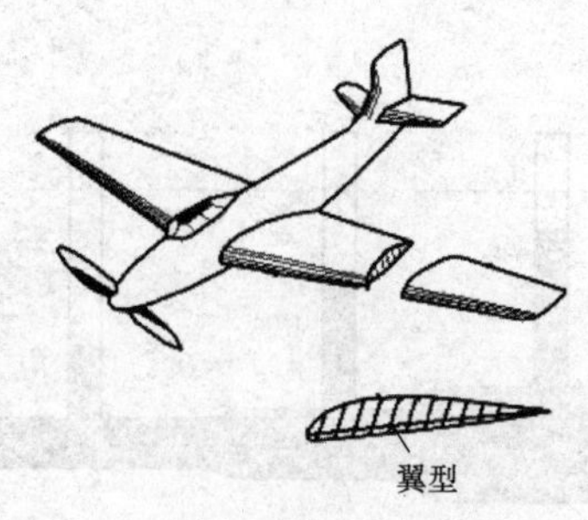

图 4-8 固定翼无人机的翼型

翼型的特性对固定翼无人机性能有很大影响，图 4-9 为翼型参数。下面我们对翼型参数进行介绍。

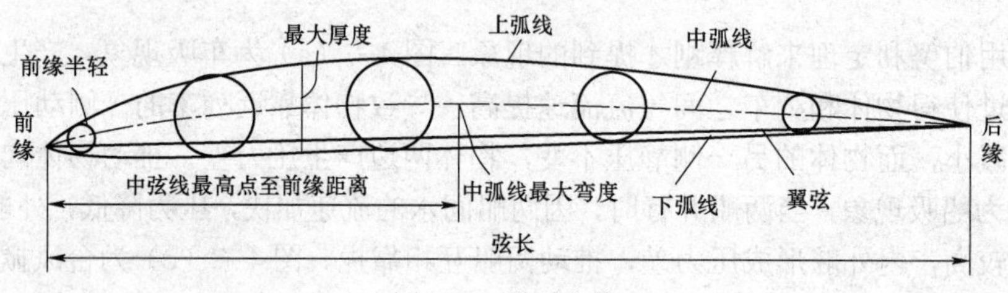

图 4-9 翼型参数

（1）前缘：前面的端点。

（2）后缘：后面的端点。

（3）翼弦：前缘到后缘之间的连线，其长度是弦长。

（4）厚度：垂直于翼弦的翼型上、下表面之间的直线段长度。

（5）最大厚度位置：翼型最大厚度所在位置到前缘的距离称为最大厚度位置，通常以其与弦长的比值来表示。

（6）相对厚度：翼型最大厚度与弦长之比，通常用百分数表示。

（7）弯度：翼型中弧线与翼弦之间的垂直距离。

（8）翼型的最大弯度：翼型中弧线与翼弦之间的最大垂直距离。

（9）相对弯度：翼型的最大弯度与弦长的比值，通常用百分数表示。

翼型的相对弯度说明翼型上、下表面弯曲程度的差别，相对弯度越大，翼型上、下表面弯曲程度相差也越大；若中弧线和翼弦重合，翼型将是对称的。

翼型对飞行器升力大小有重要影响，不同飞行器对翼型的要求各不相同。图 4-10 为翼型种类。

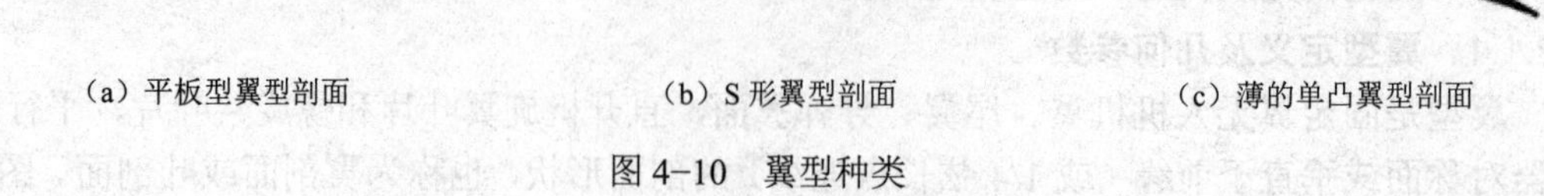

（a）平板型翼型剖面 （b）S 形翼型剖面 （c）薄的单凸翼型剖面

图 4-10 翼型种类

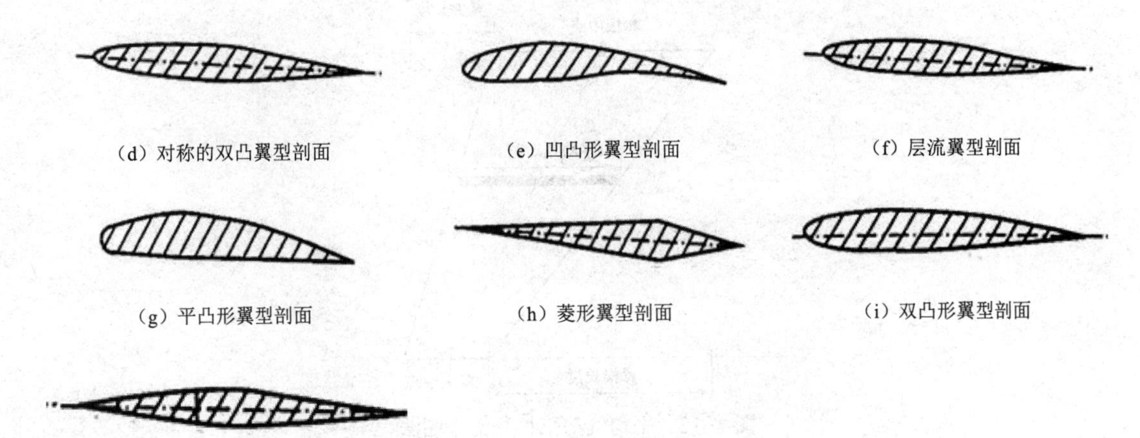

图4-10 翼型种类（续）

中小型无人机的翼型选常规翼型设计即可。对高空长航时无人机而言，由于高空空气稀薄，高空长航时飞行要求无人机具有较大的升力系数，且对升阻比也有较高要求，因此一般采用升力系数大的翼型，部分高速无人机机翼和尾翼采用对称翼型。低速无人机机翼大多采用平凸形或双凸形翼型。

4.2.1.2 机翼平面布局

机翼的基本平面形状有很多种。图4-11为机翼平面形状。不同平面形状机翼的升力、阻力有差异，主要是与机翼平面形状的各参数有关。

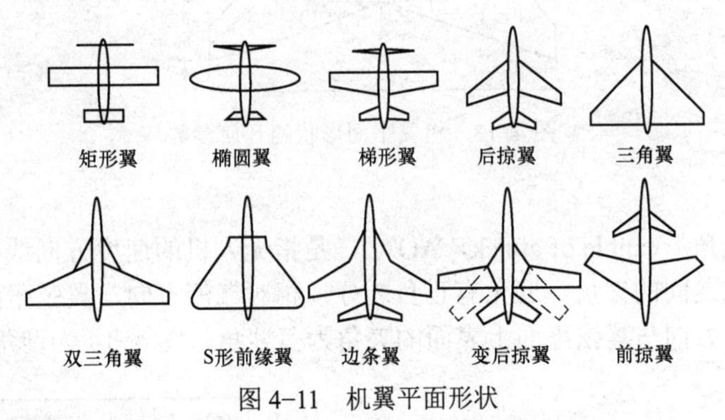

图4-11 机翼平面形状

机翼平面的几何参数有以下几个。

（1）机翼面积，指机翼在机翼基本平面上的投影面积，用S表示。

（2）翼展，指固定翼飞行器的机翼左、右翼尖之间的距离，是衡量机翼气动外形的主要几何参数之一，用L表示。

（3）展弦比，指机翼翼展的平方与机翼面积之比，或者机翼翼展与机翼平均几何弦长（机翼面积S除以翼展L）之比，L^2/S。平均气动弦长，指假想的矩形翼的翼弦，该矩形翼的面积、空气动力以及俯仰力矩等特性，都与原机翼等效。图4-12为平均气动弦长几何作图法。

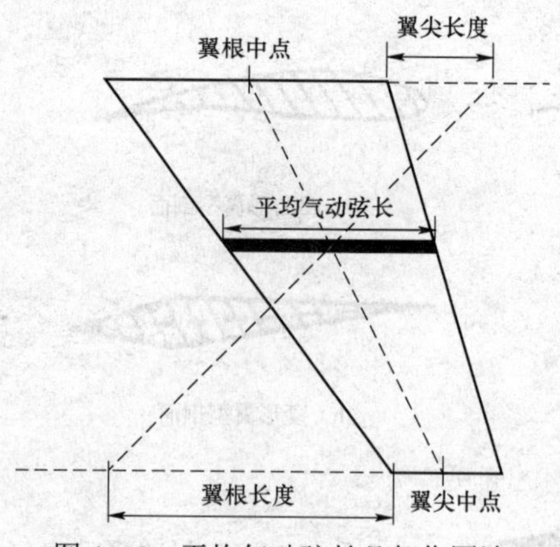

图 4-12　平均气动弦长几何作图法

（4）后掠角，描述翼面特征线与参考轴线相对位置的夹角，用 x 表示。图 4-13 为机翼平面形状的几何参数，图 4-13 中 x_0 表示前缘后掠角，$x_{0.25}$ 表示 1/4 弦线后掠角，$x_{1.0}$ 表示后缘后掠角，b_r 为翼根，b_t 为翼尖。后掠角表示机翼各剖面在纵向的相对位置，即机翼向后倾斜的程度，如果后掠角为负则表示翼面有前掠角。

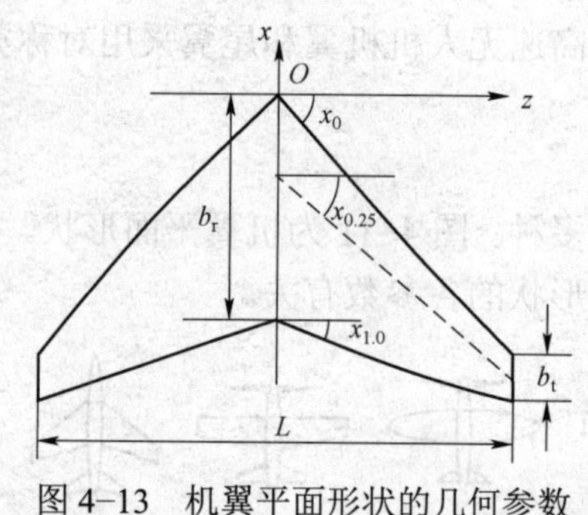

图 4-13　机翼平面形状的几何参数

4.2.1.3　迎角

迎角又称“攻角”（angle of attack，AOA），是指无人机的速度方向线在无人机对称平面内的投影与翼弦线之间的夹角。迎角有正负之分，相对气流方向与翼弦平面下表面的夹角为正迎角；相对气流方向与翼弦平面上表面的夹角为负迎角。图 4-14 为迎角示意图。

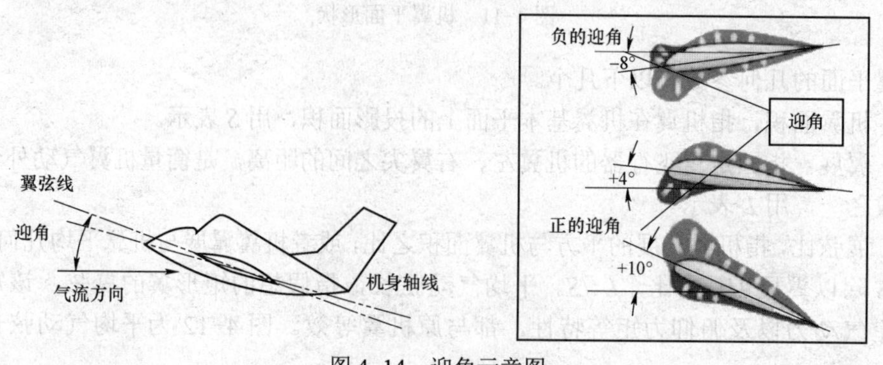

图 4-14　迎角示意图

飞行时，作用在机翼上的空气动力与迎角有关。在一定迎角范围内，增大迎角，升力系数和阻力系数都增大。为了获得支持无人机重力的升力，无人机高速飞行时以小的正迎角飞行，无人机低速飞行时以较大迎角飞行。图 4–15 为某机型迎角和速度的关系。

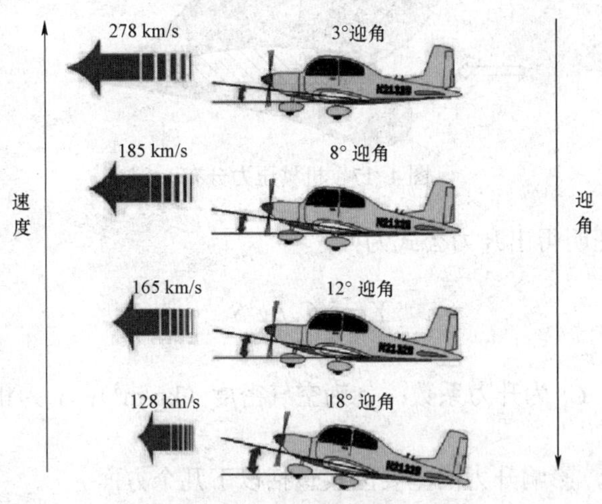

图 4–15　某机型迎角和速度的关系

4.2.1.4　升力的产生

如果要在机翼上产生空气动力，必须让其与空气之间有相对运动。如果翼型有迎角，当气流流到翼型的前缘时，气流被分为上、下两股，分别流经机翼的上翼面和下翼面。由于翼型的作用，流经上翼面的气流会受到挤压，气流流动速度加快，动压升高，压强降低，且低于前方气流的大气压；而流经下翼面的气流由于翼型前端上仰，气流受到阻拦，且流动通道扩大，气流流动速度减慢，动压降低，压强升高，并高于前方气流的大气压。这样，翼型上、下表面产生了压力差，从而形成了一个向上的升力。图 4–16 为升力产生示意图。

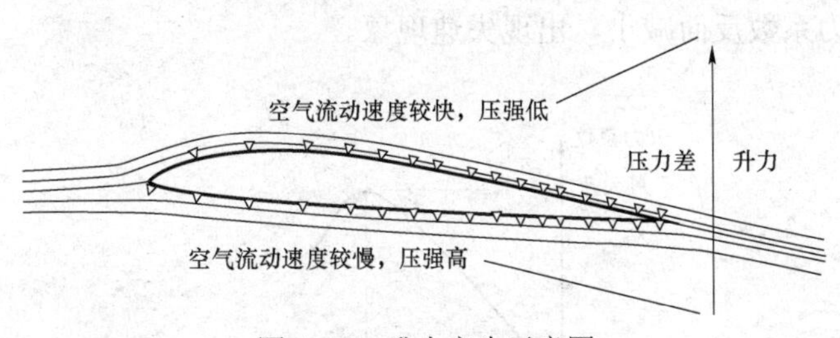

图 4–16　升力产生示意图

在机翼上，比大气压力低的力为吸力（负压力），比大气压力高的力为压力（正压力），机翼表面各点的吸力和压力都可以用向量来表示，向量长短表示吸力和压力的大小。图 4–17 为机翼压力分布。从图 4–17 中可以看出，压力最低（即吸力最大）的一点为最低压力点（B 点）；在前缘附近，流速为 0；压力最高的一点为驻点（A 点）。机翼升力主要靠上表面的吸力，而不是靠下表面的压力，一般机翼上表面形成的吸力占总升力的 60%～80%，下表面的正压力形成的升力只占总升力的 20%～40%。

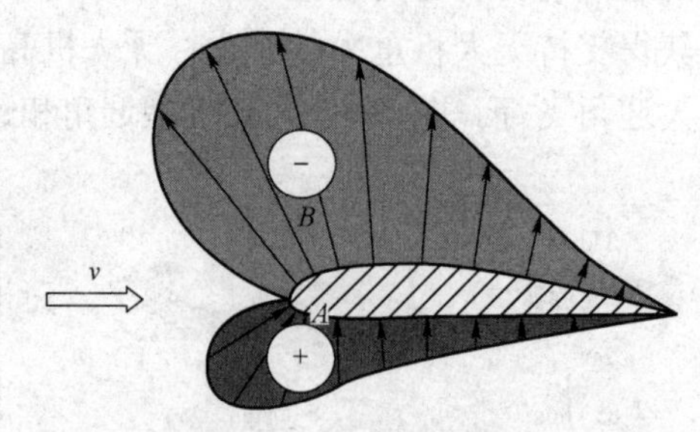

图 4-17　机翼压力分布

经过理论和实践证明得出升力公式为：

$$Y=\frac{1}{2}C_Y\rho v^2 S \tag{4-5}$$

其中：Y 为升力（N）；C_Y 为升力系数；ρ 为空气密度（kg/m^3）；v 为相对气流速度（m/s）；S 为机翼面积（m^2）。

由式（4-5）可知，影响升力的主要因素包括以下几个方面。

（1）机翼面积的影响。机翼的有效投影面积越大，则升力越大。

（2）相对气流速度的影响。空气动力受气流相对速度影响较大，根据升力公式，升力与相对气流速度的平方成正比。

（3）空气密度的影响。升力大小与空气密度成正比，空气密度越大，则升力越大；当空气稀薄的时候，机翼上产生的升力就比较小。

（4）升力系数的影响。这里主要指的是机翼剖面形状和迎角的影响。

机翼上升力大小与翼型的形状和迎角都有关系，迎角不同，升力也不同。图 4-18 为升力系数曲线，从图中可以看出，在翼型一定的情况下，升力系数起初随迎角增大而增大；但当迎角继续增大，升力曲线逐渐变弯，到临界迎角时（即失速迎角），升力系数达到最大值，之后再增大迎角，升力系数反而减小，出现失速现象。

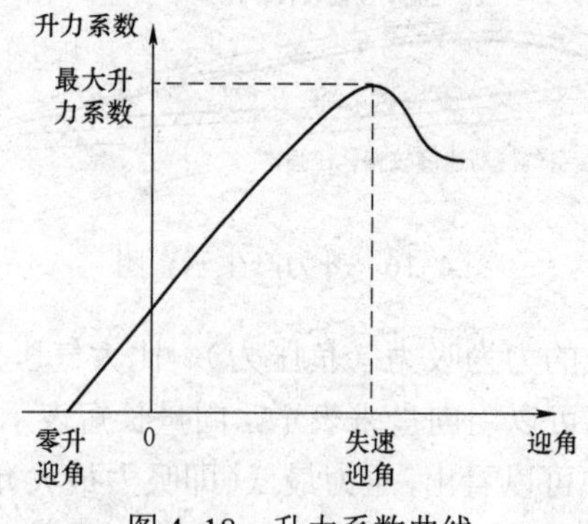

图 4-18　升力系数曲线

失速的原因是迎角过大，超过临界迎角，造成机翼表面附面层大部分分离。当迎角增大到一定程度时，气流会从机翼前缘开始分离，尾部会出现很大的涡流区，这时，升力会突然下降，而阻力却迅速增大。图4–19为失速产生的原因，图4–19中显示某翼型在0°～20°迎角下模拟飞行状态，可以看到16°是失速迎角，此时尾部出现涡流区。出现失速时，驾驶员应该立刻推杆到底，以减小迎角。

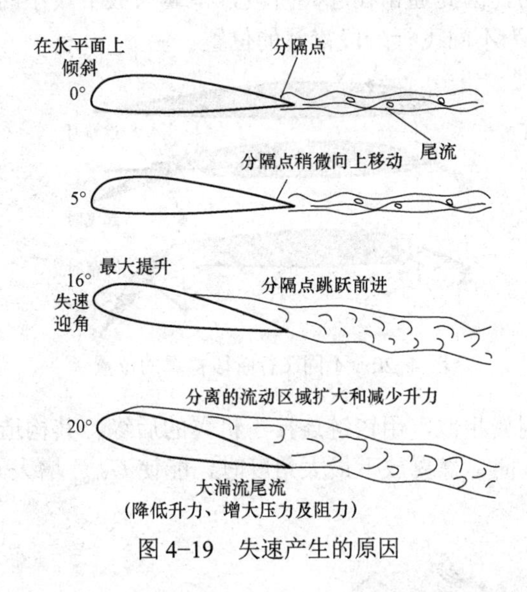

图4–19　失速产生的原因

在以下三种情况下，容易造成失速。

（1）低速飞行。低速飞行必须增大迎角获得维持低速飞行的升力，空速越低，迎角必须越大。如果空速进一步降低，达到临界迎角就会在机翼上出现紊流，导致失速。

（2）转弯失速。当滚转角过大，倾斜增加，升力不足以抵消重力时，就会失速。一般要求滚转角小于20°。

（3）翼尖失速。翼尖失速主要发生在大翼展固定翼无人机上。当固定翼无人机转弯时，处于转弯半径外侧的机翼由于速度快，升力大，而处于内侧的翼尖速度小。翼尖处出现气流分离（即高速气流使翼尖失去升力）的情况，这就是翼尖失速。这时会形成左螺旋或者平螺旋，导致无人机失控。为防止翼尖失速，一般会在翼尖处放出一个降落伞以降低速度；或者在翼尖处放置一个喷气装置来增加气流以保证升力。

4.2.1.5　增升装置

无人机设计时主要考虑高速飞行或者巡航飞行时的性能。当无人机高速飞行或巡航飞行时，迎角很小，升力系数小，但由于速度较大，因此仍然能够产生足够升力维持无人机水平飞行。但在低速飞行或者起飞、着陆的时候，相对气流速度较低，由于速度较低，因此即使有较大的迎角，升力依然较小，不能保证正常飞行。并且迎角增大有限制，超过临界迎角会产生失速，给飞行带来危险。因此需要添加增升装置以增加升力，提高无人机起飞和着陆的性能。

根据升力公式，主要可以通过以下方式来增加升力。

（1）增大翼型弯度（即增加C_Y）。

（2）增大机翼面积（增加S）。

（3）控制机翼上的附面层，推迟气流的不利分层。

常见的增升装置根据其安装在机翼上的位置不同分为前缘增升装置和后缘增升装置。下面对一些增升装置进行介绍。

一般的襟翼位于机翼后缘，靠近机身，在副翼的内侧。襟翼放下时，既增加机翼的升力，同时也增加无人机的阻力，因此通常在起飞阶段，襟翼只放下较小的角度，而在着陆阶段才放下较大角度。图 4-20 为不同飞行阶段襟翼的位置。

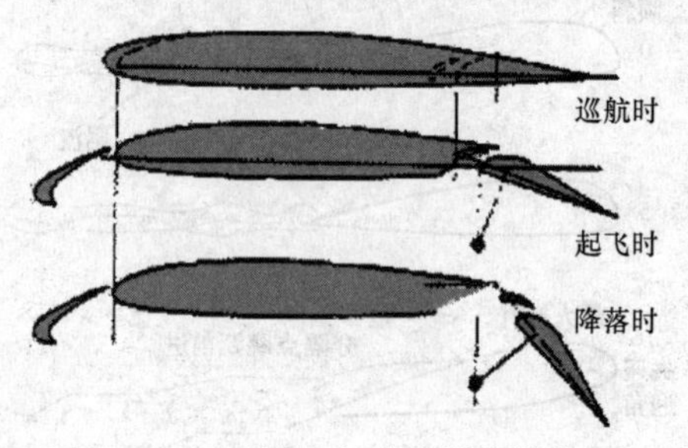

图 4-20 不同飞行阶段襟翼的位置

简单襟翼的形状与副翼相似，用铰链连接于机翼的后缘，其构造比较简单，在不偏转时形成机翼后缘的一部分。简单襟翼放下最大角度时，能使 $C_{Y\max}$ 增大 65%～75%。图 4-21 为简单襟翼。

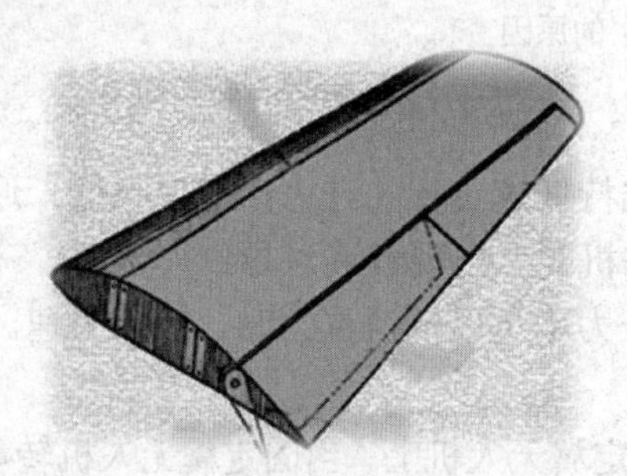

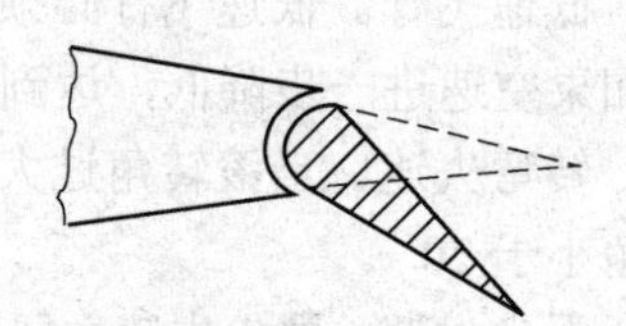

图 4-21 简单襟翼

分裂襟翼也称开裂襟翼，像一块薄板，用铰链安装于机翼后缘下表面并成为机翼的一部分。使用时放下（即向下旋转），在后缘与机翼之间形成一个低压区，对机翼上表面的气流有吸引作用，使上表面气流流速增大，从而增大了机翼上下表面的压强差，使升力增大。分裂襟翼一般可以把机翼的 $C_{Y\max}$ 增大 75%～85%。图 4-22 为分裂襟翼。

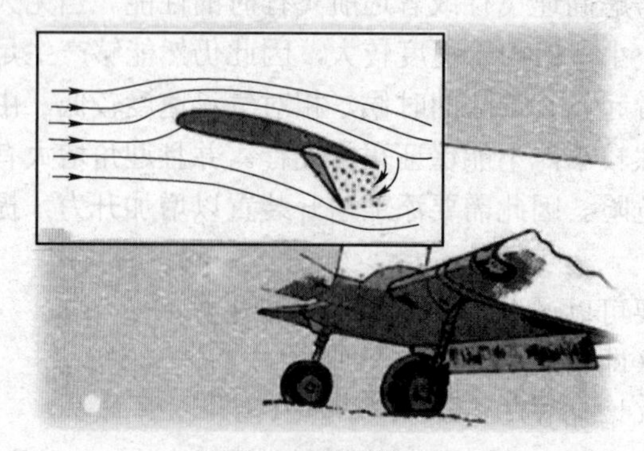

图 4-22 分裂襟翼

开缝襟翼与机翼之间形成一条缝隙，下面的高压气流通过缝隙流向上面，延缓上面气流分离，达到增升的目的。开缝襟翼一般可以把机翼的 $C_{Y\max}$ 增大 85%～95%。图 4-23 为开缝襟翼。

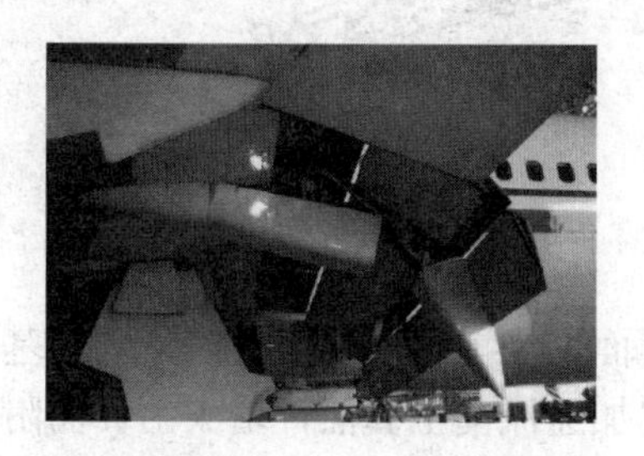
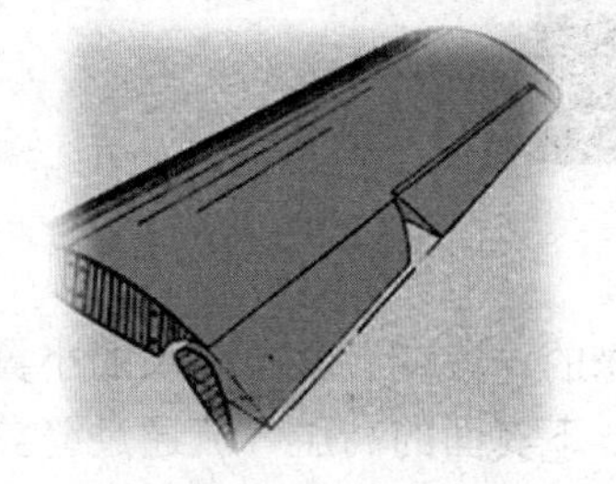
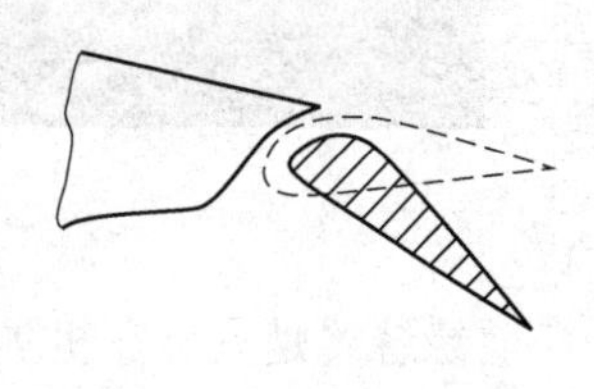

图 4-23　开缝襟翼

后退襟翼工作时既向下偏转，同时又沿滑轨向后移动，既增大翼型弯度又增加机翼面积，它的增升效果比前面三种后缘襟翼都要好。后退襟翼一般可以把机翼的 $C_{Y\max}$ 增大 110%～140%。图 4-24 为后退襟翼。

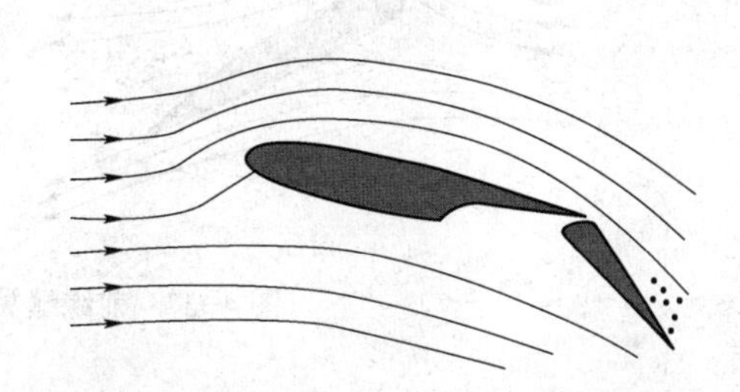

图 4-24　后退襟翼

前缘襟翼是可偏转的机翼前缘。在大迎角下，前缘襟翼向下偏转，使得前缘与来流之间的角度减小，气流沿上翼面流动比较光滑，避免发生局部气流分离，同时增大了翼型的弯度。前缘襟翼与襟翼配合使用可以进一步提高增升效果。图 4-25 为前缘襟翼。

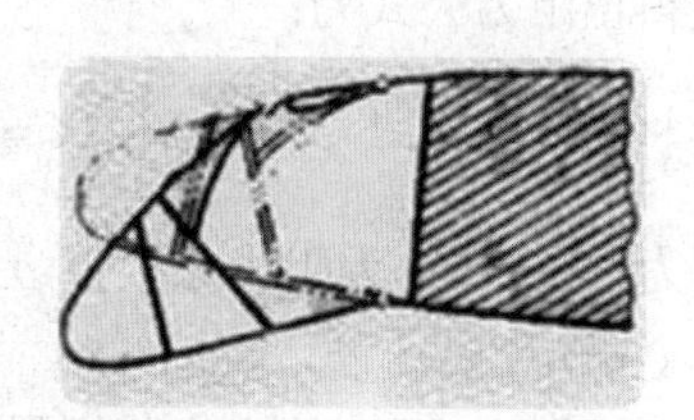

图 4-25　前缘襟翼

格鲁克襟翼的作用与前缘襟翼相同，一般位于机翼根部的前缘。打开时，伸向机翼前下方，既增加机翼面积又增加翼型弯度，具有较好的增升效果。图 4-26 为格鲁克襟翼。

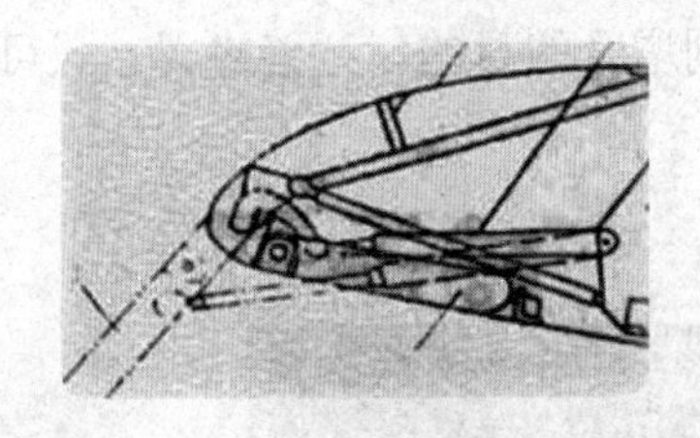

图 4-26 格鲁克襟翼

前缘缝翼是安装在机翼前缘的一段或者几段狭长的小翼面。当前缘缝翼打开时，它与基本机翼前缘表面形成一条缝隙，下翼面的高压气流通过缝翼加速流向上翼面，增大上翼面附面层气流速度，消除了分离旋涡，延缓气流分层，避免大迎角下失速，升力系数得以提高。因此，前缘缝翼一般在大迎角下，特别是接近或者超过机翼临界迎角时才使用。图 4-27 为前缘缝翼工作原理示意图。

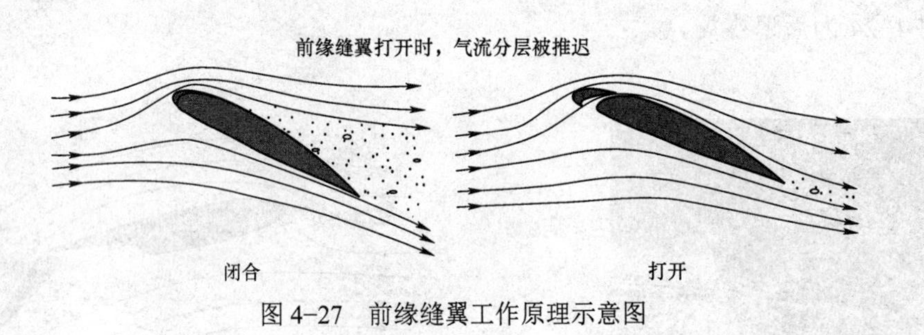

图 4-27 前缘缝翼工作原理示意图

4.2.2 阻力

无人机在空中飞行时，与空气产生相对运动，这个过程中在产生升力的同时，也会产生阻力。除了机翼会产生阻力外，无人机的其他部件如机身、尾翼、起落架等也会产生阻力。阻力可分为零升阻力（又称废阻力）和升致阻力。零升阻力与升力无关，包括摩擦阻力、压差阻力、干扰阻力；升致阻力与升力的产生有关，包括诱导阻力。

经过试验得出阻力公式为：

$$X = \frac{1}{2} C_X \rho v^2 S \tag{4-6}$$

其中：X 为阻力（N）；C_X 为阻力系数；ρ 为空气密度（kg/m^3）；v 为相对气流速度（m/s）；S 为机翼面积（m^2）。

由式（4-6）可知，阻力的大小与机翼面积、相对气流速度、空气密度及阻力系数有关。

总阻力可表示为诱导阻力和废阻力之和。阻力系数主要与迎角和翼型有关。四种阻力对飞行总阻力的影响随着飞行速度和迎角的不同而发生变化。图 4-28 为某机型总阻力随速度变化曲线，可以看出诱导阻力随着速度的增大而减小，而废阻力随着速度的增大而增大，当废阻力和诱导阻力相等时，总阻力最小。

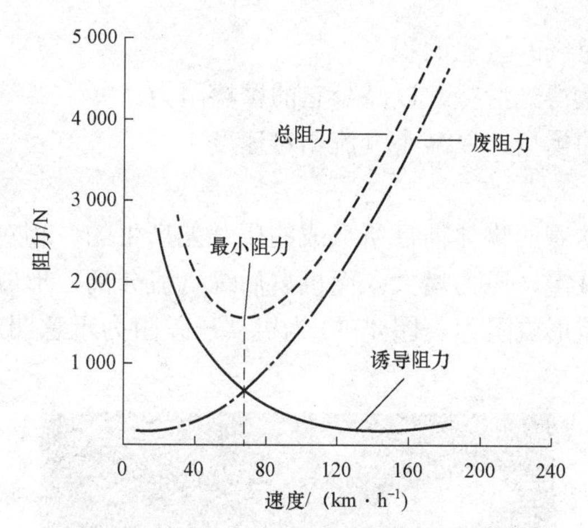

图 4-28　某机型总阻力随速度变化曲线

4.2.2.1　摩擦阻力

在飞行中，空气贴着无人机表面流过，由于空气具有黏性，与无人机表面发生摩擦，阻滞了气流的流动，产生了阻止无人机前进的摩擦阻力。

1. 影响摩擦阻力的因素

影响摩擦阻力的主要因素包括以下几个方面。

（1）空气的黏性。黏性越大摩擦阻力越大。

（2）无人机表面的形状。主要与无人机表面的光滑程度有关，无人机表面越粗糙摩擦阻力越大。

（3）与气流接触的无人机表面积的大小（浸润面积）。无人机表面积越大，摩擦阻力越大。

（4）附面层中气流的流动情况。附面层包括层流附面层和紊流附面层。层流附面层中，各层气流不相互混杂，摩擦阻力较小。紊流附面层中，气流活动杂乱无章，出现涡流和横向运动，但整个附面层仍然附着于翼面，摩擦阻力较大。尾迹是附面层脱离了翼面而形成的大量宏观的旋涡。分离点是附面层开始脱落翼面的点。在机翼上，层流附面层和紊流附面层的分界点称为转捩点。随着迎角的增大，转捩点会前移，机翼摩擦阻力会增加。图 4-29 为机翼上的气流流动情况。

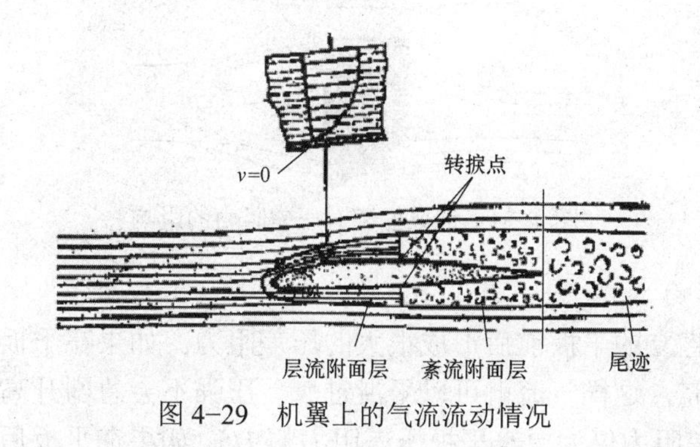

图 4-29　机翼上的气流流动情况

2. 减小摩擦阻力的方法

减小摩擦阻力的方法包括以下几种。

（1）减小无人机与空气的接触面积。

（2）把无人机表面做得光滑些，以减少它的摩擦阻力。

（3）选择升阻比大的翼型，以减小气流相对速度。

4.2.2.2 压差阻力

压差阻力，是由运动着的物体前后所形成的压强差产生的。相对气流流过机翼时，机翼前缘的气流受阻，流速减慢，压力增大；而机翼后缘气流分离，形成涡流区，压力减小。这样，机翼前后产生压力差形成阻力。图 4–30 为机翼压差阻力示意图。

图 4–30 机翼压差阻力示意图

1. 影响压差阻力的因素

压差阻力与物体的迎风面积和形状有关。

1）迎风面积的影响

图 4–31 为迎风面积对压差阻力的影响。从图 4–31 中可以看出，直立的平板在气流中，整个平面为迎风面积，前面气流被挡住，压强升高，后面会产生大量的涡流，造成气流分离而产生低压区，这样会在平板前后形成很大的压差阻力。球体产生的压差阻力次之，流线型的机翼产生的压差阻力最小。因此，物体的迎风面积越大，压差阻力也就越大。

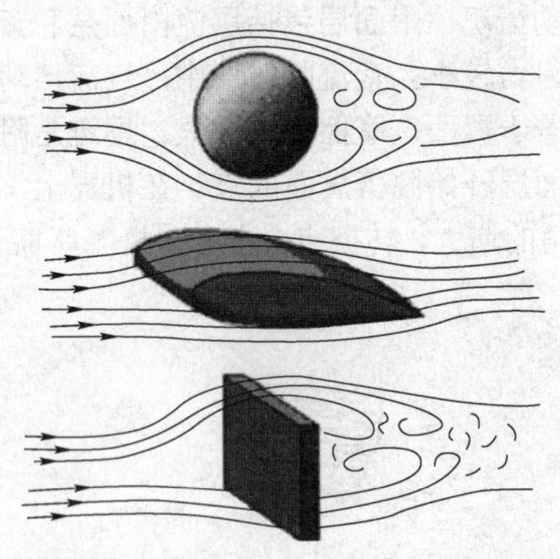

图 4–31 迎风面积对压差阻力的影响

2）物体形状的影响

上面我们讲过，直立的平板前后形成很大的压差阻力。如果在平板前放一个圆锥体，将前面的高压区进行填充，这样气流就可以平滑过渡，压强不会急剧升高，但平板后仍有气流分离低压区存在，压差阻力仅为原来平板压差阻力的 1/5。如果在平板后面再加一个细长的圆锥，将低压区的旋涡也填满，则压差阻力会进一步降低，降为原来平板的 1/25～1/20。图 4–32 为形状对压差阻力的影响。

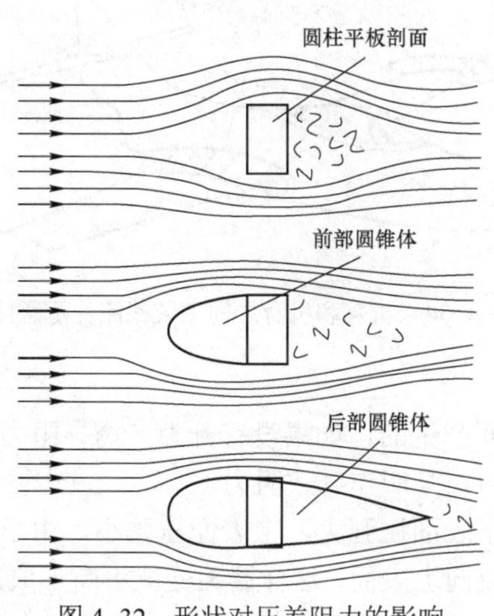

图 4-32　形状对压差阻力的影响

2. 减小压差阻力的方法

根据压差阻力产生的原因，我们可以通过减小无人机的最大迎风面积，并对无人机各部分进行整流做成流线型来减小压差阻力，此外还需要控制无人机迎角。

4.2.2.3　干扰阻力

干扰阻力，是无人机各部分之间因气流相互干扰而产生的一种额外阻力。干扰阻力主要产生在机身和机翼、机身和尾翼、机翼和发动机短舱、机翼和副油箱之间。

图 4-33 为干扰阻力示意图。从图中可以看出，气流流过机翼和机身的连接处，在机翼和机身结合的中部（C 处），由于机翼表面和机身表面都向外凸出，流管收缩；而在后部由于机翼表面和机身表面都向内弯曲，流管扩张，在这里形成了一个截面面积先收缩后扩张的气流通道。因此气流在流动过程中，压强先变小后变大，导致后边的气流有往前回流的趋势（从 B 向 C 方向），形成一股逆流，逆流与迎面气流相遇，互相干扰，因此叫作干扰阻力。

图 4-33　干扰阻力示意图

为了减小干扰阻力的影响，需要妥善考虑和安排各部件的相对位置，而必要时需要在部件之间增加流线型的整流片，使连接圆滑过渡，以减少涡流的产生，从而减小无人机飞行时的阻力。图 4-34 为机翼和机身之间加装整流片示意图。

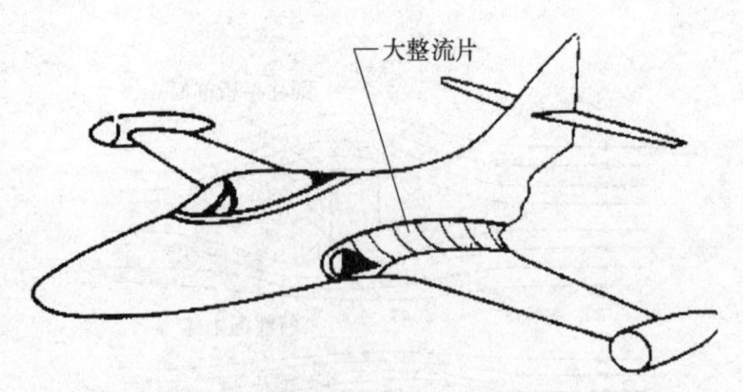

图 4-34　机翼和机身之间加装整流片示意图

4.2.2.4　诱导阻力

诱导阻力是伴随着升力而产生的，如果没有升力，诱导阻力为零。因此，这个由升力诱导而产生的阻力叫作诱导阻力，又叫作升致阻力。

固定翼无人机飞行时，下表面压强大，上表面压强小，由于机翼翼展长度有限，因此下表面的气流就力图绕过翼尖流向上表面，这样翼尖处就不断形成旋涡，随着无人机向前飞行，旋涡从翼尖向后流去，形成向后流动的旋涡，从而产生诱导阻力。图 4-35 为气流绕翼尖的流动情况。

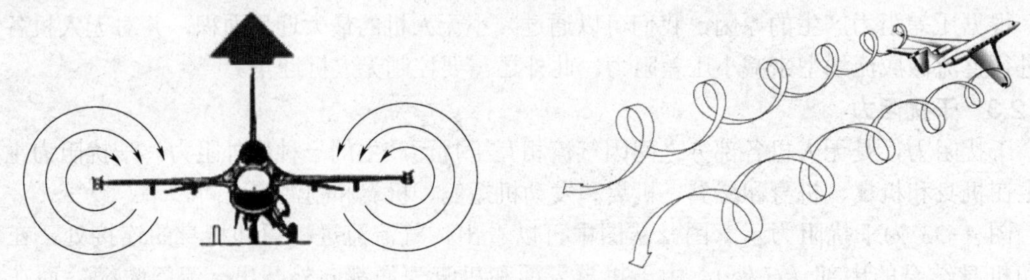

图 4-35　气流绕翼尖的流动情况

诱导阻力与机翼的平面形状、剖面形状、展弦比等都有关系，因此可以采用如下方式来减小诱导阻力。

（1）增加展弦比，选择适当的平面形状。

（2）在翼尖处设计翼梢小翼，主要作用是起到挡板的作用，挡住气流扰动。如波音 747 客机，其重量为 100～200 t，增加几十千克的翼稍小翼，能够使得巡航油耗减小 10%，航程增加 10%。图 4-36 为安装翼梢小翼的固定翼无人机。

图 4-36　安装翼梢小翼的固定翼无人机

固定翼无人机飞行高度小于半个翼展的时候，整个机体上下压力差增大，升力陡然增大，诱导阻力减小，阻挡飞行器机翼下坠，这种现象称为地面效应。诱导阻力减小原因在于，地面、水面阻挡，减小了翼尖涡流的下洗。升力增大原因在于，机翼下方空气与地面存在摩擦作用，速度减小，导致静压增大，升力增大。图 4–37 为地面效应示意图。

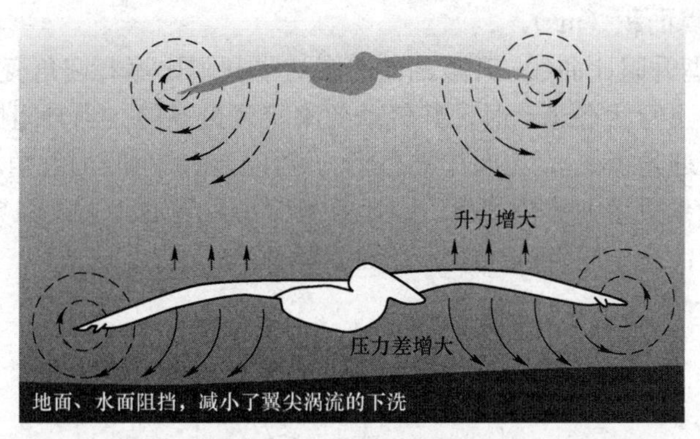

图 4–37　地面效应示意图

地面效应对无人机的飞行安全有一定的影响。首先，无人机起飞时虽然感觉升力会增加，但此时无人机处于低速大迎角的范围，非常接近失速状态；当无人机爬升超过了地面效应作用范围后，翼尖涡流的下洗不再被阻挡，造成相对气流偏移，会使得迎角进一步增大，更接近于失速。如果无人机未能加速到更安全的速度，则将有可能失速。其次，当无人机降落时，会因地面效应突然上升，如果处理不当，无人机就会在减速时突然提升高度，其下落速度将非常接近失速速度，所以极易造成失速。

当然，地面效应也有其用武之地。地效飞行器利用地面效应原理，在地效范围内贴近地面、水面飞行，其速度是普通舰艇的 10 倍以上，且安全性高，一旦遇到紧急情况可随时在水面降落。图 4–38 为地效飞行器。

图 4–38　地效飞行器

4.2.3　升阻比

相同迎角下，无人机飞行时升力与阻力之比，也即升力系数与阻力系数之比简称升阻比，是表示气动效率的一个重要参数。公式如下：

$$K=\frac{Y}{X}=\frac{C_Y\left(\frac{1}{2}\rho v^2 S\right)}{C_X\left(\frac{1}{2}\rho v^2 S\right)}=\frac{C_Y}{C_X} \tag{4-7}$$

其中：K 为升阻比；C_Y为升力系数；C_X为阻力系数；ρ 为空气密度（kg/m^3）；v 为相对气流速度（m/s）；S 为机翼面积（m^2）。

图 4-39 为某机型升阻比曲线。升阻比曲线表达了升阻比随着迎角变化的规律，当无人机以最大升阻比对应的飞行状态运动时，其气动效率将是最高的。当升阻比最大时所对应的飞行迎角一般称为有利迎角（α_e），也叫作最小阻力迎角。在最小阻力迎角之后，随着迎角的增大，升力系数比阻力系数增大的幅度小，因此升阻比小。当迎角超过临界迎角（α_{cr}）后，由于压差阻力急剧增大，升阻比急剧减小。

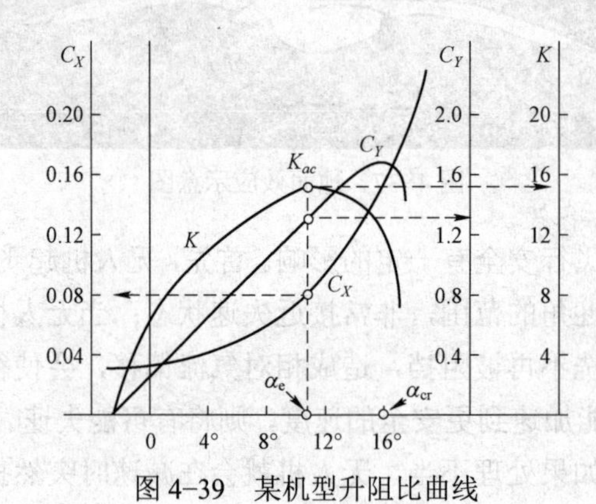

图 4-39　某机型升阻比曲线

4.2.4　拉力

民用固定翼无人机大部分是靠螺旋桨产生拉力，进而产生相对气流来实现飞行。下面我们主要介绍螺旋桨及其工作原理。

4.2.4.1　螺旋桨

螺旋桨是指靠桨叶在空气或水中旋转，将发动机转动功率转化为推进力的装置，可有两个或较多的桨叶与桨毂相连，桨叶向后的一面为螺旋面或近似于螺旋面。因桨叶剖面形状与机翼剖面相似，所以螺旋桨产生拉力的原理与机翼产生升力的原理基本相同。但无人机飞行时，螺旋桨一边旋转产生拉力，一边又前进，因此工作情况比机翼复杂。

1. 螺旋桨方向

当我们从机尾向机头来观察螺旋桨旋转，如果螺旋桨是顺时针方向旋转，则称这种螺旋桨为右旋螺旋桨；反之为左旋螺旋桨。

由于我们使用的螺钉和螺纹以右旋居多，因此考虑到安全因素，大多数采用右旋螺旋桨。这种螺旋桨相对转轴旋转会变得越来越紧，能够保证安全。

2. 螺旋桨参数

图 4-40 为螺旋桨相关参数，包含直径、桨叶角、浆叶迎角、气流角、旋转速度、前进速度、合速度等。

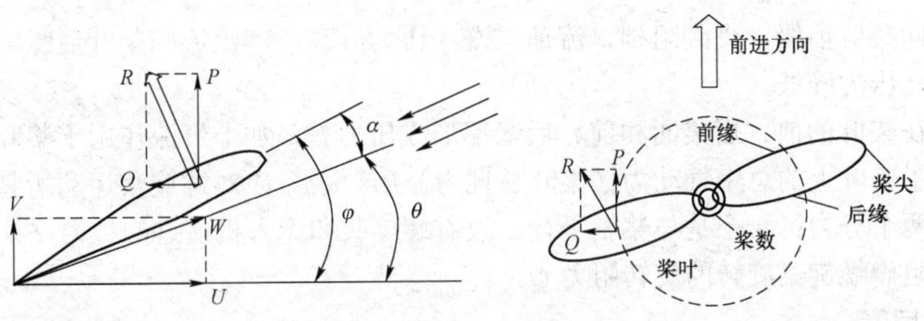

V—前进速度；R—桨叶总迎力；P—拉力；Q—旋转阻力；W—合速度；U—旋转速度；

φ—桨叶角；α—桨叶迎角；θ—气流角

图 4-40　螺旋桨相关参数

1）直径

螺旋桨直径，是指螺旋桨两个桨尖之间的距离。也可以认为是螺旋桨旋转时最大旋转面的直径。

2）桨叶角

螺旋桨旋转时，通过螺旋桨上一点并且垂直于旋转轴的一个假想的平面称为旋转平面。桨叶剖面的弦线与旋转平面之间的夹角称为桨叶角 φ，也称为安装角。需要注意的是，螺旋桨在不同半径处弦线不同，桨叶的扭曲程度从桨尖到桨根是逐渐增大的。因此桨叶角不是固定不变的。越靠近旋转轴，剖面的桨叶角越大；越靠近桨尖，剖面的桨叶角越小。

3）旋转速度

旋转速度，是指螺旋桨旋转时桨叶上任一剖面延圆周切线方向的旋转线速度，用 U 来表示。

$$U=2\pi rn \tag{4-8}$$

其中：n 为螺旋桨每分钟的旋转圈数（r/min）；r 为桨叶上任意一个剖面到旋转轴的距离。

4）前进速度

飞行时，由于桨叶随着无人机一起运动，所以螺旋桨的前进速度等于无人机的飞行速度 V。

5）合速度

螺旋桨旋转时产生拉力，使无人机向前飞行。这时真正作用在桨叶上的气流速度是螺旋桨旋转引起的相对气流速度 U 和无人机前进作用在桨叶上的相对气流速度 V 之矢量和 W，称为合速度。

6）桨叶迎角

桨叶迎角，是指桨叶剖面的弦线与合速度方向之间的夹角 α。如果无人机没有前进速度，那么桨叶角 φ 就等于桨叶迎角 α。所以在一般情况下，桨叶迎角总是小于桨叶角的。

7）气流角

气流角，是指合速度 W 与旋转速度 U 之间的夹角 θ。

4.2.4.2　螺旋桨的工作原理

1. 受力分析

螺旋桨的结构与机翼类似，桨叶也有前缘和后缘，桨叶的剖面形状与机翼剖面相似。当空气以一定的迎角流向桨叶时，气流流过桨叶前桨面，就像流过机翼上表面一样，流管变细，流速加快，压强降低；空气流过桨叶后桨面，就像流过机翼下表面一样，流管变粗，流速减慢，压强升高。

气流流向桨叶前缘，受到阻挡，流速减慢，压力升高；气流流向桨叶后缘，气流分离，形成涡流区，压力降低。

这样，在桨叶的前、后桨面和前、后缘都形成压力差，加上气流作用于桨叶上的摩擦阻力，就构成了桨叶上的总空气动力（桨叶总迎力）R，根据 R 对螺旋桨运动所起的作用，可将它分解成两个分力：一个是与桨轴平行、拉着螺旋桨和无人机前进的拉力 P；另一个是与桨轴垂直、阻碍螺旋桨旋转的旋转阻力 Q。

2. 影响因素

影响螺旋桨的拉力和旋转阻力的因素与影响机翼的升力和阻力的因素类似，主要有桨叶迎角、桨叶切面合速度、空气密度、螺旋桨直径、桨叶数目、桨叶切面形状及维护使用情况等。

（1）在一定桨叶迎角范围内，桨叶迎角增大，螺旋桨拉力增大，旋转阻力也增大。超过某一迎角，迎角增大，拉力减小，阻力增大。这与固定翼无人机机翼的迎角影响类似。

（2）桨叶切面合速度、空气密度增大，桨叶总空气动力增大，拉力和旋转阻力也增加，反之则减小。

（3）螺旋桨直径增大，一方面增大了桨叶面积，另一方面引起桨尖切向速度增大，使合速度增大，拉力和旋转阻力都将增大。但并不是螺旋桨直径越大越好，直径的增大会增加其重量。

（4）桨叶数目增多，桨叶总面积增大，拉力和旋转阻力都增大。但桨叶数目过多，各桨叶之间干扰会加剧。

3. 副作用

螺旋桨在工作过程中除了产生拉力，给无人机提供前进动力，也会产生对飞行不利的副作用，主要包括以下几个方面。

1）螺旋桨的进动

当无人机在俯仰运动或转动时，即螺旋桨转轴受到操纵力矩作用时，螺旋桨并不完全按照预定的一个方向转动，而是会绕另一个方向偏转，这种现象叫作螺旋桨的进动。

从机尾向机头看去，螺旋桨顺时针转动时，如果拉杆使机头上仰，给螺旋桨一个上仰力矩。当桨叶转到垂直位置时，上方桨叶受到一个向后的作用力 F_1，产生了向后的加速度，下方桨叶受到一个向前的作用力 F_2，产生了向前的加速度。经顺时针转动，原来在上方的桨叶转到右边时，出现向后的速度 v，原来在下方的桨叶转到左边时，出现向前的速度 v，于是螺旋桨向右进动，并带动无人机向右偏转。图 4-41 为螺旋桨的进动。

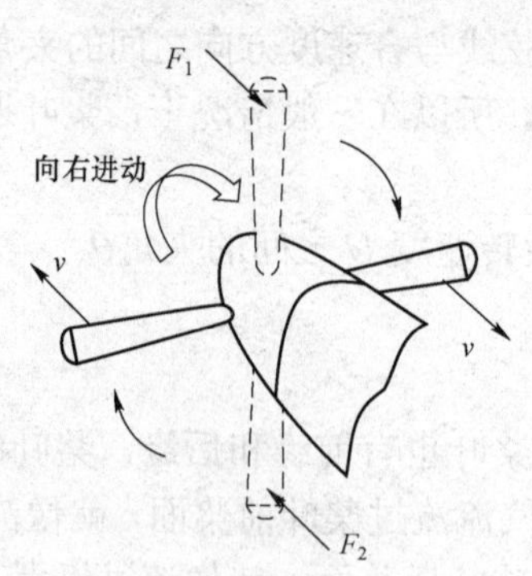

图 4-41　螺旋桨的进动

2）螺旋桨的反作用力矩

当螺旋桨由发动机通过旋转轴带动旋转时，螺旋桨给空气以作用力矩（或称扭矩），空气必然在同一时间以大小相等、方向相反的反作用力矩作用于螺旋桨（或称反扭矩），从而再通过螺旋桨将这一反作用力矩传递到机体上。如果不采取措施予以平衡，那么这个反作用力矩就会使机身逆螺旋桨旋转方向旋转。图 4-42 为螺旋桨反作用力矩。

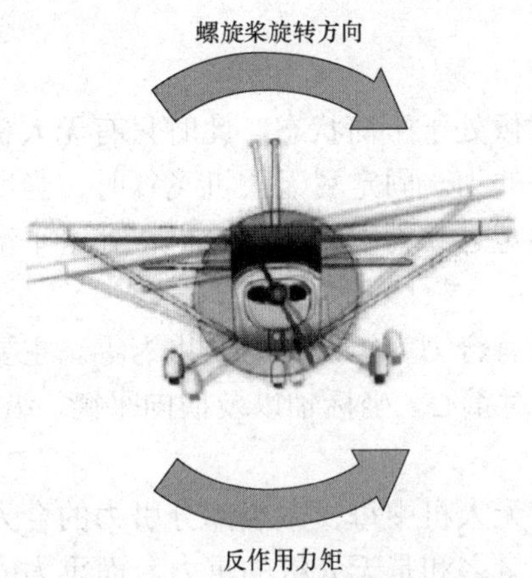

图 4-42　螺旋桨的反作用力矩

消除反作用力矩的方法主要有两个：一是通过调整重心位置，使重心偏出对称面一定距离，利用无人机升力对重心的滚转力矩来抵消反作用力矩；二是使发动机的拉力线/推力线与纵轴形成一定的夹角，以此来抵消反作用力矩。

3）螺旋桨滑流的扭转作用

螺旋桨旋转时，桨叶拨动空气，一方面使空气向后流动，另一方面又使空气顺着螺旋桨旋转方向绕着机体扭转流动，这种由于螺旋桨的作用使气流加速和扭转的现象称为螺旋桨滑流。

当螺旋桨的扭转气流打在无人机垂直尾翼的一侧时，出于反作用力的效果，就会引起无人机的方向偏转。图 4-43 为螺旋桨滑流的扭转作用。从机尾向机头看去，螺旋桨是顺时针方向旋转的，则滑流经过机翼被分为上、下两层，上层自左向右后方扭转，下层自右向左后方扭转。螺旋桨产生的上层滑流从左方作用于机身尾部和垂直尾翼，使尾翼产生向右的空气动力，对无人机重心形成右偏力矩，即机头向左偏。螺旋桨的转速越大，扭转气流对无人机的方向偏转影响越明显。

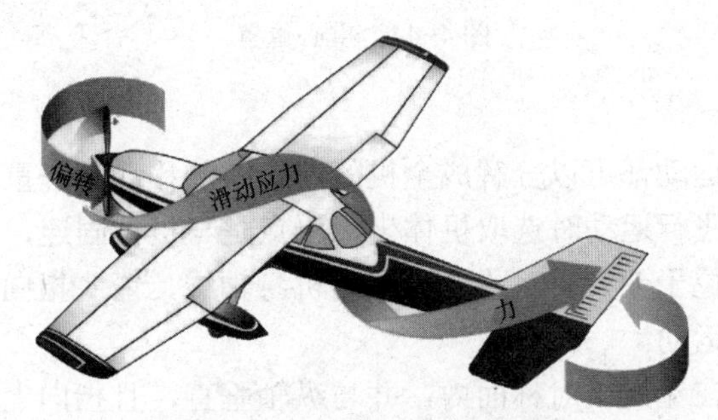

图 4-43　螺旋桨滑流的扭转作用

当固定翼无人机在地面上准备起飞或者滑行时，螺旋桨滑流一直会对无人机产生影响，此时的操作就是柔和向右打方向舵，控制前起落架向右转向，小心地把无人机控制在跑道或者滑行道中心线上。固定翼无人机滑行速度越快，向后方流动的气流速度越大，也就会逐渐抵消扭转气流的影响，螺旋桨滑流效果就会越小。因此随着滑行速度的增大，可以适度减小舵量，以防止无人机偏出跑道中心线右侧。

4.2.5 平衡

固定翼无人机在静止的时候处于平衡状态，此时只有无人机的重力和地面对无人机的支撑力这一对方向相反大小相等的力。固定翼无人机飞行时，当所有作用于无人机上的外力为零，所有外力对重心产生的力矩之和为零时，无人机也处于平衡状态。处于这种平衡状态的无人机会做匀速直线运动。

平衡需要满足无人机上所有合力为零，合力矩也为零。主要体现在横向、纵向、航向三个方面的平衡。下面我们分别对重心、坐标轴以及横向平衡、纵向平衡和航向平衡进行介绍。

4.2.5.1 重心

无人机的重心是指地球对无人机中每一微小部分引力的合力的作用点。我们知道，无人机的组成部分和机载设备的重量之和是无人机的重力，而重力的合力的作用点就是无人机的重心。重心的位置参数通常用重心在平均气动弦长的投影点到无人机机翼前缘的距离与平均气动弦长的比值来表示，即：

$$X=\frac{x_{重}}{b_{\mathrm{MC}}}\times 100\% \tag{4-9}$$

其中：X 为重心位置参数；$x_{重}$ 为重心在平均气动弦长的投影点到无人机机翼前缘的距离；b_{MC} 为平均气动弦长。平均气动弦长是假想的矩形翼弦长，该矩形翼的面积、空气动力以及俯仰力矩等性质都与原机翼等效。图 4–44 为重心位置。

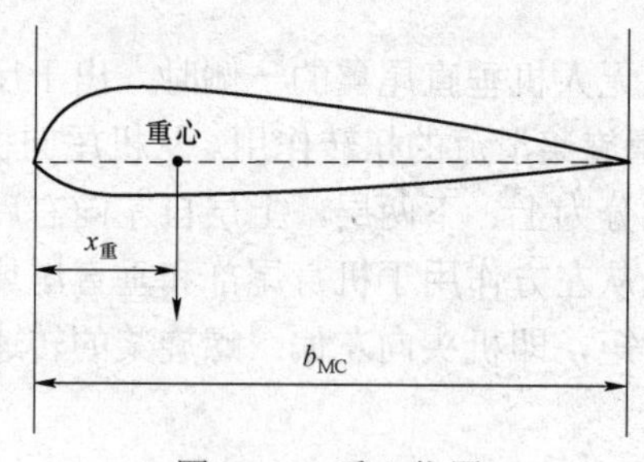

图 4–44　重心位置

4.2.5.2 坐标轴

无人机的任何一种运动都可以分解成全机随着重心的移动和绕重心的转动。

研究固定翼无人机飞行运动时选取机体坐标原点是与机体固连，原点位于机体的重心。

纵轴，通过重心，位于无人机对称面内，沿机身轴线，箭头指向机头方向。无人机绕纵轴的转动叫滚转或横滚运动。

立轴，通过重心，在无人机对称面内，并与纵轴垂直，且指向上方的直线。无人机绕立轴的转动叫偏转或偏航运动。

横轴，通过重心并与对称面垂直，箭头指向右机翼。无人机绕横轴的转动叫俯仰运动。图 4-45 为机体坐标轴。

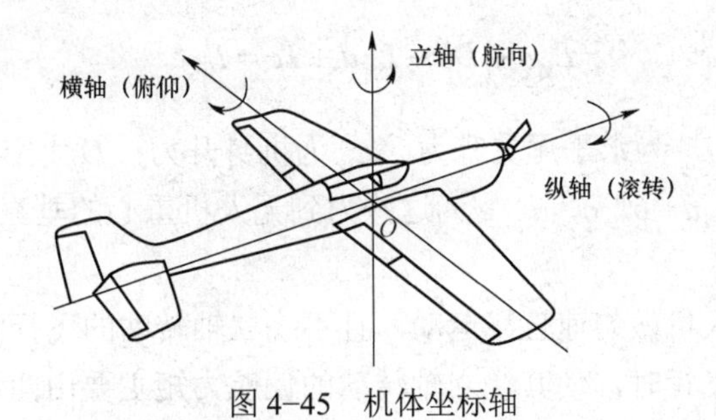

图 4-45　机体坐标轴

4.2.5.3　横向平衡

横向平衡是指无人机做匀速直线运动，且不绕纵轴转动的运动状态。

当无人机匀速直线飞行时，使其绕着纵轴滚转的力矩主要是由机翼上的升力及其重力所产生。图 4-46 为横向力矩示意图。

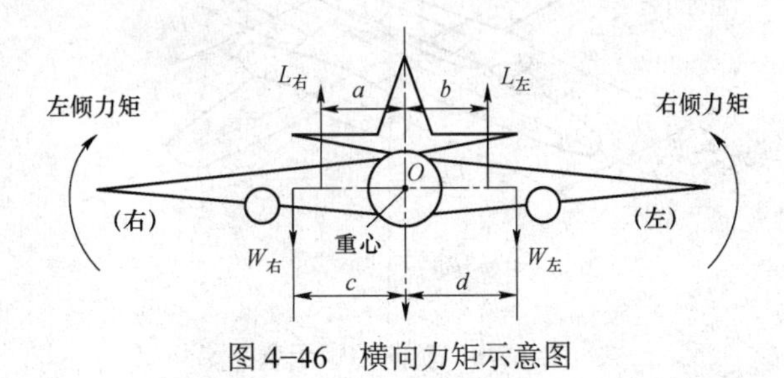

图 4-46　横向力矩示意图

为了使无人机不绕纵轴转动，保持横向平衡，应使无人机的右倾力矩总和等于左倾力矩总和，即：

$$L_{右}a + W_{左}d = L_{左}b + W_{右}c \tag{4-10}$$

其中：$L_{右}$ 和 $L_{左}$ 分别为右机翼和左机翼的升力；$W_{左}$ 和 $W_{右}$ 为右机翼和左机翼上的载重；a、b、c、d 为这些力到无人机重心的垂直距离。

4.2.5.4　纵向平衡

纵向平衡，是指无人机在纵向平面内做匀速直线运动，且不绕横轴转动的运动状态。

当无人机匀速直线飞行时，使其绕横轴俯仰的力矩主要是由作用在机翼、机身和尾翼上的升力、发动机的推力和阻力所产生。图 4-47 为纵向力矩示意图。

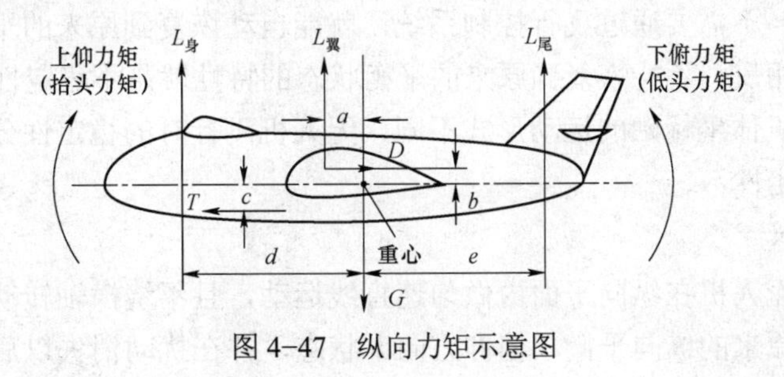

图 4-47　纵向力矩示意图

为了使无人机不绕横轴转动，保持纵向平衡，应使无人机的上仰力矩总和等于下俯力矩总和，即：

$$L_{翼}a + Db + L_{身}d + Tc = L_{尾}e \quad (4\text{-}11)$$

其中：$L_{翼}$ 为机翼升力；$L_{尾}$ 为水平尾翼升力；$L_{身}$ 为机身升力；D 为空气阻力；T 为发动机推力（螺旋桨拉力/推力）；a、b、c、d、e 为这些力到无人机重心的垂直距离。

4.2.5.5 航向平衡

航向平衡，是指无人机做匀速直线运动，且不绕立轴转动的飞行状态。

当无人机匀速直线飞行时，使其绕立轴转动的偏航力矩主要由两边机翼的阻力和发动机的推力所产生。图 4-48 为航向力矩示意图。

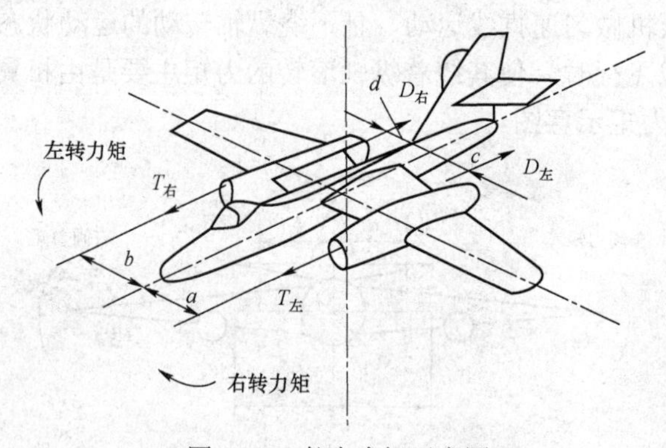

图 4-48 航向力矩示意图

为了使无人机不绕立轴转动，保持航向平衡，应使无人机的左转力矩总和等于右转力矩总和，即：

$$D_{左}c + T_{右}b = D_{右}d + T_{左}a \quad (4\text{-}12)$$

其中：$D_{左}$ 和 $D_{右}$ 为左侧和右侧的阻力；$T_{左}$ 和 $T_{右}$ 为左发动机和右发动机的推力；a、b、c、d 为这些力到无人机重心的垂直距离。

4.2.6 稳定性

固定翼无人机在飞行过程中会受到各种干扰，这些干扰使得无人机偏离原来的平衡状态，而在扰动消失以后，不需要通过飞行控制系统，就能自动恢复到原来的平衡状态的特性就是无人机的稳定性；相反，不能恢复到原来的平衡状态的特性就是不稳定性。

根据无人机绕机体坐标轴的运动形式不同，无人机飞行时的稳定性分为纵向稳定性、横向稳定性和航向稳定性。

4.2.6.1 纵向稳定性

纵向平衡是指无人机在纵向平面内做匀速直线运动，且不绕横轴转动的运动状态。当无人机受到扰动偏离原来的纵向平衡（俯仰方向）状态，并在扰动消失以后，能够恢复到原来的纵向平衡状态的特性，称为无人机的纵向稳定性。

无人机在飞行过程中，当迎角发生变化时，在机翼和水平尾翼上产生附加升力，虽然升力大小发生变化，但是附加升力的作用点保持不变，这个附加升力的合力作用点就是无人机的焦点。

当无人机受到扰动而机头上仰时，机翼和水平尾翼的迎角都会增大，产生一个向上的附加升力 ΔY，如果无人机的重心位于焦点之前，此时向上的附加升力会产生一个下俯的稳定力矩 ΔM_{Y1}，使无人机恢复到原来的稳定状态。反之，当无人机受到扰动而机头下俯时，机翼和水平尾翼的迎角减小，会产生向下的附加升力，该附加升力对重心形成一个上仰的稳定力矩，也使无人机恢复到原来的稳定状态。图 4-49（a）为重心与纵向稳定性之间的关系中重心在焦点前的情况。

无人机重心位置位于焦点之后时，无人机产生俯仰不稳定力矩。因为当无人机受扰动而迎角增大时，无人机的附加升力对无人机重心形成上仰的不稳定力矩，迫使迎角更加增大。反之，迎角减小时，俯仰不稳定力矩则迫使迎角更加减小。图 4-49（b）为重心与纵向稳定性之间的关系中重心在焦点后的情况。

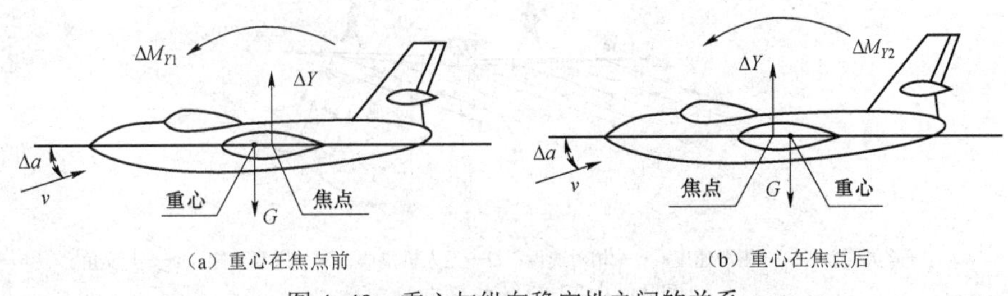

图 4-49　重心与纵向稳定性之间的关系

从以上分析可知，无人机的纵向稳定性主要取决于重心的位置，当重心位于焦点前，无人机具有纵向稳定性；反之，无人机重心位于焦点后，无人机具有纵向不稳定性。重心前移可以增加无人机的纵向稳定性，但纵向稳定性过大会影响升降舵操纵力矩，致使无人机难以抬头，导致无人机操纵性变差，因此纵向稳定性不是越大越好。

另外，无人机重心位置会随着无人机载重的分布情况不同而发生变化。当重心位置后移时，将削弱无人机的纵向稳定性，因此在配置无人机载重时，需要注意无人机上各载荷的位置，以保证重心位于所要求的范围内。

4.2.6.2　横向稳定性

无人机飞行受到扰动以致横向平衡遭到破坏，而在扰动消失后，无人机自身能产生一个恢复力矩，使得无人机趋于恢复原来的平衡状态，则无人机具有横向稳定性。

在飞行过程中，使无人机自动恢复到原来横向平衡状态的滚转力矩，主要由机翼上反角、机翼后掠角和垂直尾翼来实现。

1. 机翼上反角的作用

上反角是指机翼基准面和水平面的夹角，用 ψ 表示，当 $\psi<0$ 时，即为下反角。图 4-50 为上反角示意图。

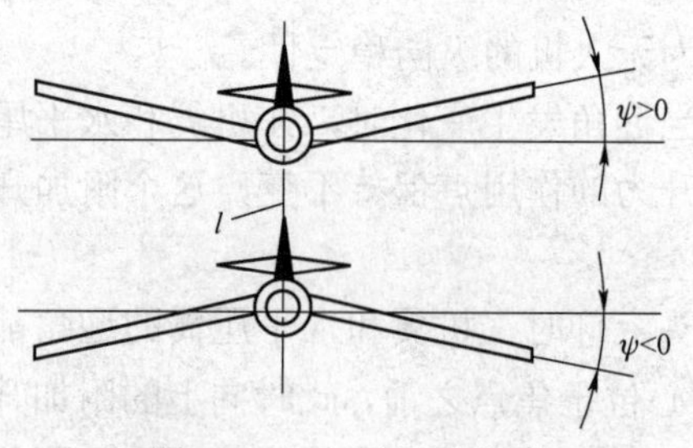

图 4-50　上反角示意图

图 4-51 为上反角与横向稳定性。从图 4-51 中可以看出，无人机在飞行过程中，当有一个左前方吹来的气流影响到无人机左翼，会使得左翼抬起，右翼下沉，这时无人机受到扰动而向右倾斜，沿着合力方向会向右前方产生侧滑。此时，因上反角的作用，右翼有效迎角增大，升力也增大；左翼则相反，有效迎角和升力都减小。左、右机翼升力之差形成的滚转力矩，力图减小或消除倾斜，进而消除侧滑，使无人机具有自动恢复横向平衡状态的趋势。

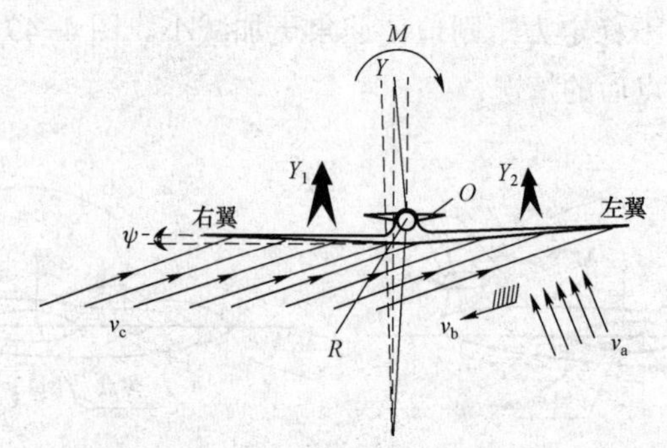

v_a—阵风速度；v_b—侧滑速度；v_c—相对速度；O—无人机重心；M—恢复力矩；ψ—上反角

图 4-51　上反角与横向稳定性

2. 机翼后掠角的作用

后掠角是指从机翼平均气动弦长连线自翼根到翼尖向后歪斜的角度。无人机在匀速直线飞行过程中，当有一个扰动从左前方吹来影响到无人机的左翼，会使左翼抬起，右翼下沉，无人机向右倾斜，并将沿着合力 R 的方向产生侧滑。图 4-52（a）为向右侧滑。由于后掠角的作用，右翼的有效速度（v_1）大于左翼的有效速度（v_3），因此在右翼上产生的升力大于在左翼上产生的升力，左、右机翼升力之差形成滚转力矩，力图减小或消除倾斜，使得无人机具有横向静稳定性。图 4-52（b）为后掠角对有效速度的影响。

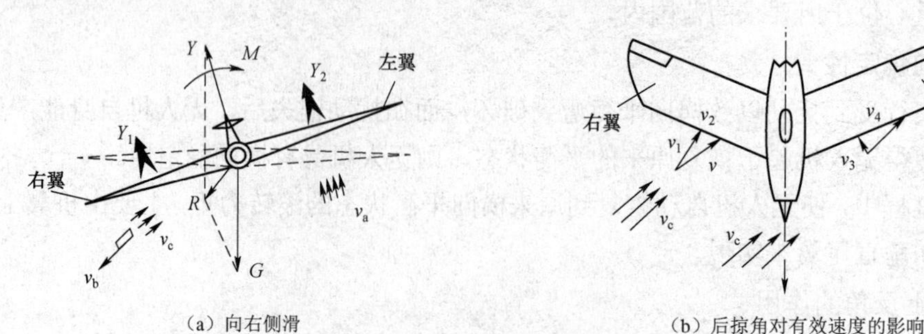

（a）向右侧滑　　（b）后掠角对有效速度的影响

v_a—阵风速度；v_b—侧滑速度；v_c—相对速度；M—恢复力矩

图 4-52　后掠角与横向稳定性

3. 垂直尾翼的作用

当无人机出现侧滑角时，在垂直尾翼上会产生侧力，因为垂直尾翼一般在机身的上方，垂直尾翼上产生附加侧力 ΔZ 的作用点高于无人机重心一段距离 l，此力将对无人机重心形成横向稳定恢复力矩 M，并力图消除倾斜和侧滑，使无人机恢复横向平衡状态。图 4–53 为垂直尾翼产生的横向稳定恢复力矩。

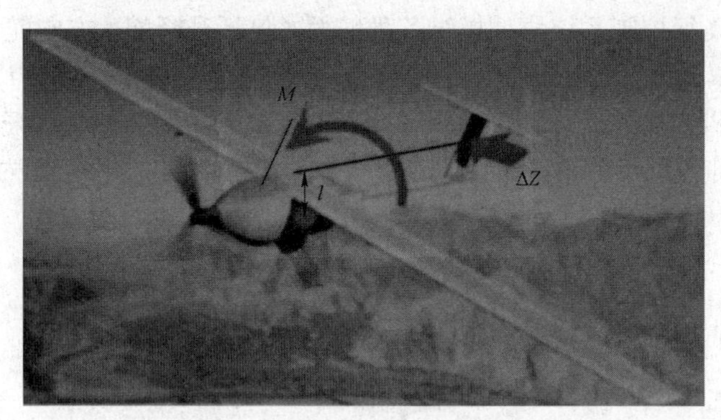

图 4–53　垂直尾翼产生的横向稳定恢复力矩

4.2.6.3　航向稳定性

航向稳定性，是指无人机飞行受到扰动以致航向平衡状态遭到破坏，而在扰动消失后，无人机能趋向于恢复原来的平衡状态。反之，就没有航向稳定性。

无人机主要靠垂直尾翼的作用来保证航向稳定性。假设有外界扰动从左前方吹来，使无人机偏离了原来的航向，产生向右的侧滑，相对气流方向和固定翼无人机的对称面之间有一个侧滑角 β，此时，空气从无人机的左前方吹来，作用在垂直尾翼上，产生向右的附加 Z，此力对无人机重心形成一个航向稳定恢复力矩 M，力图使机头左偏，消除侧滑，使无人机趋向于恢复航向平衡状态。图 4–54 为保证航向稳定性示意图。

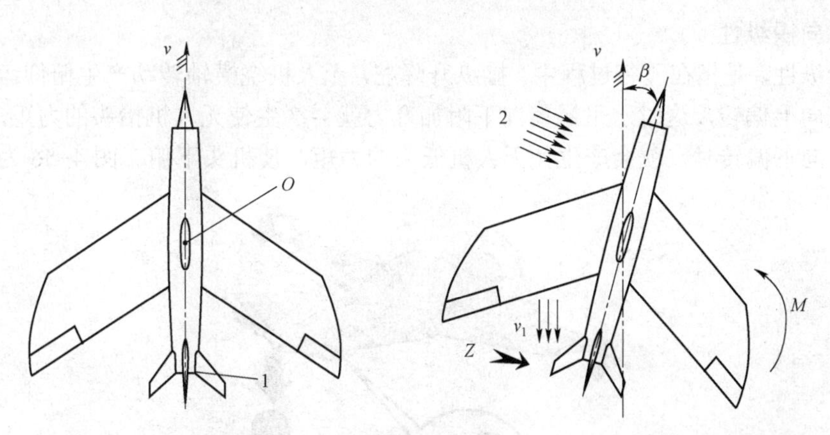

1—垂直尾翼；2—阵风；Z—附加力；M—恢复力矩；O—重心；v_1—相对速度；v—飞行速度

图 4–54　保证航向稳定性示意图

无人机稳定性的强弱一般由摆动衰减时间、摆动幅度、摆动次数来衡量。当无人机受到扰动后，恢复原来的平衡状态需要的时间越短、摆动幅度越小、摆动次数越少，无人机稳定性就越强。

另外需要指出的是，无人机的稳定性是其本身的一种特性，与无人机的操纵性有关系，二者需要协调统一，以获得最佳的无人机性能。

4.2.7 运动与操纵性

无人机在空中飞行需要不断改变飞行姿态，通过对其操纵，以完成各种飞行任务。操纵性是指无人机通过飞行控制系统协调操纵各种舵面（包括升降舵、方向舵、副翼等），以改变其飞行状态的特性。

前面讲过无人机的机体坐标轴包括横轴、纵轴、立轴。无人机绕横轴的运动称为俯仰运动；绕纵轴的运动称为滚转运动；绕立轴的运动称为偏航运动。图 4-55 为机体坐标轴及绕轴运动示意图。

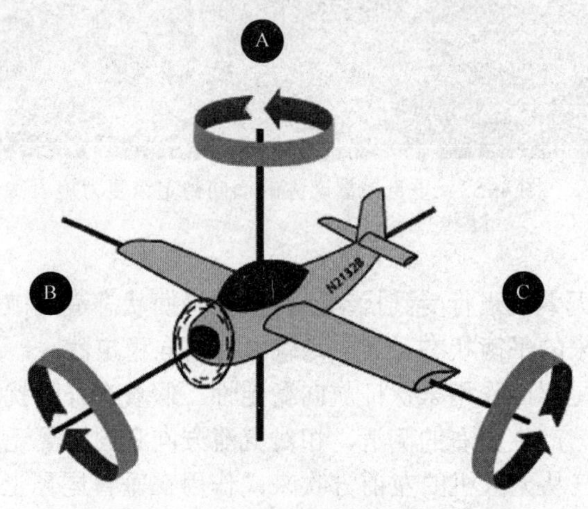

A—立轴；B—纵轴；C—横轴

图 4-55　机体坐标轴及绕轴运动示意图

4.2.7.1　纵向操纵性

纵向操纵性，是指在飞行过程中，操纵升降舵，无人机绕横轴转动产生俯仰运动的特性。

升降舵向上偏转，这时水平尾翼向下附加升力就会产生使无人机抬头的力矩，使机头上仰；升降舵向下偏转时，就会产生使无人机低头的力矩，使机头下俯。图 4-56 为俯仰运动。

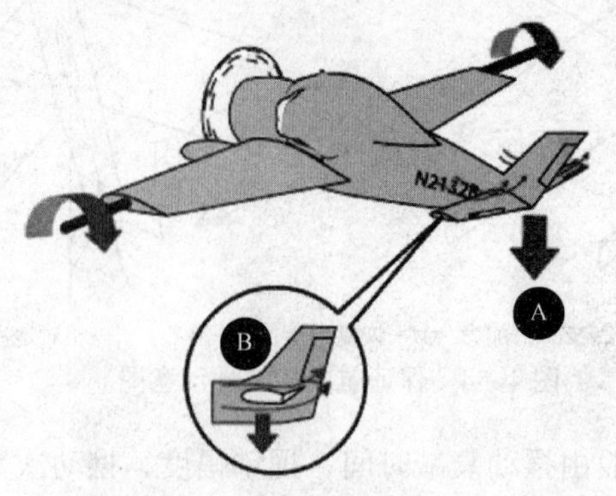

A—机尾运动（向下）；B—机尾下降，机头升起

图 4-56　俯仰运动

4.2.7.2　横向操纵性

横向操纵性，是指在飞行过程中，操纵副翼，无人机绕纵轴滚转或改变其滚转角速度和倾斜角等飞行状态的特性。

向左压副翼杆时，左翼向上偏转，右副翼向下偏转，这时左机翼升力减小，右机翼升力增大，则产生向左滚的滚转力矩，使无人机向左倾斜。反之，右副翼向上偏转，左副翼向下偏转，产生向右滚的滚转力矩，使无人机向右倾斜。图 4-57 为横向操纵。

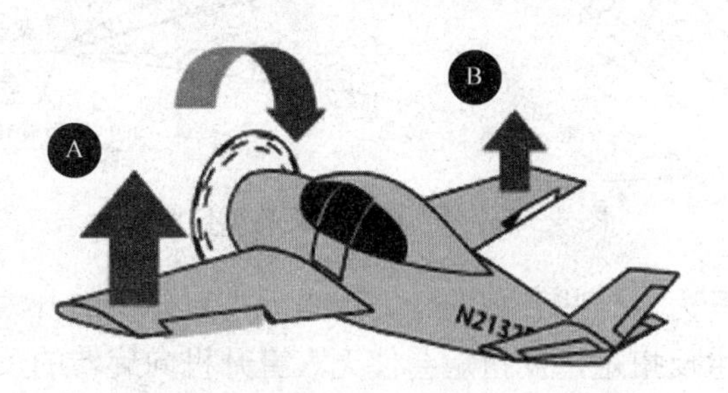

A—副翼降下，升力增加；B—副翼升起，升力下降

图 4-57　横向操纵

4.2.7.3　航向操纵性

航向操纵性，是指当操纵偏转方向舵后，无人机绕着竖轴转动而改变其侧滑角等飞行状态的特性。

方向舵向左偏转，在垂直尾翼上产生向右的附加侧力，该力使无人机产生向左的偏转力矩，使机头向左偏转；反之方向舵右偏转，无人机产生向右的偏转力矩，使机头向右偏转。

4.3　无人直升机飞行原理

无人直升机是一种重要的旋翼航空器，主要通过发动机驱动旋翼旋转作为推力和升力的来源。对于无人直升机而言，通过旋翼可以进行垂直起降及悬停，也可实现前飞、后飞、侧飞及定点回旋等。

4.3.1　升力

旋翼是无人直升机的关键部件，它由数片（至少 2 片）桨叶和桨毂构成，形状像细长的机翼的桨叶连接在桨毂上。桨毂安装在旋翼轴上，旋翼轴方向接近于铅垂方向，由发动机带动旋转。当旋翼旋转时，桨叶与周围空气相互作用，产生空气动力，向上克服无人直升机的重量，使其能够在空中飞行。

旋翼绕着桨毂旋转轴旋转时，每个叶片的工作原理与机翼类似。沿着旋翼旋转方向在半径 r 处切开，其剖面形状就是翼型。旋翼弦线与垂直于桨毂的旋转轴的平面之间的夹角称为桨叶的安装角（或桨距，或浆叶角），用 φ 表示。相对气流 v 与翼弦之间的夹角为该剖面的迎角 α。沿着半径方向，每段叶片上产生的空气动力 R 可以分解为沿着桨毂轴方向上的分量 F 和旋转平面上的分量 D。F 将提供悬停时所需要的拉力，D 产生的阻力力矩由发动机所提供的功率来克服。图 4-58 为无人直升机旋翼工作原理。

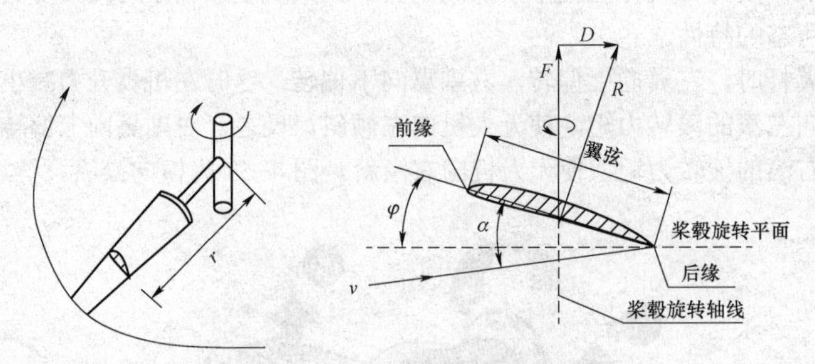

图 4-58　无人直升机旋翼工作原理

每一片桨叶都产生升力，这些升力的合力就是无人直升机的升力。无人直升机旋翼旋转产生升力，并对机身产生反扭矩，反扭矩会使无人直升机向旋转的反方向偏转，因此需要尾桨产生推动力来抵消反扭矩。

4.3.2　旋翼运动

无人直升机旋翼桨叶一边旋转一边随着无人直升机机体一起运动，两种运动的合成使桨叶的相对气流速度在旋转平面中左右两侧不对称，从而对无人直升机造成倾覆的危险。为了防止这种情况发生，需要采取一些措施。

4.3.2.1　挥舞运动

挥舞运动是指无人直升机桨叶在旋转过程中可以在垂直于旋翼平面的方向上自由上下的运动。

无人直升机在空中悬停或垂直升降时，旋翼处在轴流状态下，桨叶各切面的周向气流速度的大小等于该切面的圆周速度，且不随方位角改变。图 4-59（a）为悬停时的相对气流。前飞时，桨叶各切面的周向气流速度在不同的方位是不相同的。在方位角 90° 处拉力最大；后行桨叶的相对气流速度小则产生的拉力小；在方位角 270° 处，拉力最小。这样，就形成了旋翼左右两边拉力不对称的现象。图 4-59（b）为前飞时的相对气流。

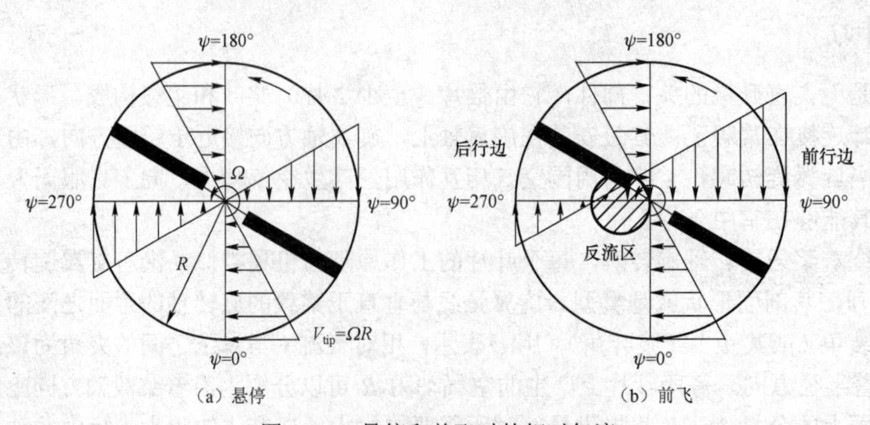

图 4-59　悬停和前飞时的相对气流

如果旋翼的桨叶和桨毂采用刚性连接的方式，就会形成较大的横侧不平衡力矩，迫使直升机向一侧倾覆。另外，桨叶拉力会使桨根处受到很大弯矩，桨叶拉力发生周期性变化，桨叶容易损坏。

为了克服上述问题，需要采用有挥舞铰的旋翼，使桨叶能够在旋转中自由上下运动，化解左右不对称气流对旋翼拉力的影响。

安装有挥舞铰的无人直升机前飞时，在桨叶相对气流不对称的影响下，因挥舞速度不同也会引起桨叶迎角变化。图 4-60 为桨叶挥舞时迎角变化情况，从图中可看出，在前飞的前行桨叶区，由于流经桨叶的相对气流速度增大，桨叶拉力也增大，桨叶绕挥舞铰向上挥舞，产生自上而下的相对气流，使桨叶迎角减小，于是桨叶拉力也减小，桨叶向上挥舞速度越大，桨叶迎角减小越多。同理，在后行桨叶区中，旋翼桨叶绕轴旋转时，由于流经桨叶的相对气流速度和拉力减小，桨叶向下挥舞，桨叶向下挥舞形成了自下而上的相对气流会使得桨叶迎角增大。可见，桨叶在向上挥和向下挥的过程中，可以自动调整自身的拉力，结果使拉力大致保持不变。因此，旋翼安装有挥舞铰之后，不仅消除了横侧不平衡力矩，也基本消除了拉力的不对称性。

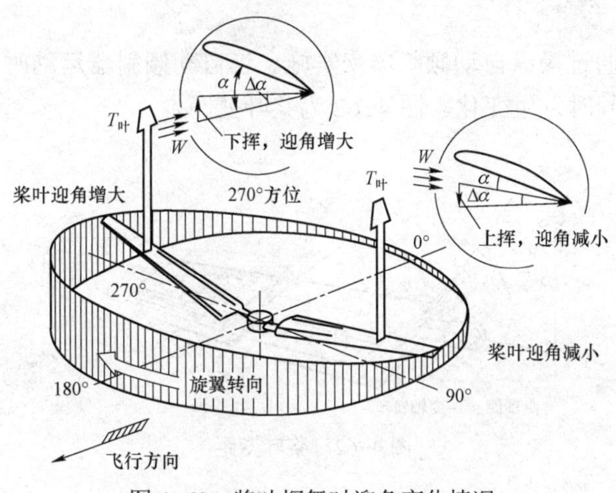

图 4-60　桨叶挥舞时迎角变化情况

4.3.2.2　摆振运动

无人直升机开始运行及停止运行都会使得桨叶旋转的角速度发生变化。当无人直升机前飞时，桨叶会上下挥舞，引起桨叶重心相对旋翼轴的距离发生周期性变化，桨叶的旋转角速度也会发生变化。当桨叶向上挥舞时，桨叶旋转角速度增大，桨叶加速旋转；桨叶向下挥舞时，桨叶旋转角速度减小，桨叶减速旋转。因此，在桨叶上下挥舞时，旋转平面内有一个促使转速变化的力作用在桨叶上，这个力称为科氏力。桨叶上下挥舞都会产生科氏力，科氏力的大小与桨叶挥舞运动速度有关，开始时上挥速度较小，科氏力也较小；随着上挥速度增大，科氏力也增大，科氏力对旋翼轴形成的力矩称为科氏力矩。由于桨叶的挥舞运动是周期变化的，桨叶加速或减速旋转时，受到科氏力大小和方向也周期变化，对桨叶不利。同时，桨叶旋转也会在桨根部产生惯性离心力，从而容易破坏螺旋桨。

采用摆振铰可以使桨叶受到科氏力作用后，在旋转平面内绕摆振铰前后摆动一定角度，消除了桨根受到的科氏力矩的影响，以减小桨叶的受载。桨叶上挥，科氏力使桨叶向前摆动；

桨叶下挥，科氏力使桨叶向后摆动。

摆振铰利用前行时阻力增大，使桨叶自然增大后掠角，这也变相增加桨叶在气流方向上剖面的长度，加强了减小迎角的作用；在后行时，阻力减小，阻尼器使桨叶恢复到正常位置，加强了增大迎角的作用。图 4-61 为摆振运动。

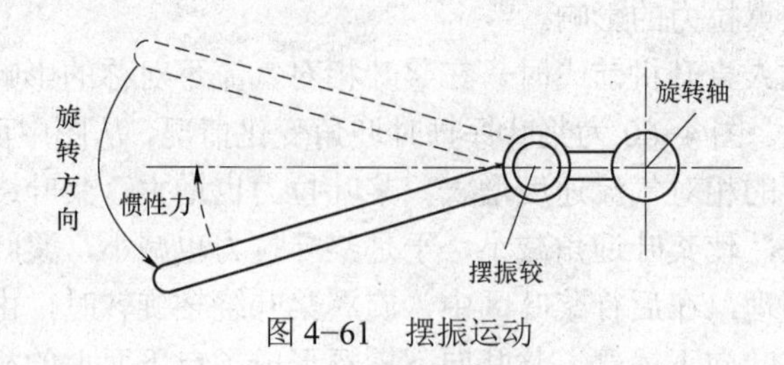

图 4-61　摆振运动

4.3.2.3　变距运动

桨叶绕变距铰转动来改变安装角或桨叶角，称为桨叶变距。

通常通过操纵总距杆来一起改变所有桨叶的桨距，通过周期变距杆来周期性地改变桨叶的桨距。

桨叶的变距还可通过操纵自动倾斜器来实施。当自动倾斜器运动时，可使桨叶的桨叶角进行周期变化，也可同时发生变化。图 4-62 为桨叶变距。

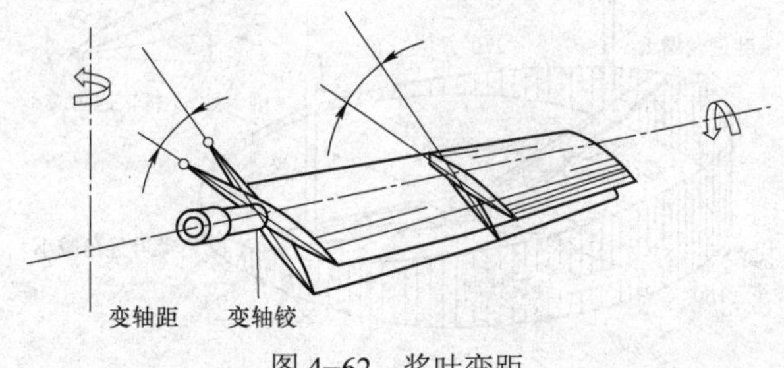

图 4-62　桨叶变距

4.3.3　稳定性

无人直升机在纵向、横向、航向 3 个运动方向上实现合力及合力矩为零，保持静止或匀速直线运动的状态就是平衡状态。

稳定性是一种运动属性，通常指物体保持固有运动状态或抵制外界扰动的能力。

无人直升机的稳定性是指平衡状态被破坏瞬间的运动趋势，包括 3 种形式，分别为静稳定、静不稳定和中性稳定。图 4-63 稳定性示意图。

静稳定，是指无人直升机受到外界瞬间干扰动作后，不经过人为干预，有自动恢复到原来平衡状态的趋势。

静不稳定，是指无人直升机受到外界瞬间干扰动作后，有扩大偏离平衡状态的趋势。

中性稳定，是指无人直升机受到外界瞬间干扰动作后，既无扩大偏离也不回到原来平衡状态的趋势。

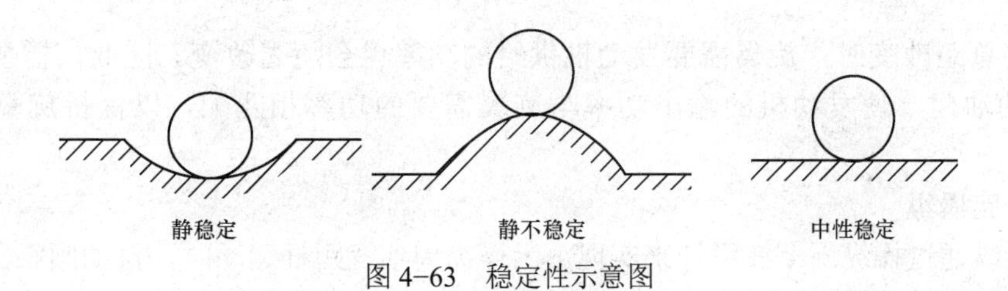

图 4-63　稳定性示意图

影响无人直升机稳定性的因素，主要有以下两个方面。

（1）飞行速度。在低速前飞时平尾提供静不稳定力矩，但随着前飞速度增大，当旋翼尾流不影响到平尾时，平尾能改善直升机的速度稳定性；同时在较大速度下，平尾也能改善直升机的迎角稳定性。

（2）重心位置。无人直升机重心位置对迎角稳定性有明显的影响，后重心时的迎角不稳定性要比正常重心时严重，这是由于旋翼拉力增量对重心产生的力矩是不稳定的抬头力矩。为了控制旋翼对迎角的不稳定程度，要严格限制无人直升机的后重心。

4.3.4　操纵性

无人直升机操纵系统是指传递操纵指令，进行总距操纵、变距操纵和航向操纵的操纵机构和操纵线路。

4.3.4.1　总距操纵

总距操纵通过操纵总距杆来实现。总距操纵可以操纵旋翼的总桨距，使所有桨叶的桨距同时增大或减小，从而改变旋翼拉力的大小，实现无人直升机的垂直上升和下降。图 4-64 为总距操纵。

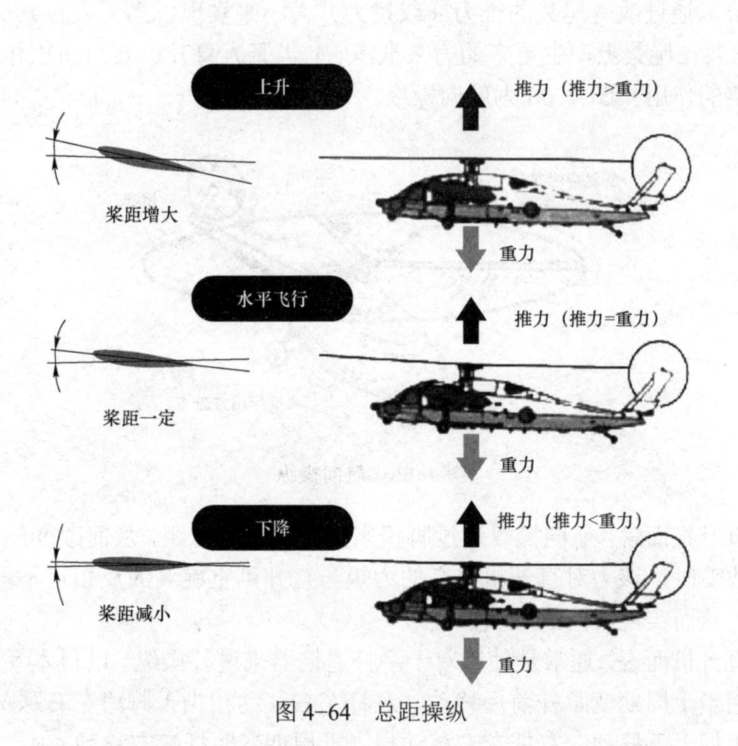

图 4-64　总距操纵

旋翼的总距改变时，旋翼需要发动机供给的功率也会随之改变。因此，需要相应地调整发动机的油门，使发动机的输出功率与旋翼需要的功率相匹配，以保持旋翼旋转速度不变。

4.3.4.2 变距操纵

变距操纵通过操纵周期变距杆来实现。当操纵周期变距杆运动时，自动倾斜器使桨叶的桨距周期性地发生改变，从而使桨叶升力周期性地改变，并由此引起桨叶周期性挥舞，最终使得旋翼椎体相对机体向着操纵杆运动方向倾斜，从而实现无人直升机前后左右运动。图 4-65 为变距操纵。

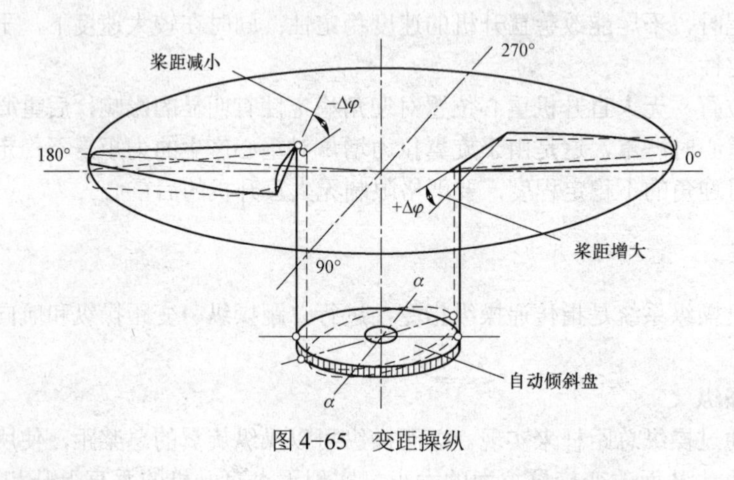

图 4-65 变距操纵

4.3.4.3 航向操纵

航向操纵可以通过改变尾桨的推力（或拉力）大小来实现。当无人直升机要沿扭矩相反方向偏航时，需要在尾桨上产生更多的力来抵消它；当无人直升机要沿扭矩相同方向偏航时，则需要减小尾桨的作用。图 4-66 为航向操纵。

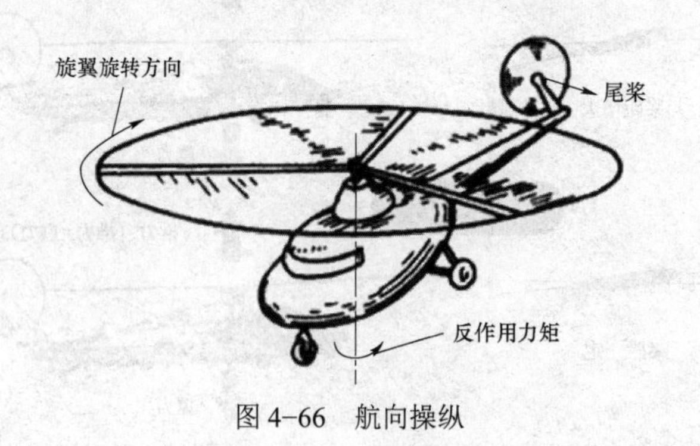

图 4-66 航向操纵

对于有人直升机而言，航向操纵通过脚蹬来操纵尾桨的总距，从而改变尾桨的推力大小。当尾桨的推力改变时，该力对直升机重心的力矩与直升机主旋翼的反扭矩不再平衡，直升机绕着立轴旋转，从而实现航向的改变。

对于无人直升机而言，通常是使用双十字杆遥控器来进行操纵。以日本手操纵方式为例，左杆上下移动相当于周期变距杆前后移动，左杆左右移动相当于脚蹬左右踩踏；右杆上下移动，相当于总距杆上下移动，右杆左右移动相当于周期变距杆左右移动。

4.4　多旋翼无人机飞行原理

多旋翼无人机升力产生的原理与无人直升机升力产生的原理相似，也是通过旋翼旋转产生，但与无人直升机相比，多旋翼无人机的结构和控制方式更简单，应用领域更广。多旋翼无人机主要通过电机驱动螺旋桨，通过调节电机的转速来改变旋翼转速，从而实现升力变化，并控制无人机的飞行姿态。

我们以十字形布局和 X 形布局的四旋翼为例，分别进行介绍。十字形布局四旋翼无人机的四个旋翼对称分布在机体的前、后、左、右四个方向；X 形布局四旋翼无人机的四个旋翼对称分布在机体的左前、左后、右后、右前四个方向。图 4–67 为四旋翼无人机的布局。两种布局的四个旋翼处于同一高度，且四个旋翼的结构和半径都相同，四个电机分别安装在四个支架的末端，带动螺旋桨旋转。无论是十字形布局还是 X 形布局，为了抵消旋翼在旋转时产生的扭转力矩，相互对应的两个旋翼的旋转方向相同，而相邻旋翼的旋转方向正好相反，即电机 1 和电机 3 逆时针旋转的同时，电机 2 和电机 4 顺时针旋转，这样四个电机的反转扭矩彼此抵消。

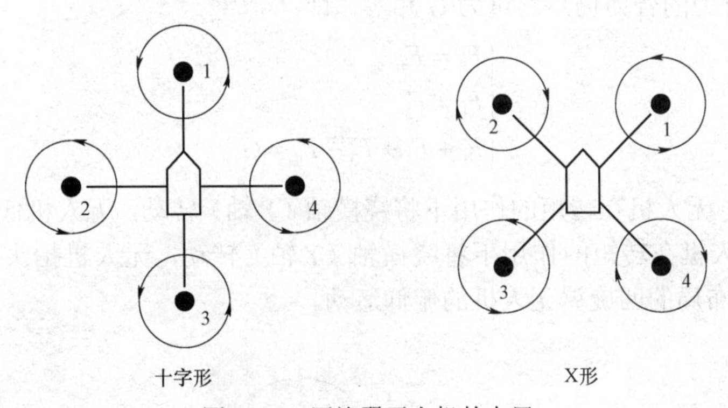

图 4–67　四旋翼无人机的布局

4.4.1　垂直升降运动与悬停

垂直升降运动，是指无人机克服自身重力进行上升和下降的运动。四个旋翼由电机带动旋转，产生向上的升力 F_1、F_2、F_3、F_4，这些升力大小相同，则总升力 F 为：

$$F=F_1+F_2+F_3+F_4 \tag{4-13}$$

无论是十字形布局还是 X 形布局，同时增大四个电机的输出功率，旋翼旋转速度增大，总升力 F 增大，当总升力 F 大于重力 G 时，无人机做垂直上升运动；当降低电机转速，无人机受到的总升力 F 减小，小于无人机自身重力 G 时，无人机做垂直下降运动；当无人机受到的总升力 F 和自身重力 G 相等时，无人机处于悬停状态。图 4–68 为四旋翼无人机的垂直升降运动与升力。

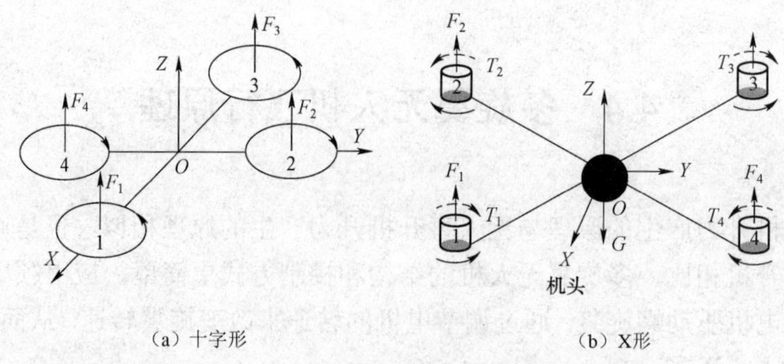

（a）十字形　　（b）X形

图 4-68　四旋翼无人机的垂直升降运动与升力

4.4.2　俯仰运动

俯仰运动，是指无人机绕横轴（Y 轴）转动，以无人机机体纵轴（X 轴）正方向为无人机前进方向的运动。

无人机悬停状态下，其受力是平衡的，当要做俯仰运动时，就需要改变电机的转速，使得 F_1、F_2、F_3、F_4 发生变化，打破之前的平衡。对于不同旋翼布局的无人机而言，其工作方式不同。

对于十字形布局的四旋翼无人机而言，左右两个电机保持转速相同，而前后两个电机转速发生变化，但升力的合力仍然与重力 G 相等，即：

$$\begin{cases} F_2 = F_4 \\ F_1 \neq F_3 \\ F_1 + F_2 + F_3 + F_4 = G \end{cases} \tag{4-14}$$

当 $F_1 < F_3$ 时，无人机在转矩的作用下将绕横轴（Y 轴）转动，无人机低头，即俯转运动；当 $F_1 > F_3$ 时，无人机在转矩的作用下将绕横轴（Y 轴）转动，无人机抬头，无人机向后仰。图 4-69 为十字形布局的四旋翼无人机的俯仰运动。

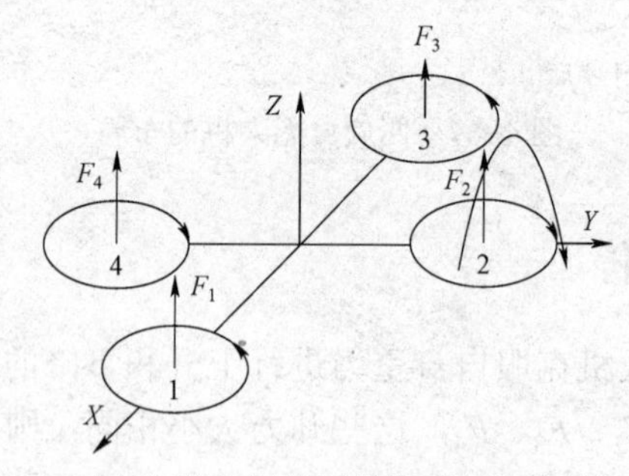

图 4-69　十字形布局的四旋翼无人机的俯仰运动

对于 X 形布局的四旋翼无人机而言，前面的两个电机转速同时变化并保持相等，后面的两个电机转速同时变化并保持相等，但是升力的合力仍然与重力 G 相等，即：

$$\begin{cases} F_1 = F_4 \\ F_2 = F_3 \\ F_1 + F_2 + F_3 + F_4 = G \end{cases} \tag{4-15}$$

当 $F_2+F_3>F_1+F_4$ 时，无人机在转矩的作用下将绕横轴（Y 轴）转动，无人机低头，即俯转运动；当 $F_2+F_3<F_1+F_4$ 时，无人机在转矩的作用下将绕横轴（Y 轴）转动，无人机抬头，无人机向后仰。图 4–70 为 X 形布局的四旋翼无人机的俯仰运动。

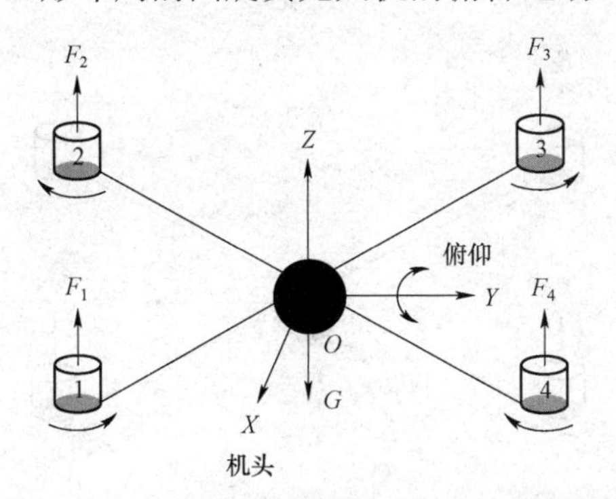

图 4–70　X 形布局的四旋翼无人机的俯仰运动

4.4.3　滚转运动

滚转运动，是指四旋翼无人机绕纵轴（X 轴）转动，X 形布局和十字形布局的四旋翼无人机的控制方法各不相同。

对于十字形布局的四旋翼无人机而言，前后两个电机保持转速相同，而左右两个电机转速变化，但升力的合力仍然与重力 G 相等，即：

$$\begin{cases} F_1 = F_3 \\ F_2 \neq F_4 \\ F_1 + F_2 + F_3 + F_4 = G \end{cases} \tag{4-16}$$

当 $F_2<F_4$ 时，无人机在转矩的作用下将绕纵轴（X 轴）转动，产生左横滚运动；当 $F_2>F_4$ 时，无人机在转矩的作用下将绕纵轴（X 轴）转动，产生右横滚运动。图 4–71 为十字形布局的四旋翼无人机的滚转运动。

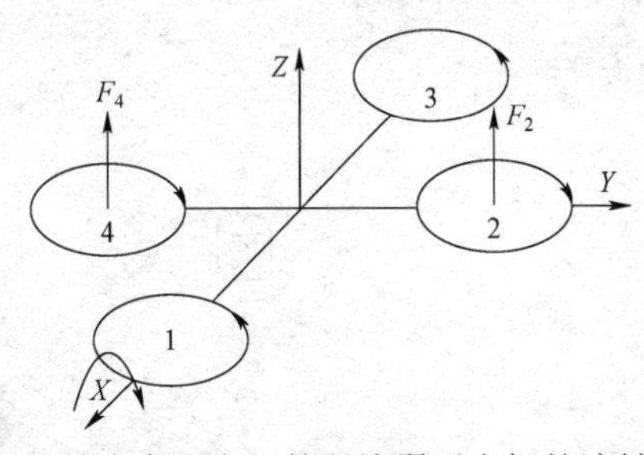

图 4–71　十字形布局的四旋翼无人机的滚转运动

对于 X 形布局的四旋翼无人机而言，左边的两个电机转速同时变化并保持相等，右边的两个电机转速同时变化并保持相等，但是升力的合力仍然与重力 G 相等，即：

$$\begin{cases} F_1 = F_2 \\ F_3 = F_4 \\ F_1 + F_2 + F_3 + F_4 = G \end{cases} \tag{4-17}$$

当 $F_3+F_4>F_1+F_2$ 时，无人机在转矩的作用下将绕纵轴（X 轴）转动，产生右横滚运动；当 $F_3+F_4<F_1+F_2$ 时，无人机在转矩的作用下将绕纵轴（X 轴）转动，产生左横滚运动。图 4-72 为 X 形布局的四旋翼无人机的滚转运动。

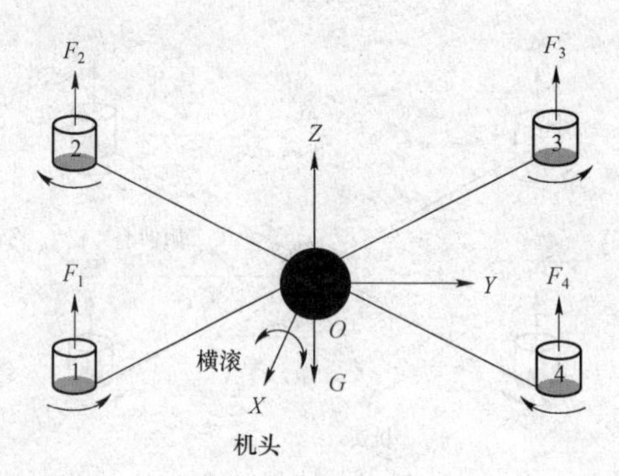

图 4-72　X 形布局的四旋翼无人机的滚转运动

4.4.4　偏航运动

偏航运动，是指无人机绕立轴（Z 轴）的自旋运动，无论是十字形布局还是 X 形布局的四旋翼无人机，其偏航运动实现方法一致。

电机 1、3 逆时针转动，电机 2、4 顺时针转动，对角的两个电机转速同时变化并保持相等，另一对角的两个电机转速同时变化并保持相等，但两个对角各自转速不同，从而使得反转力矩满足对角的反扭矩相等，而相邻的反扭矩不同，但是升力的合力仍然与重力 G 相等，即：

$$\begin{cases} T_1 = T_3 \\ T_2 = T_4 \\ F_1 + F_2 + F_3 + F_4 = G \end{cases} \tag{4-18}$$

若 $T_1+T_3>T_2+T_4$，则无人机顺时针转矩大于逆时针转矩，无人机将发生顺时针旋转偏航运动；若 $T_1+T_3<T_2+T_4$，则无人机将发生逆时针旋转偏航运动。图 4-73 为十字形布局和 X 形布局的四旋翼无人机的偏航运动。

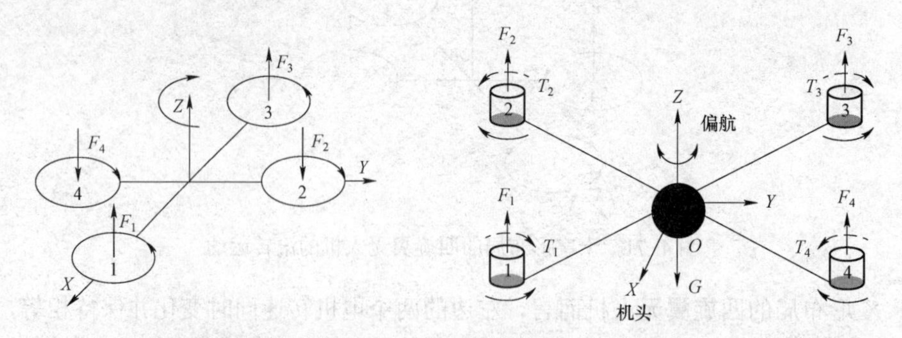

图 4-73　十字形布局和 X 形布局的四旋翼无人机的偏航运动

4.4.5　前后运动

前后运动，是指无人机沿着纵轴（X 轴）在前后方向发生位移的运动。不同布局的四旋翼无人机前后运动实现方法不同。

对于十字形布局的四旋翼无人机而言，增大电机 3 的转速时升力增大，相应减小电机 1 的转速时升力减小，保持电机 2、4 的转速不变，并使得反扭矩仍然保持平衡，此时无人机会产生向前的倾斜，从而使旋翼升力产生一个水平前进的分量，实现无人机向前的运动；反之，则产生向后的运动。图 4-74 为十字形布局的四旋翼无人机的前后运动。

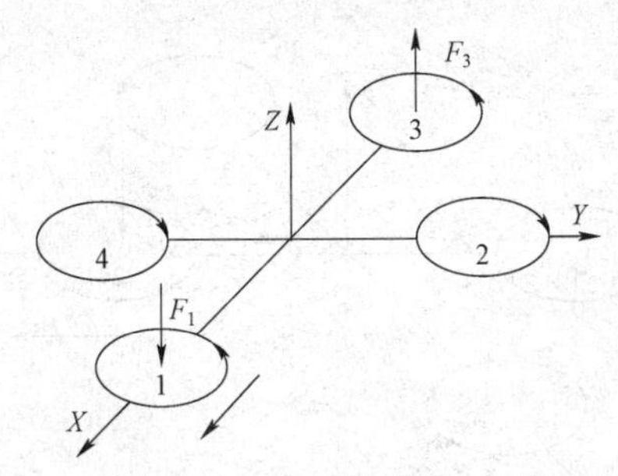

图 4-74　十字形布局的四旋翼无人机的前后运动

对于 X 形布局的四旋翼无人机而言，在同一侧的两个电机转速同时减小并保持相等，另一侧的两个电机转速同时增大并保持相等，并且升力的合力大于重力 G，但仍然保持对角的反转力矩之和相同，即：

$$\begin{cases} F_1 = F_4 \\ F_2 = F_3 \\ F_2 + F_3 > F_1 + F_4 \\ F_1 + F_2 + F_3 + F_4 > G \\ T_1 + T_3 = T_2 + T_4 \end{cases} \tag{4-19}$$

此时，无人机做横滚运动，升力在水平方向的分力，对左右位移进行修正和控制，横滚角为ψ，当满足升力的垂直分力与重力相等时，即 $F\cos\psi=G$，在没有外力干扰的情况下，四旋翼无人机将在水平分力 $F\sin\psi$ 的作用下，沿左侧方向做加速运动，不发生自转及上下垂直运动。图 4-75 为 X 形布局的四旋翼无人机的前后运动示意图及受力分析。

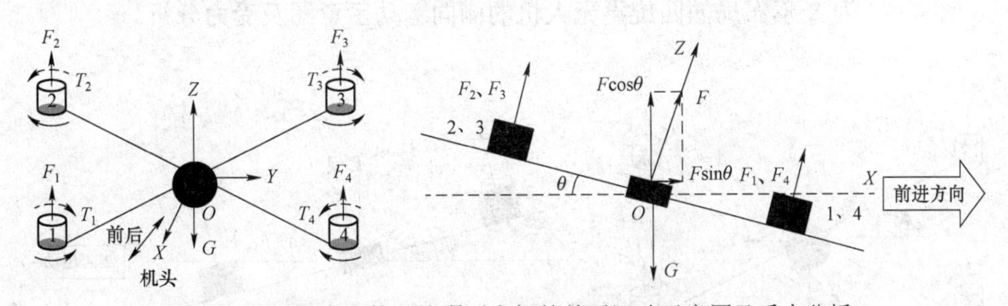

图 4-75　X 形布局的四旋翼无人机的前后运动示意图及受力分析

4.4.6　侧向运动

侧向运动，是指无人机沿着横轴（Y 轴）左右方向发生位移的运动，不同布局的四旋翼无人机侧向运动实现方法不同。

对于十字形布局的四旋翼无人机而言，增大电机 4 的转速，使升力增大，相应减小电机 2 的转速，使升力减小，保持电机 1、3 的转速不变，并使得反扭矩仍然保持平衡，此时无人机会产生向左的倾斜，从而使旋翼升力产生一个向左的分量，实现无人机向左的运动；反之，则产生向右的运动。图 4-76 为十字形布局的四旋翼无人机的侧向运动。

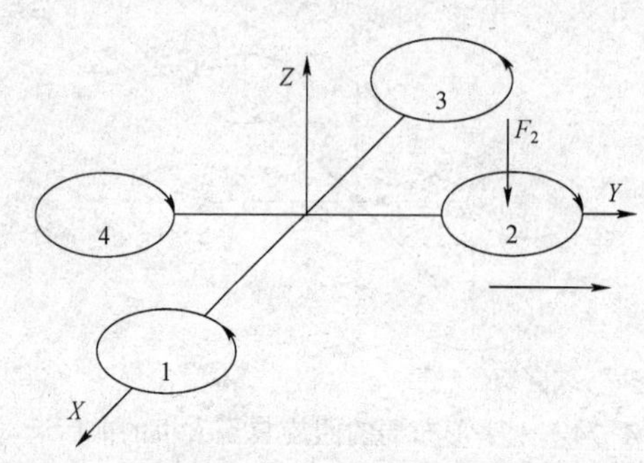

图 4-76　十字形布局的四旋翼无人机的侧向运动

对于 X 形布局的四旋翼无人机而言，在同一侧的两个电机转速同时减小并保持相等，另一侧的两个电机转速同时增大并保持相等，并且升力的合力大于重力，但仍然保持对角的反转力矩之和相同，即：

$$\begin{cases} F_1 = F_2 \\ F_3 = F_3 \\ F_1 + F_2 > F_3 + F_4 \\ F_1 + F_2 + F_3 + F_4 > G \\ T_1 + T_3 = T_2 + T_4 \end{cases} \tag{4-20}$$

此时，无人机做横滚运动，升力在水平方向的分力，对左右位移进行修正和控制，横滚角为ψ，当满足升力的垂直分力与重力相等时，即$F\cos\psi = G$，在没有外力干扰的情况下，四旋翼无人机将在水平分力$F\sin\psi$的作用下，沿左侧方向做加速运动，不发生自转及上下垂直运动。图 4-77 为 X 形布局的四旋翼无人机的侧向运动示意图及受力分析。

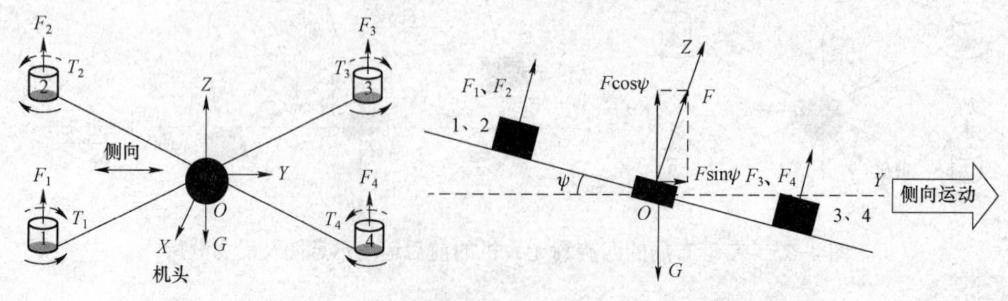

图 4-77　X 形布局的四旋翼无人机的侧向运动示意图及受力分析

本章练习

（一）选择题

1. 多旋翼无人机通过改变（　　）来控制飞行轨迹。

（A）总距杆

（B）转速

（C）尾桨

2. 无人机配平主要考虑的是（　　）沿纵轴的前后位置。

（A）气动焦点

（B）发动机

（C）重心

3. 对于带襟翼无人机，放下襟翼，无人机的升力将（　　），阻力将（　　）。

（A）增大，减小

（B）增大，增大

（C）减小，减小

4. 对于带襟翼无人机，放下襟翼，无人机的失速速度将（　　）。

（A）增大

（B）减小

（C）不变

5. 相同迎角，飞行速度增大一倍，阻力增大为原来的（　　）。

（A）一倍

（B）二倍

（C）四倍

6. 在稳定的直线飞行中，下面关于无人机升力的说法，正确的是（　　）。

（A）空速小时必须减小迎角，以产生足够的升力来保持高度

（B）空速小时必须增大迎角，以产生足够的升力来保持高度

（C）空速大时必须增大迎角，以产生足够的升力来保持高度

7. 根据机翼的设计特点，其产生的升力来自于（　　）。

（A）机翼上下表面的正压

（B）机翼下表面的负压和上表面的正压

（C）机翼下表面的正压和上表面的负压

8. 偏转副翼使固定翼无人机转弯时，机翼阻力（　　）。

（A）使无人机向转弯内侧偏转

（B）使无人机向转弯外侧偏转

（C）对无人机的转弯没有影响

9. 固定翼无人机转弯时，为保持高度需要增大迎角，原因是（　　）。

（A）保持升力的垂直分量不变

（B）用以使机头沿转弯方向转动

（C）保持升力的水平分量不变

10. 固定翼无人机失速的原因是（　　）。
（A）速度太小
（B）速度太大
（C）迎角超过临界迎角

11. 固定翼无人机在地面效应区时，引起的气动力变化是（　　）。
（A）升力增大、阻力减小
（B）升力减小、阻力增大
（C）升力增大、阻力增大

12. 无人机的压力中心是（　　）。
（A）压力最低的点
（B）压力最高的点
（C）升力的着力点

13. 具有纵向稳定性的无人机，重心（　　）。
（A）位于焦点前
（B）位于焦点后
（C）与焦点重合

14. 无人机的横向稳定性有助于（　　）。
（A）使机翼恢复到水平状态
（B）使无人机保持航向
（C）使无人机保持迎角

15. 下面关于桨叶的挥舞调节说法正确的是（　　）。
（A）桨叶角的大小随桨叶挥舞角的改变而变化的这一特点，称为桨叶的上反效应
（B）直升机的旋翼的桨叶上挥时，变距拉杆拉住变距摇臂使桨叶角增大
（C）直升机的旋翼的桨叶下挥时，变距拉杆顶住变距摇臂使桨叶角增大

16. 流体的黏性与温度之间的关系是（　　）。
（A）液体的黏性随温度的升高而增大
（B）气体的黏性随温度的升高而增大
（C）液体的黏性与温度无关

17. 气流沿机翼表面附面层类型的变化是（　　）。
（A）可由紊流变为层流
（B）可由层流变为紊流
（C）一般不发生变化

18. 为了飞行安全，无人机飞行时的升力系数和迎角一般为（　　）。
（A）最大升力系数和临界迎角最大值
（B）最大升力系数和小于临界迎角的迎角限定值
（C）小于最大升力系数和临界迎角的两个限定值

19. 前缘缝翼的主要作用是（　　）。
（A）放出前缘缝翼，可增大无人机的临界迎角

（B）增大机翼升力

（C）减小阻力

20. 在平衡外载荷的作用下，无人机飞行的轨迹（　　）。

（A）一定是直线的

（B）一定是水平直线的

（C）是直线的或是水平曲线的

（二）简答题

1. 用伯努利定理和连续性定理证明下图中 A、B、C 三处截面压力大小。

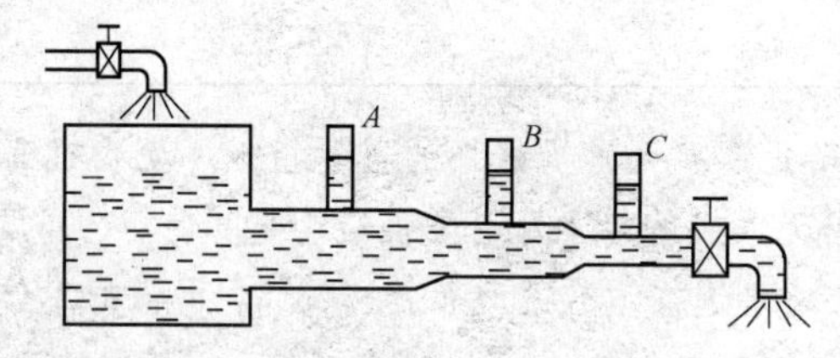

2. 简述什么是失速，以及失速产生的原因。
3. 阻力包括哪几种？每种阻力的特点是什么？
4. 简述固定翼无人机的平衡包括哪几种。

第 5 章　无人机飞行性能

飞行性能是衡量一架无人机好坏的重要指标。无人机驾驶员在执行飞行任务前，需要了解无人机的起飞及着陆性能、速度性能、高度性能、飞行距离性能等，根据任务需求选择适合的飞行器，以科学严谨的工作态度保证顺利安全完成飞行任务。

思政目标

通过学习无人机飞行性能知识，提高学生飞行安全实践能力，强化学生的规范意识，培养工匠精神。

学习目标

1. 掌握判定飞行性能的指标和判别方法。
2. 了解无人机的机动飞行。

5.1　飞行性能指标

5.1.1　起飞、着陆性能

无人机的起飞和着陆是实现一次完整的飞行必不可少的两个环节。起飞、着陆性能的好坏有时甚至影响到无人机能否执行及顺利完成正常飞行任务。无人机的起飞、着陆性能指标可以概括为两部分：一是起飞/着陆距离；二是起飞离地/着陆接地速度。后者除影响起飞/着陆距离外，还牵涉起降的安全问题。无人直升机和多旋翼无人机可实现垂直起降，与固定翼无人机相比较为简单，下面我们以固定翼无人机的起降为例进行起飞和着陆性能的说明。

5.1.1.1　起飞性能

无人机的起飞主要包括两个阶段，分别是地面滑跑、过渡爬升和爬升。首先，无人机从静止状态启动，并沿跑道加速（这时无人机前轮着地，迎角较小）。接下来，无人机继续沿着跑道做加速运动，当滑跑速度超过无人机起飞构型的失速速度（v_S）而达到抬前轮的速度

v_R 时，无人机驾驶员操纵无人机使其前轮离地。抬起前轮后，无人机继续沿着跑道滑行，其速度逐渐大到离地速度 v_{lof}，无人机离开跑道开始爬升，并快速达到安全高度。图 5-1 为无人机的起飞过程示意图。

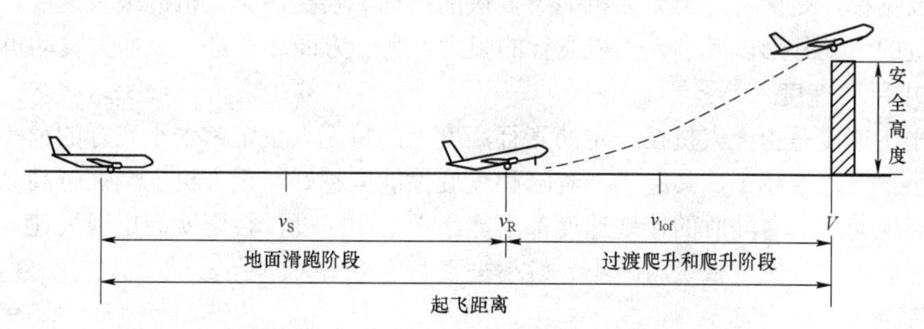

图 5-1　无人机的起飞过程示意图

在这里我们需要区分两个概念，分别是起飞距离和地面滑跑距离。地面滑跑距离是无人机从静止经过加速直至达到离地速度滑过的距离。起飞距离是无人机从静止到离地再到爬升至安全高度为止所经历的距离的总和。起飞距离大于地面滑跑距离。并且，起飞距离越短，说明无人机的起飞性能越好。

5.1.1.2　着陆性能

着陆性能主要看无人机的进场速度和着陆距离。无人机进场速度是指无人机着陆前下滑至安全高度处的瞬时速度。

着陆的过程为：从无人机的最终进近高度开始，此时无人机的速度为进场速度，当无人机下降至拉平高度时做拉平动作，然后逐渐减速至接地速度，接地后无人机做短时间的自由滑行，最后刹车减速滑行直至停止。

总体来说，着陆分为进场、拉平、自由滑行、刹车 4 个阶段。分别计算每一阶段的距离，然后累加就可以得到总的着陆距离。

进场速度直接影响着陆距离，进场速度越小，着陆距离越短，着陆性能越好，飞行安全性越高。图 5-2 为无人机的着陆过程示意图。

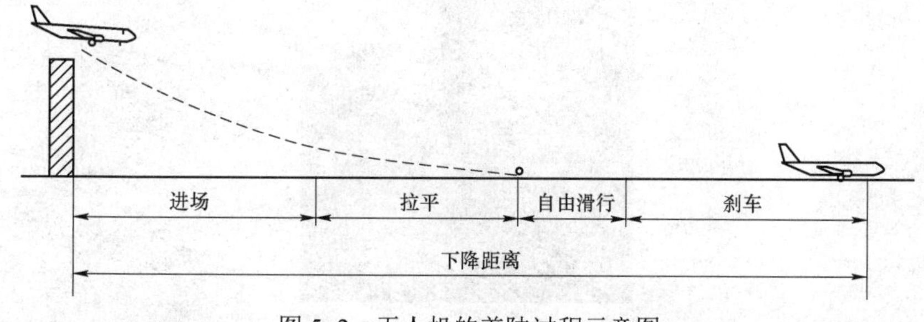

图 5-2　无人机的着陆过程示意图

5.1.2　速度性能

无人机的速度性能指标主要包括最大平飞速度、最小平飞速度、巡航速度。

1. 最大平飞速度

最大平飞速度是指无人机在一定的高度上水平飞行时，在一定距离内（一般不小于 3 km）发动机以最大推力工作所能达到的最大飞行速度，通常简称最大速度。这是衡量无人机性能的一个重要指标，是衡量一架无人机能飞多快的指标。要提高无人机的最大速度，一方面需要采用先进的气动外形以减小无人机飞行的阻力，另一方面还要进一步增大发动机的推力。

2. 最小平飞速度

最小平飞速度是指无人机在一定的飞行高度上维持无人机定常水平飞行的最小速度。无人机的最小平飞速度越小，其起飞、着陆和盘旋性能就越好，无人机安全性越高。无人机在起飞时的离地速度和着陆时的接地速度都不能小于这个速度，否则就会出现失速。随着无人机飞行高度的增加，空气密度将减小，最小平飞速度将增大。

3. 巡航速度

巡航是无人机为执行远距离、长时间的飞行任务而选择的经济性较好的飞行状态。在发动机每千米消耗燃料最少情况下的飞行速度，称为巡航速度。巡航速度有两种：对应于千米耗油量最小的飞行状态，其速度称为远航速度；对应于小时耗油量最小的飞行状态，其速度称为久航速度。通常远航速度大于久航速度。现代喷气无人机的巡航推力通常为最大推力的65%～75%。巡航速度通常为最大平飞速度的 70%～80%。

5.1.3 高度性能

1. 爬升率

在航空学上，爬升率指的是飞机的垂直速度，即高度上的变化速率，单位是 m/s。负的爬升率表示高度下降。无人机在某一高度上，以最大油门状态，按不同爬升角爬升，所能获得的爬升率的最大值称为该高度上的最大爬升率。图 5–3 为爬升过程中的无人机。

图 5–3 爬升过程中的无人机

2. 升限

升限是衡量一架无人机能飞多高的指标。理论升限是指，无人机稳定上升，爬升率减小到零时的最大飞行高度。因高空飞行时，随着无人机高度的增加，剩余推力越来越小，爬升率也随之变小，每上升 1 m 所需的时间也越来越长，要达到爬升率为零的高度所需的时间几乎无穷大，而无人机的油量有限，所以用直线稳定上升的办法实际是达不到这一高度的。这一高度是根据理论计算得出的，并非实际飞行所能达到的升限。因此通常我们使用“实用升限”来表明某无人机的高度性能。

实用升限是在给定的重量和发动机工作状态下，无人机在垂直平面内作等速爬升时，爬升率达到某一个值时所对应的飞行高度，例如，对于亚声速飞行，最大爬升率为 0.5 m/s 时的飞行高度；对于超声速飞行，最大爬升率为 5 m/s 时的飞行高度。图 5-4 为升限示意图。

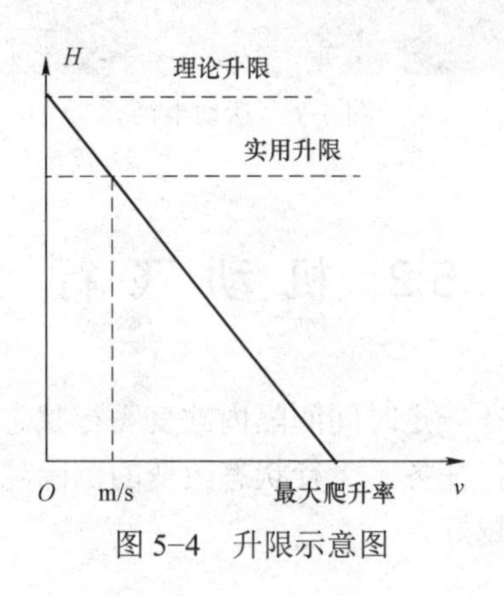

图 5-4　升限示意图

5.1.4　飞行距离性能

飞行距离由航程、续航时间、活动半径来进行衡量。

航程是指无人机在不加油的情况下所能达到的最远水平飞行距离，发动机的耗油率是决定无人机航程的主要因素。

续航时间是指无人机耗尽其可用燃料所能持续飞行的时间。图 5-5 为无人机续航示意图。

图 5-5　无人机续航示意图

活动半径是指在无风的大气中，无人机以任务所需的几何构型及起飞重量，从机场起飞，沿预定的飞行剖面到达某一空域，完成指定任务后返回机场，并在使用完规定的燃油情况下，由机场至该空域的水平距离。图 5-6 为活动半径。

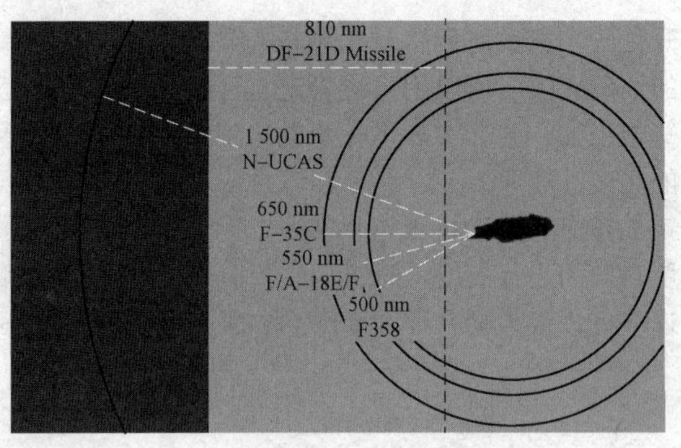

图 5-6　活动半径

5.2 机动飞行

无人机的机动飞行是指其在一定时间间隔内改变飞行状态的能力。对无人机机动性能的要求取决于无人机要完成的飞行任务。飞行状态改变的范围越大，改变相同飞行状态所需时间越短，无人机的机动性能就越好。

5.2.1 常规机动飞行

根据作用在无人机上力的大小、方向和无人机运动的特征，常规机动飞行包括以下几种。

1. 方向机动飞行

无人机在空中改变飞行方向的机动飞行。无人机改变相同角度飞行方向所需的时间越短，转弯半径越小，方向机动性能就越好。

2. 速度机动飞行

无人机在空中改变速度的机动飞行。无人机增大或减小相同速度所需的时间越短，速度机动性能就越好。

3. 高度机动飞行

无人机在空中改变飞行高度的机动飞行。无人机改变相同高度所需的时间越短，高度机动性能就越好。

4. 空间机动飞行

无人机在三维空间内，同时改变速度、高度、方向和姿态的机动飞行。

5.2.2 其他机动飞行

无人机飞行除了最基本的常规动作（包括俯仰、偏航、滚转）之外，还有定点盘旋、俯冲、筋斗、跃升、战斗转弯等机动动作。

1. 盘旋

无人机的盘旋是指其在水平面内做等速圆周运动。做盘旋运动，无人机必须倾斜，也就是左右主翼一高一低。如果无人机驾驶员向右压方向舵操纵杆，左副翼向下偏，右副翼向上偏，左副翼下偏使迎角增大，左翼升力升高，右副翼上偏使迎角减小，右翼升力减小，左右机翼产生的升力差相对于无人机纵轴产生一个横滚力矩，进而使无人机产生向右方向的向心力。图 5-7 为无人机盘旋受力及飞行轨迹。

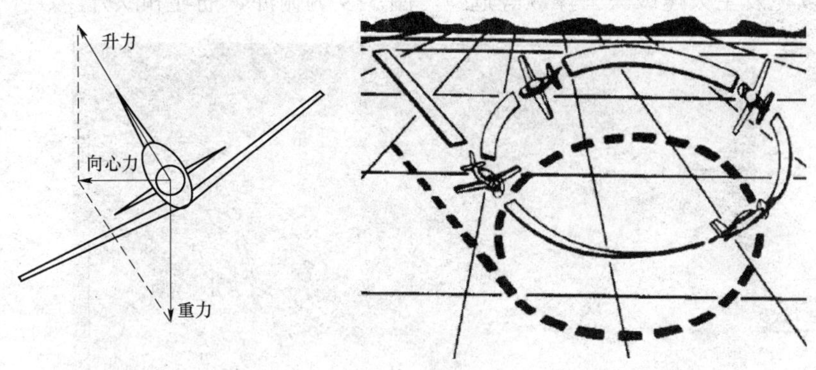

图 5-7　无人机盘旋受力及飞行轨迹

如果要保持无人机在水平高度内不发生变化，就必须保证无人机向上的作用力与向下的重力平衡。要保持飞行速度不发生变化，需要保证无人机的推力与阻力平衡。要保持无人机做半径不变的圆周运动，需要保持向心力不变。因此做盘旋运动时，必须首先使得无人机倾斜，让升力向盘旋中心倾斜，从而使升力能同时起到平衡重力和产生向心力的作用。

2. 俯冲、筋斗、跃升

俯冲是无人机将势能转化为动能，迅速降低高度、增大速度的机动飞行。俯冲的过程一般分为进入、直线和改出三个阶段，整个动作在一个铅垂面内完成。根据需要，俯冲时可带动力或不带动力。俯冲的飞行轨迹与地平面的夹角叫俯冲角，通常为 30° ～90° ，接近 90° 的俯冲叫垂直俯冲。作战无人机常借此来提高轰炸和射击的准确度。在急剧俯冲时，为了防止速度增加过快和冲过相应高度的最大允许速度，必须减小发动机推动力，有时需要放下减速板。

筋斗飞行是无人机在铅垂面内做轨迹近似椭圆、轨迹方向改变 360° 的机动飞行。筋斗飞行由爬升、倒飞、俯冲、平飞等动作组成。图 5-8 为筋斗飞行。

图 5-8　筋斗飞行

跃升飞行是将无人机的动能转变为势能，迅速获得高度优势的一种飞行。跃升的航迹是自下而上，其形态与俯冲相反。在给定初始高度和速度的情况下，无人机所能获得的高度增量越大，完成跃升所需的时间越短，跃升性能越好。跃升轨迹可分为进入、直线和改出3个阶段。跃升时通常使用发动机的大推力状态，以便最大限度地爬升并保持足够的飞行速度。无人机进入跃升的速度越大，跃升终了时的速度越小，跃升高度就越高。但跃升终了时速度不能过小，以免发生失速或失去操纵等危险。图5-9为俯冲、筋斗和跃升。

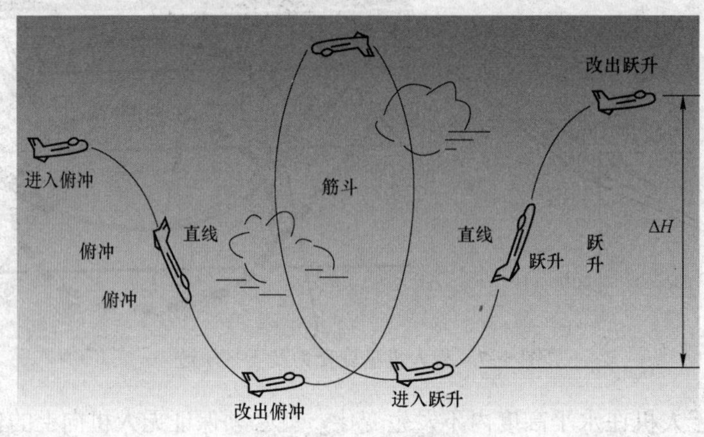

图5-9　俯冲、筋斗和跃升

3. 战斗转弯

战斗转弯是无人机迅速上升高度的同时转弯180°的飞行。在飞行中为了夺取高度优势和占据有利方位，通常采用这种飞行动作。图5-10为战斗转弯。

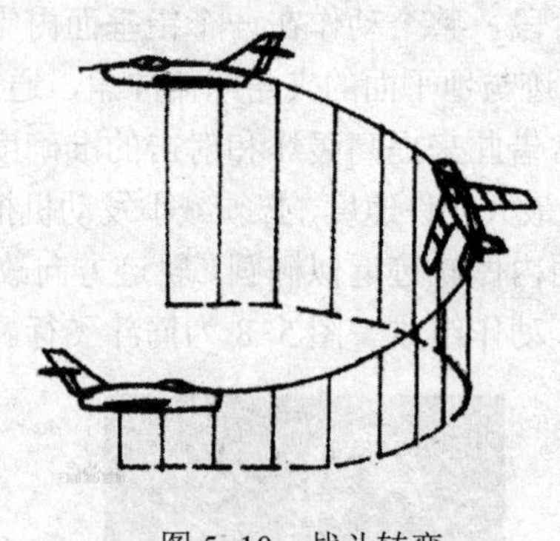

图5-10　战斗转弯

本章练习

（一）选择题

1. 无人机离地速度越小，则（　　）。
（A）滑跑距离越短，无人机的起飞性能越好
（B）滑跑距离越短，无人机的起飞性能越差
（C）滑跑距离越长，无人机的起飞性能越好

2. 无人机在一定的高度上水平飞行时，在一定距离内（一般不小于3 km）发动机以最大

推力工作所能达到的最大飞行速度是（　　）。

（A）无人机所需平飞速度

（B）无人机有利平飞速度

（C）无人机最大平飞速度

3. 无人机为执行远距离、长时间的飞行任务而选择的经济性较好的飞行速度是（　　）。

（A）无人机巡航速度

（B）无人机平飞最大速度

（C）无人机平飞远航速度

4. 起飞距离的含义是指（　　）。

（A）无人机从静止经过加速直至达到离地速度滑过的距离

（B）无人机从静止到离地再到爬升到安全高度为止所经历的距离的总和

（C）无人机起飞滑过的距离

5. 进场速度直接影响着陆距离，进场速度越（　　），着陆距离越（　　），着陆性能越（　　），飞行安全性越（　　）。

（A）小，短，好，高

（B）小，长，好，高

（C）大，长，好，高

6. 俯冲是无人机将（　　），迅速降低高度、增大速度的机动飞行。

（A）势能转化为动能

（B）动能转化为势能

（C）电能转化为机械能

（二）简答题

1. 无人机的飞行性能有哪些指标？它们受哪些因素的影响？

2. 常规机动飞行包括哪几种？

第6章 航空气象

无人机飞行除了需要考虑软硬件、人为因素的影响外，还需要充分考虑气象对飞行的影响。在第4章我们讲过大气性质，本章将在此基础上从飞行环境、气象要素、气象环境对飞行的影响等方面分别进行介绍。

思政目标

通过学习航空气象相关知识，掌握气象对飞行的影响和应急处理相关知识，增强实践能力和规避风险能力，培养科学、严谨的工作态度和全局观，为安全飞行操作奠定基础。

学习目标

1. 掌握飞行环境中的大气成分及大气分布。
2. 掌握气温、气压、湿度、降水、风等气象要素对飞行的影响。
3. 掌握风切变、锋面、湍流、积冰等气象环境对飞行的影响。

6.1 飞行环境

无人机是在大气层中进行活动的，大气就是其飞行环境。飞行环境对无人机的结构、材料、机载设备和飞行性能都有非常重要的影响。

6.1.1 大气成分

大气是在地球引力的作用下聚集在地球周围的一层混合气体，其总质量的90%集中在距离地球表面15 km高度以内，总质量的99.9%集中在距离地球表面50 km高度以内。按照气体体积所占百分比从大到小排序，分别是氮气（占78.1%）、氧气（占20.9%）、稀有气体（包含氦气、氖气、氩气、氪气、氙气、氡气，占0.94%）、二氧化碳（占0.03%）、其他气体和杂质（占0.03%）。

按物质形态可将大气分为干洁空气、水汽、大气杂质，其中最主要的构成部分是干洁空气。

水汽在大气中含量很少，但变化很大，其变化范围在0～4%之间，水汽绝大部分集中在低层，有一半的水汽集中在2 km以下，四分之三的水汽集中在4 km以下，10～12 km高度以下的水汽约占全部水汽总量的99%。

大气杂质指悬浮在大气中的固体微粒和水汽凝结物，不属于空气的正常组成成分，是数量变动较大的粒子或气体。大气杂质来源广泛，按粒径大小分为：悬浮颗粒物（粒径＜100 μm）、飘尘（粒径＜10 μm）、降尘（30 μm＜粒径＜100 μm）、可吸入粒子（粒径≤10 μm）和细粒子（粒径＜2.5 μm）。按颗粒成因不同，大气杂质可分为分散性气溶胶和凝聚性气溶胶；按物理状态不同，大气杂质可分为固态（烟、尘）、液态（雾）和固液混合（霾、烟雾）等。

6.1.2 大气分布

大气没有明显的上界，它的各种特性沿铅垂方向变化很大。根据大气状态参数随高度的变化，可将大气层划分为对流层、平流层、中间层、电离层和外层5个层次。其中对流层和平流层是无人机飞行的主要环境。

1. 对流层

对流层是最接近地球表面的一层大气，其上界随着地球纬度和季节的不同而发生变化。就温度而言，对流层在夏季的高度高于在冬季的高度。就纬度而言，对流层上界离地高度在赤道地区平均为16～18 km，在中纬度地区平均为9～12 km；在两极地区平均为7～8 km。对流层集中了约75%的大气质量和90%以上的水汽质量。

1）分层

对流层可分为3层，分别是下层、中层和上层。

（1）下层（离地1 500 m以下），空气运动受到地形扰动和地表摩擦作用最大，气流混乱，又称摩擦层。

（2）中层（1 500～6 000 m），气流相对平稳，云和降水大多生成于这一层。

（3）上层（6 000 m到对流层顶），受地表影响更小，水汽含量很少。

2）特点

对流层由于受到地面森林、湖泊、草原、海滩、山岭等不同地形的影响，受日光照射而发生气温的变化，因此具有以下特点：

（1）气温随高度升高而降低（平均温度递减率为6.5 ℃/km）；

（2）风向和风速经常变化（水平方向变化）；

（3）空气上下对流剧烈（垂直方向变化）；

（4）有云、雨、雪、雾等天气现象。

对流层中天气变化最为复杂，包含飞行中所遇到的各种天气变化，因此在无人机飞行前需要了解天气状况，确保飞行安全。

2. 平流层

平流层也称为同温层，其上界距离地球表面约50 km，是地球大气层里上热下冷的一层。平流层的气温受地面影响很小，但在30 km以上，平流层中的臭氧层会大量吸收太阳紫外线而使气温迅速升高。

大型无人机一般在平流层内飞行，原因在于：该层内只有水平运动，没有垂直运动，气流比较平稳，无人机阻力小；该层距离地面较高，飞行过程中对地面产生的噪声污染相对少，且可避开鸟和低空人类活动；该层没有水汽，能见度较高。

3. 中间层

中间层为距离地球表面 50～80 km 的一层。其热量主要来自平流层，而且几乎没有臭氧吸收太阳紫外线。在这一层内，气温垂直递减率很大，对流运动强烈。

4. 电离层

从中间层上界到距离地球表面 800 km 之间的一层称为电离层，又称为热层。在这一层内，空气密度极小，由于空气直接受到太阳短波辐射，空气处于高度电离状态，温度随着高度增加而上升。

5. 外层

电离层（热层）上界以上为外层，又称散逸层，是地球大气的最外层。散逸层内空气稀薄，远离地面，受地球引力很小，因而大气分子不断向星际空间逃逸。散逸层顶界距离地球表面 2 000～3 000 km。

图 6-1 为大气分层示意图。

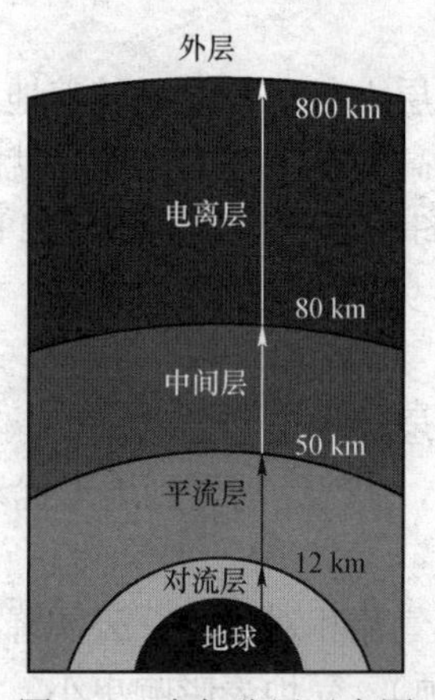

图 6-1　大气分层示意图

6.2　气 象 要 素

表示大气状态的物理量和物理现象统称为气象要素，包括气温、气压、湿度等物理量和风、云、雨等天气要素。

6.2.1　气温

气温是表示大气冷热程度的物理量，是分子平均动能大小的宏观表现，也是对分子运动快慢的量度。一般而言，气温越高，空气分子不规则运动的平均动能越大，分子不规则运动速度也越大。气温的度量有三种方式，分别是摄氏温标、华氏温标和热力学温标。

1. 摄氏温标

我国采用摄氏温标，单位为℃，常用符号 t 表示温度值大小。摄氏温标规定标准大气压

（1 013.25 hPa）下，水的冰点为 0 ℃，水的沸点为 100 ℃，其间分为 100 等份，每一份即为 1 ℃。

2. 华氏温标

美国采用华氏温标，单位为℉，常用符号 F 表示温度值大小。华氏温标规定标准大气压下，水的沸点为 212℉，水的冰点为 32 ℉，并将两点之间分成 180 等份，每一份表示 1 ℉。华氏温标与摄氏温标之间的转换关系为：

$$F = \frac{9}{5}t + 32 \tag{6-1}$$

3. 热力学温标

国际通用的是热力学温标，单位为 K，常用符号 T 表示温度值大小。热力学温标规定 0 K 为 −273.15 ℃。热力学温标与摄氏温标之间的转换关系为：

$$T = 273.15 + t \approx 273 + t \tag{6-2}$$

6.2.2 气压

气压是作用在单位面积上的大气压力，即在数值上等于单位面积上向上延伸到大气上界的垂直空气柱所受到的重力。当空气做垂直加速运动时，气压值与单位面积上的空气柱的重力之间存在一定的差异，但一般空气的垂直加速度很小，可以将其看作是静止大气压。常用的单位是 Pa。

1 Pa 等于 1 m^2 面积上受到 1 N 的压力，即：

$$1\ \text{Pa}=1\ \text{N/m}^2$$

为用起来方便，常用 hPa 表示气压：

$$1\ \text{hPa}=100\ \text{Pa}$$

气压的大小与高度、温度、密度等有关，大气压随着高度增加而减小。气压有年变化和日变化。一年之中，冬季气压高于夏季气压。一天之中气压最高值出现在 9:00—10:00，最低值出现在 15:00—16:00。气压日变化幅度较小，并随着纬度的增高而减小。

测量气压常用的仪器有水银气压表、空盒气压表、气压计。通常采用气压式高度表来测量无人机的飞行高度。图 6–2 为气压式高度表。气压式高度表是一个高灵敏度的空盒气压表，但刻度盘上标注的是高度。高度表刻度表盘是标准大气压条件下按气压随高度的变化规律而确定的，根据标准大气中气压与高度的关系计算出高度。

图 6–2　气压式高度表

6.2.3 湿度

湿度是表示大气干燥程度的物理量。在一定的温度下在一定体积的空气里含有的水汽越少，空气越干燥；水汽越多，空气越潮湿。大气湿度通常用以下物理量来进行表示。

1. 水汽压与饱和水汽压

水汽压是空气中水汽所产生的分压力（分压强）。单位为百帕（hPa）。是间接表示大气中水汽含量的一个量。大气中水汽含量多时，水汽压就大；反之，水汽压就小。

饱和水汽压是水汽达到饱和时的水汽压强。饱和水汽压大小与温度有直接关系。随着温度的升高，饱和水汽压显著增大，空气中所能容纳的水汽含量增多，因而能使原来已处于饱和状态的蒸发面因为温度升高而变得不饱和，蒸发重新出现；相反，如果降低温度，由于饱和水汽压减小，就会有多余的水汽凝结出来。

2. 相对湿度

相对湿度是指水在空气中的水汽压与在同温度同压强下水的饱和水汽压的比值。

相对湿度反映的是空气距离饱和的程度。当水汽压不变时，气温升高，饱和水汽压增大，相对湿度就会减小。

3. 饱和差

饱和差是指某地空气在一定温度下的饱和水汽压与当时实际水汽压的差值。其单位与气压单位相同，用 hPa 表示。饱和差可以表示空气距离饱和的程度，也对蒸发速度有影响。

4. 比湿

比湿是指在一团湿空气中，水汽的质量与该团空气总质量（水汽质量加上干空气质量）的比值。

5. 水汽混合比

水汽混合比是湿空气内，水汽与干空气的质量比。

6. 露点

在空气中水汽含量不变，保持气压一定的情况下，使空气冷却达到饱和时的温度称为露点温度，简称露点，单位用℃或℉表示。实际上也就是水蒸气与水达到平衡状态的温度。实际温度 t 与露点温度 T_d 之差（露点差），表示空气距离饱和的程度。当 $t>T_d$ 时，表示空气未饱和；当 $t=T_d$ 时，表示空气已饱和；当 $t<T_d$ 时，表示空气过饱和。

可将上述表示湿度的物理量进行分类。表 6-1 为湿度物理量分类。

表 6-1　湿度物理量分类

分类标准	湿度物理量
表示水汽含量多少	水汽压（饱和水汽压）
	比湿
	水汽混合比
	露点
表示空气距离饱和的程度	相对湿度
	饱和差
	露点差

6.2.4 降水

降水是指大气中的水汽凝结后以液态水或固态水降落到地面的现象，例如雨、雪、冰雹等。

1. 锋面雨

两种性质不同的气流相遇，它们中间的交界面叫锋面。在锋面上，暖、湿、较轻的空气被抬升到冷、干、较重的空气上面。在抬升的过程中，空气中的水汽冷却凝结，形成的降水叫锋面雨。图 6-3 为锋面雨示意图。

图 6-3 锋面雨示意图

2. 对流雨

对流雨即对流性降水，是指来自对流云中的降水，具体来说是当对流发展到一定程度时，云中的降水粒子已不能被上升气流所托持而降落形成的。其特点是强度大、历时短、范围小，常伴有暴风、雷电。图 6-4 为对流雨示意图。

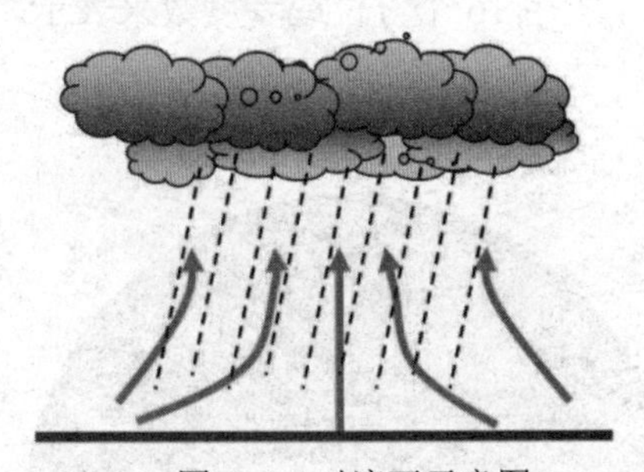

图 6-4 对流雨示意图

3. 地形雨

地形雨是指暖湿气流在沿地表流动的过程中，遇到地形的阻挡，被迫沿着山坡爬行上升，从而引起水汽凝结而形成的降水。地形雨一般只发生在山地迎风坡，因为背风坡气流存在下沉，温度不断增高，形成雨影区，不易形成地形雨。图 6-5 为地形雨示意图。

图 6-5 地形雨示意图

4. 气旋雨

气旋雨是指地面气压高于空中，气流逆时针旋转上升，形成气旋，气旋中心附近气流上升，引起水汽凝结而形成的降水，常见的有热带气旋和温带气旋带来的降水。图 6-6 为气旋雨示意图。

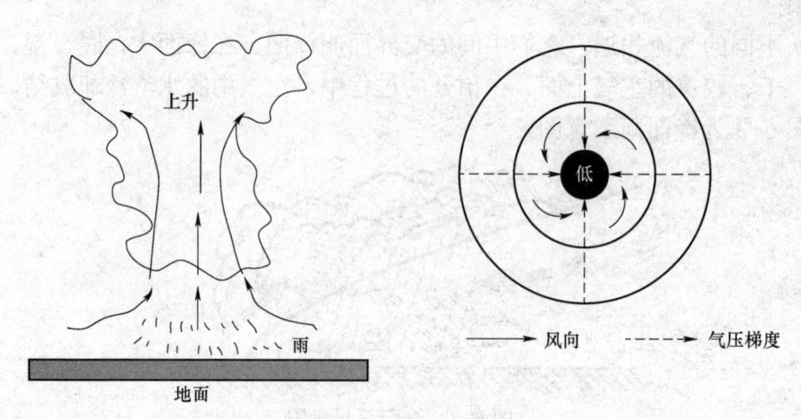

图 6-6 气旋雨示意图

6.2.5 风

风常指空气的水平运动分量，包括方向和大小，即风向和风速。

风向是指风吹来的方向，一般用 16 个方位或者度数来表示。图 6-7 为风向方位图。

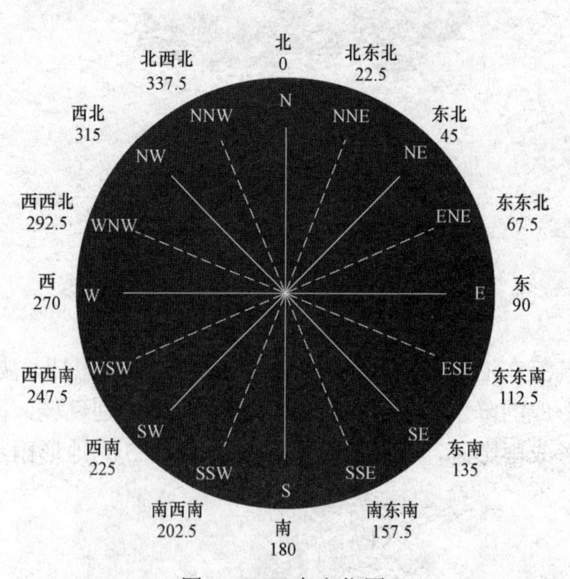

图 6-7 风向方位图

风速是指空气在单位时间内移动的水平距离，以米/秒（m/s）为单位。大气中水平风速分为 12 级。表 6-2 为风力等级表。

表6-2　风力等级表

风级	名称	风速/（m/s）	地面物象	海面破浪	浪高/m	最高/m
0	无风	0.0～0.2	静，烟直上	平静	0.0	0.0
1	软风	0.3～1.5	烟示方向	微波峰无沫	0.1	0.2
2	轻风	1.6～3.3	感觉有风	小波峰未破碎	0.2	0.3
3	微风	3.4～5.4	旌旗展开	小波峰顶破裂	0.6	1，0
4	和风	5.5～7.9	吹起尘土	小浪白沫波峰	1.0	1，5
5	劲风	8.0～10.7	小树摇摆	中浪折沫峰群	2.0	2，5
6	强风	10.8～13.8	电线有声	大浪白沫离峰	3.0	4.0
7	疾风	13.9～17.1	步行困难	破峰白沫成条	4.0	5.5
8	大风	17.2～20.7	折毁树枝	浪长高有花	5.5	7.5
9	烈风	20.8～24.4	小损房屋	浪峰倒卷	7.0	10.0
10	狂风	24.5～28.4	拔起树木	海浪翻滚咆哮	8.0	12.6
11	暴风	28.5～32.6	损毁重大	波峰全呈飞沫	11.5	16.0
12	飓风	＞32.6	摧毁极大	海浪滔天	14.0	—

1. 阵风

阵风是指短时间内风向变动不定，风速剧烈变化的风。通常指风速突然增强的风。

2. 旋风

旋风是指空气携带灰尘在空中飞舞形成漩涡时的风。图6-8为旋风示意图。

图6-8　旋风示意图

3. 焚风

焚风是指空气跨越山脊时，由于空气下沉，背风坡上产生的一种暖（或热）而干燥的风。图 6–9 为焚风示意图。

图 6–9　焚风示意图

4. 台风

台风是指发生在热带海洋上的大气漩涡，当漩涡中心最大风力达到 6 级以上时叫台风。中心最大风力在 6～7 级为弱台风；中心最大风力达到 8～12 级为强台风。图 6–10 为台风。

图 6–10　台风

5. 龙卷风

龙卷风是从积雨云中伸向地面的一种范围很小、破坏力极大的空气漩涡。发生在陆地上的叫作陆龙卷风，发生在海洋上的叫作水龙卷（海龙卷）风。图 6–11 和图 6–12 分别为陆龙卷风和海龙卷风。

图 6-11　陆龙卷风

图 6-12　海龙卷风

6. 山谷风

山谷风是指在山区，白天风沿着山坡或山谷往上吹，夜间风沿着山坡或山谷向下吹，在山坡和山谷之间，随昼夜交替而转换风向的风。图 6-13 为山谷风示意图。

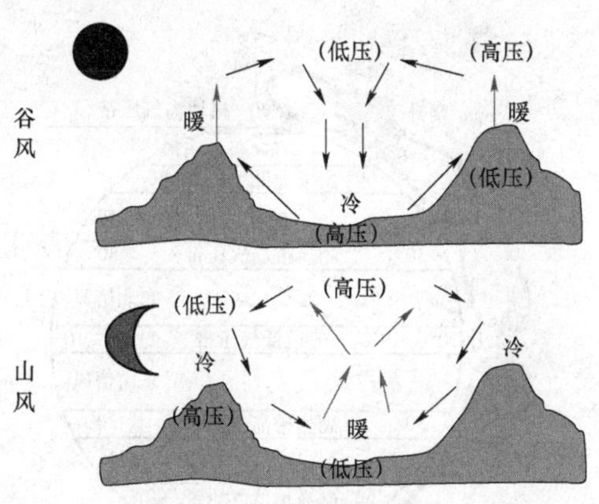

图 6-13　山谷风示意图

7. 海陆风

海陆风是指在近海岸地区，白天风从海上吹向大陆，夜间又从大陆吹向海洋，随昼夜交替而规律改变风向的风。图 6-14 为海陆风示意图。

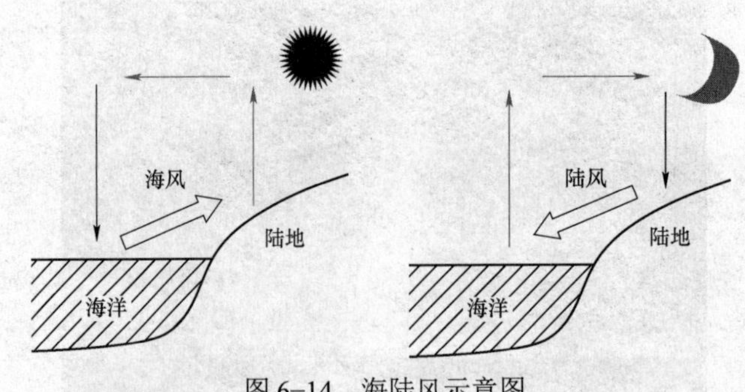

图 6-14　海陆风示意图

8. 季风

季风是指随着季节交替，风向有规律变化的风。图 6-15 为季风示意图。

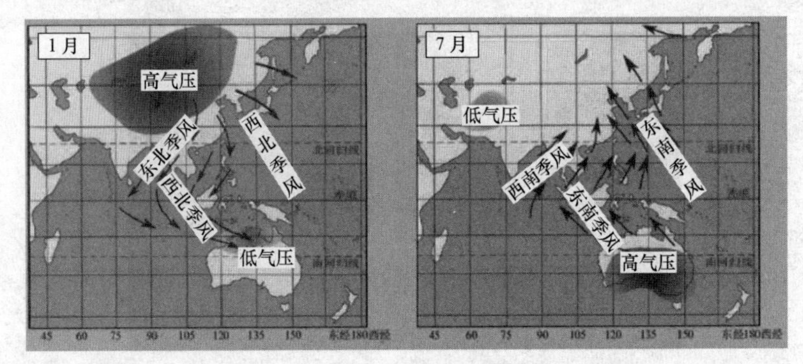

图 6-15　季风示意图

9. 信风

信风又称贸易风，是指在低空从副热带高气压带吹向赤道低气压带的风。在北半球，信风盛行东北风，南半球盛行东南风。图 6-16 为信风示意图。

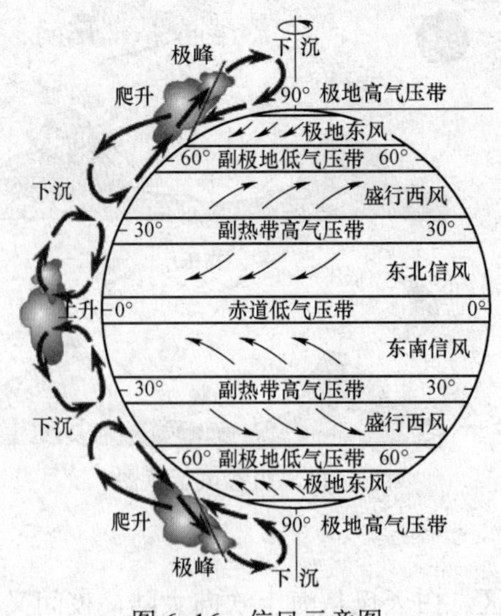

图 6-16　信风示意图

6.3　气象环境对飞行的影响

6.3.1　风切变对飞行的影响

风切变是一种大气现象，指风矢量（风向、风速）在空中水平和（或）垂直距离上的变化。风切变按风向可分为水平风的水平切变、水平风的垂直切变、垂直风的切变。风切变的特征表现为诱因复杂、来得突然、时间短、范围小、强度大、易变化。在航空气象学中，低空风切变通常是指近地面 600 m 以下的风切变，对无人机起飞和着陆带来很大影响。

6.3.1.1　风切变产生的原因

风切变产生的原因有两类：一类是天气因素；另一类是地理、环境因素。

1. 天气因素

1）强对流天气

强对流天气通常指雷暴、积雨云等天气。在这种天气条件影响下的一定空间范围内，均可产生较强的风切变。尤其是在雷暴云体中的强烈下降气流区和积雨云的前缘阵风锋区更为严重。特别强的下降气流称为微下冲气流，是对飞行危害最大的一种。它是以垂直风为主要特征的综合风切变区。

2）锋面天气

无论是冷锋、暖锋或准静止锋均可产生低空风切变。不过其强度和区域范围不尽相同。这种天气的风切变多以水平风的水平和垂直切变为主（但锋面雷暴天气除外）。一般来说其危害程度不如强对流天气的风切变。

3）辐射逆温型的低空急流天气

秋冬季晴空的夜间，由于强烈的地面辐射降温而形成低空逆温层，该逆温层上面有动量堆积，风速较大形成急流，而逆温层下面风速较小，近地面往往是静风，故有逆温风切变产生。该类风切变强度通常更小些，但它容易被人忽视，一旦遭遇若处置不当也会发生危险。

2. 地理、环境因素

地理、环境因素也会引起风切变，这里的地理、环境因素主要是指山地地形、水陆界面、高大建筑物、成片树林与其他自然的和人为的因素。由地理、环境因素引起的风切变状况与当时的盛行风状况（方向和大小）有关，也与山地地形的大小、复杂程度，迎风背风位置，水域面积的大小和机场离水面的距离，建筑物的大小、外形等有关。一般山地高差大，水域面积大、建筑物高大，不仅容易产生风切变，而且其强度也较大。

6.3.1.2　对飞行的影响

根据无人机的运动相对于风矢量的不同运动情况，风切变可分为顺风切变、逆风切变、侧风切变和垂直风切变。不同风切变对飞行的影响如下。

1. 顺风切变

顺风切变是指顺着无人机飞行方向，顺风增大或者逆风减小，以及无人机从逆风区进入无风或顺风区。顺风切变使无人机空速减小，升力减小，飞机下沉，是比较危险的一种低空风切变。此时的修正动作的是加油门带杆，使无人机增速，减小下降率，回到下滑线上以后再稳杆收油门，重新建立下滑姿态。如果顺风切变的高度很低，驾驶员来不及修正，就会造成很大偏差。图 6-17 为顺风切变示意图。

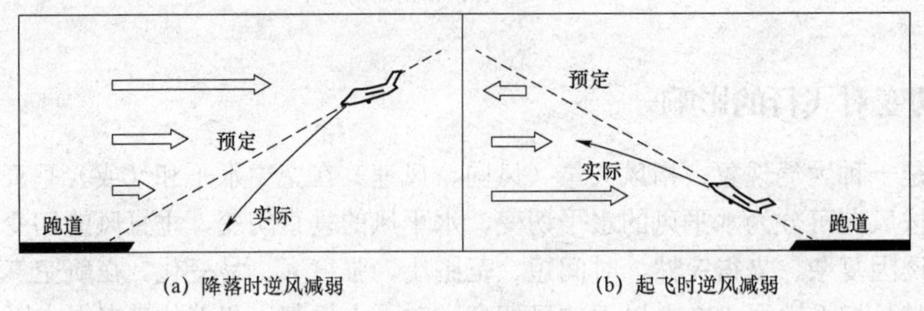

图 6-17　顺风切变示意图

2. 逆风切变

逆风切变是指顺着无人机飞行方向，逆风增大或者顺风减小，以及无人机从顺风区进入无风或逆风区。逆风切变使无人机空速增大，升力增大，无人机上升，其飞行危害比顺风切变轻一些。此时的修正动作是收油门松杆，使无人机减速，增大下降率，回到下滑线上以后再加油门带杆，使无人机重新建立下滑姿态。图 6-18 为逆风切变示意图。

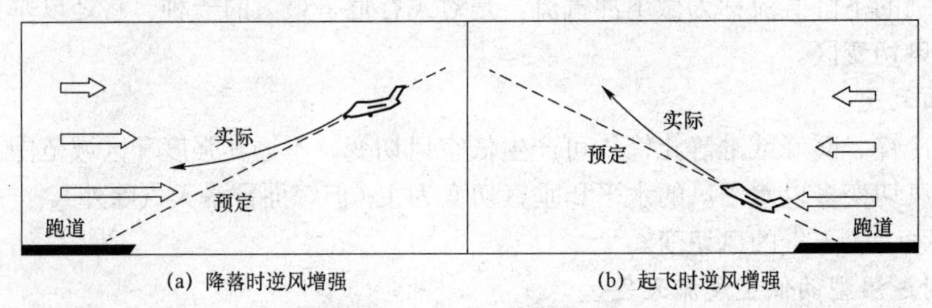

图 6-18　逆风切变示意图

3. 侧风切变

侧风切变是指无人机从一种侧风或无风状态进入另一种明显不同的侧风状态。侧风切变可使无人机发生侧滑、滚转或者偏航。驾驶员应该根据无人机状态对无人机进行相应的操纵。图 6-19 为侧风切变示意图。

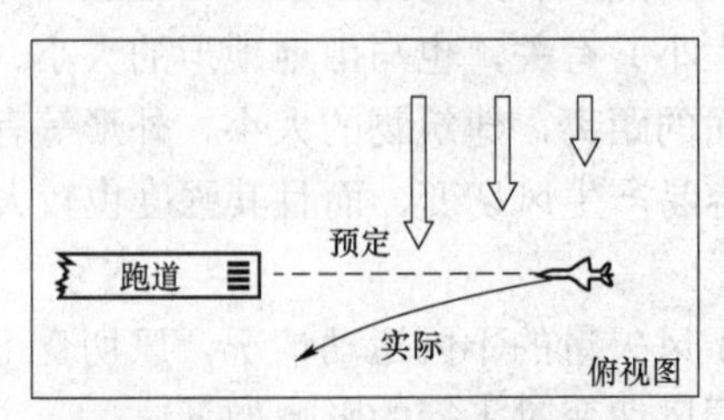

图 6-19　侧风切变示意图

4. 垂直风切变

垂直风切变是指垂直于地表方向上的风速或风向随着高度发生剧烈变化。强烈的垂直风切变可能会造成桥梁或楼房坍塌、无人机坠毁等恶性事故。当无人机在着陆过程中遇到升降气流时，无人机升力会发生明显的变化，从而使下降率发生变化。无人机在雷暴云下进行着陆时会遇到严重的下沉气流，这时驾驶员能做的就是复飞，然后再寻找机会重新着陆。图6-20为垂直风切变示意图。

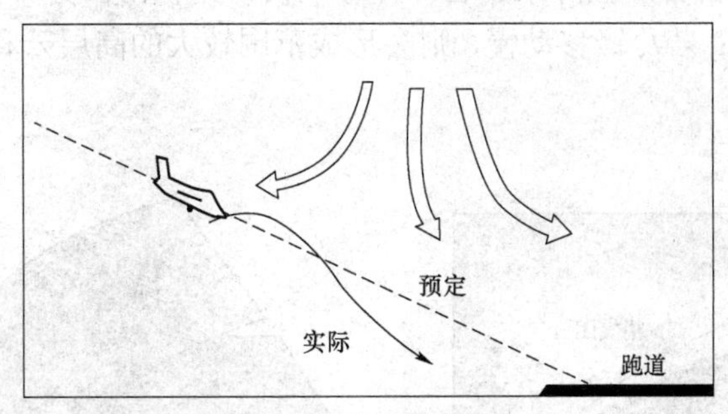

图6-20　垂直风切变示意图

6.3.2　锋面天气对飞行的影响

锋面天气是指在锋面附近存在着大片云系和降水现象，因此锋面天气主要指锋附近云和降水的分布。冷暖气流相遇时就产生了锋。锋面天气多种多样，有的锋面天气相对平静温和，有的锋面天气比较恶劣，因此飞行前需要了解天气情况。

1. 气团

气团是指巨大空气团，它的范围通常有数千千米，同时在水平方向上具有均匀的温度和湿度属性。

按气团的热力性质不同，可划分为冷气团和暖气团。按气团的湿度不同，可划分为干气团和湿气团。按地理位置不同，可划分为北极大陆气团、南极大陆气团、极地大陆气团、极地海洋气团、热带大陆气团、热带海洋气团、赤道海洋气团。

2. 暖锋

暖锋是指锋面在移动过程中，暖气团推动锋面向冷气团一侧移动的锋。暖锋过境后，暖气团就占据了原来冷气团的位置。暖锋多在中国东北地区和长江中下游地区活动，大多与冷锋联结在一起。暖锋过境时，温暖湿润，气温上升，气压下降，天气多转云雨天气。暖锋比冷锋移动速度慢，可能会引发连续性降水或出现雾。图6-21为暖锋示意图。

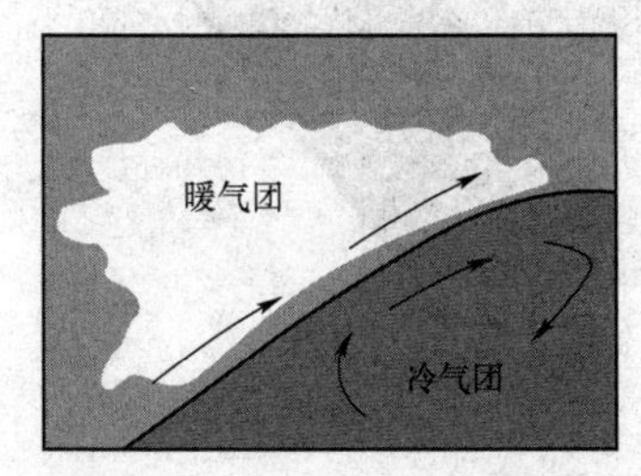

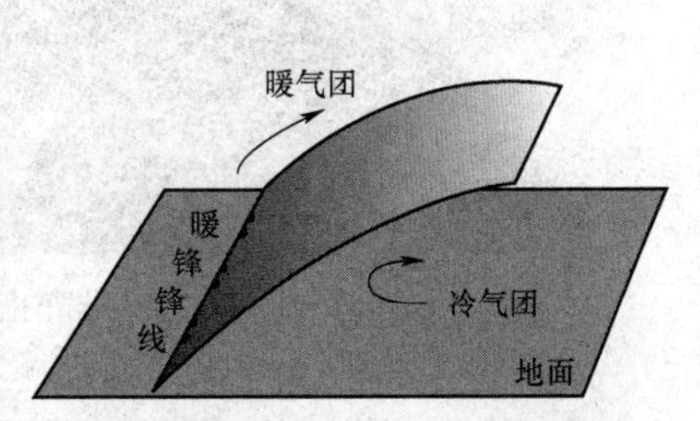

图6-21　暖锋示意图

暖锋线附近和降水区内能见度差，云高度很低，如果暖空气潮湿而不稳定，形成的积雨云常隐藏在其他云层中，长时间飞行会产生严重积冰。

3. 冷锋

冷锋是指冷气团推动锋面向暖气团一侧移动的锋。由于冷空气重，暖空气轻，所以当冷气团移动时，就会形成冷气团主动楔入暖气团下面而构成冷暖空气交界的锋面。冷锋过境时，多会出现积雨云，发生雷暴及强降水。若冷锋移动快，则积雨云分布在锋前狭窄的区域中，锋后会迅速转少云到晴；若冷锋移动慢，则会形成范围较大的高层云和雨层云。图 6–22 为冷锋示意图。

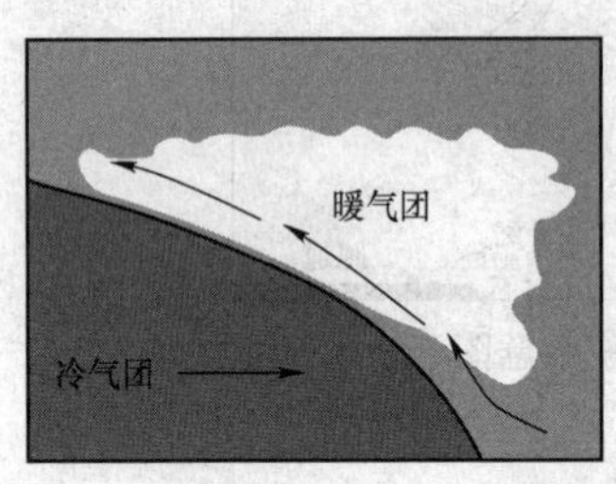

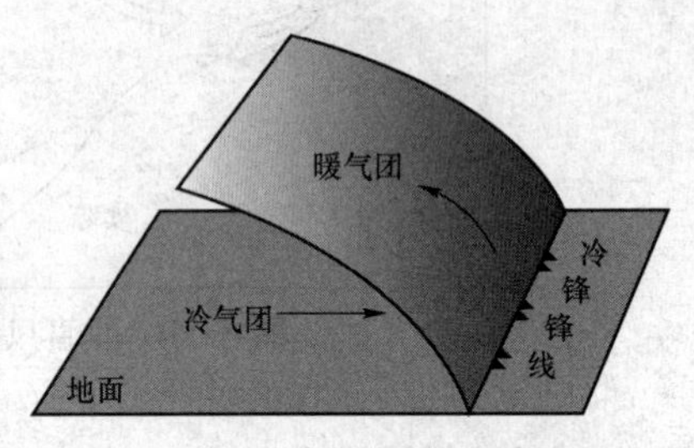

图 6–22　冷锋示意图

在稳定天气的冷锋区域中飞行可能有轻度到中度的颠簸，云中飞行可能有积冰；降水区中能见度较差，路面积水，对降落有影响。在不稳定天气的冷锋中飞行易出现强烈颠簸和严重积冰、雷电、冰雹等现象。

4. 准静止锋

当冷、暖气团的势力相当或冷空气南下势力减弱并受到地形的阻挡，使冷、暖气团的交界面呈静止状态时，会形成准静止锋。有时锋的移动缓慢或在冷、暖气团之间做来回摆动。由于准静止锋可维持十天或半个月之久，故常形成连绵阴雨天气。如果暖气团处于不稳定状态，也可出现积雨云和雷阵雨天气。夏季因准静止锋两侧温差不大，锋面坡度可以很陡，锋际上可有强烈的辐合上升运动，雨带狭窄而降水强度很大，常形成连续暴雨。图 6–23 为准静止锋示意图。

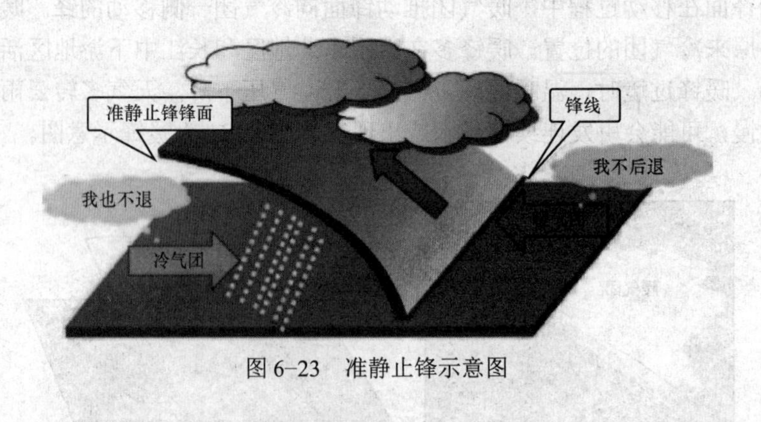

图 6–23　准静止锋示意图

6.3.3　气压、气温、大气密度对飞行的影响

根据大气状态方程可知气压、气温和大气密度之间的关系为：在空气质量不变的前提条件下，如果压力不变，温度和密度成反比；如果温度不变，气压和密度成反比；如果密度不

变，温度和气压成正比。

1. 气压的影响

无人机产生升力是由于其机翼上下表面产生压力差。随着飞行高度的增加，大气压会降低，会导致无人机越往高空飞行，其所获得的升力也就越小。因此我们需要通过增升装置或者增大发动机的功率来提升无人机飞行高度。

2. 气温的影响

无人机上的机载电子设备、电气设备、液压系统、燃油系统等正常工作需要一定的温度限制。温度过低会导致电子设备、电气设备无法正常启动，也会导致燃油结冰。温度过高会导致无人机承载能力下降以及电子设备、电气设备性能下降。

3. 大气密度的影响

根据升力公式和阻力公式可知，空气密度增大会导致无人机所受到的升力和阻力同时增大。随着无人机飞行高度的增加，空气密度减小，升力和阻力也都会减小。

6.3.4 湍流对飞行的影响

湍流是大气中的一种重要运动形式，它的存在使大气中的动量、热量、水气和污染物的垂直和水平交换作用明显增强，远大于分子运动的交换强度。大气湍流有很宽的尺度谱。当大气湍流的尺度与无人机的尺度接近时，容易引起无人机升力和迎角的显著变化，造成无人机颠簸，这种尺度的大气湍流称为飞行湍流。

6.3.4.1 湍流的分类

根据湍流产生的垂直高度不同可将大气湍流分为低空湍流（低于 6 000 m）和晴空湍流（6 000 m 以上）。根据湍流产生的原因，又可将低空湍流分为热力湍流、动力湍流、无人机尾涡湍流、锋面湍流和地形波。

1. 低空湍流

1）*热力湍流*

热力湍流是由空气中水平温度分布不均匀引起的。例如，下垫面的热力性质不一致，附近空气增温不均匀，或者由于空气垂直温度层不稳定产生的空气对流。

2）*动力湍流*

动力湍流是指在风的作用下，由于地面摩擦、地形起伏引起的小尺度湍流和波动，其强度随风速、地面粗糙度、地形起伏特征以及大气稳定度而变化。地面越粗糙，风速越大，近地面层越不稳定，动力湍流越强。动力湍流也可由大气中的风切变产生，当风的垂直切变超过某一临界值时，空气就会自发产生小尺度波状起伏。这些波状起伏发展的过程就称为切变不稳定。由切变不稳定产生的小尺度运动频谱称为切变湍流，风切变越大，切变湍流就越强。

3）*无人机尾涡湍流*

无人机尾涡湍流是指无人机飞行时，由翼尖附近分离出来的，一堆绕翼尖呈反方向的闭合涡旋簇，也称翼尖诱导涡流。在两条尾涡之间方向向下的涡流称为下洗流；在两条尾涡外侧方向向上的涡流称为上洗流。尾涡的寿命和强度取决于产生尾涡的无人机重量、无人机速度、机翼尺度及形状，其中无人机重量是最主要的因素。尾涡的寿命和强度随无人机重量、载荷因素的增大而增大，随飞行速度的减小而增大。图 6-24 为无人机尾涡湍流示意图。

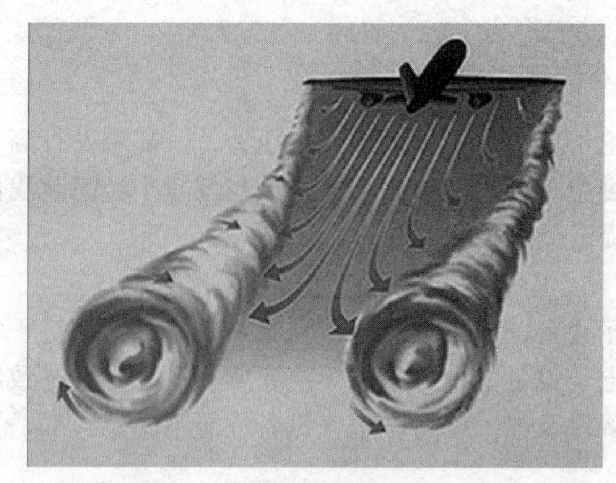

图 6-24　无人机尾涡湍流示意图

4）锋面湍流

锋面湍流是指冷、暖空气交汇，暖空气被抬升，以及锋面移动会引起垂直气流和水平气流的切变而形成的湍流。图 6-25 为锋面湍流示意图。

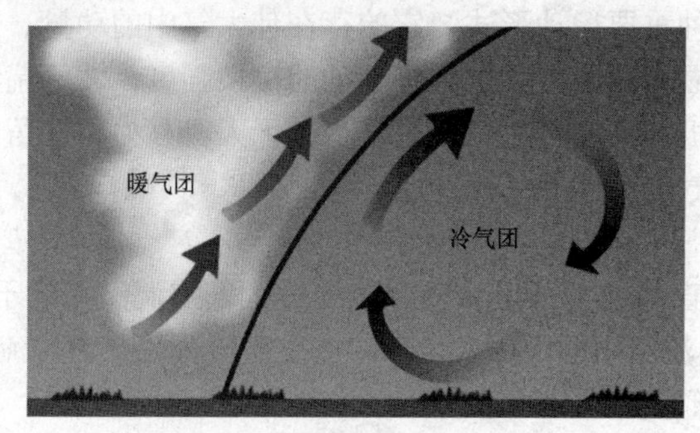

图 6-25　锋面湍流示意图

5）地形波

地形波是指气流经过山区时受地形影响而形成的波状垂直运动。地形波中的铅直气流可使无人机突然降低高度，地形波中强烈的湍流可造成无人机颠簸，地形波中垂直加速度较大的地方会使无人机气压高度表指示产生误差。

地形波中背风波对飞行影响很大。背风波中下降气流的垂直速度为 5～10 m/s，无人机进入后会在 1～2 min 下降几百米，而后又上升。背风波使气压表读数偏高。图 6-26 为地形波示意图。

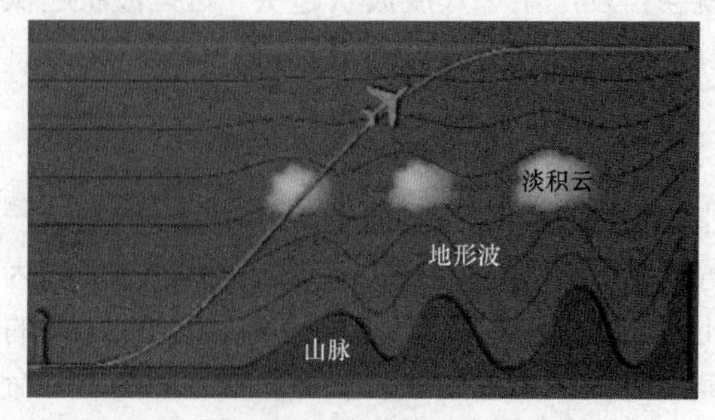

图 6-26　地形波示意图

2. 晴空湍流

晴空湍流是指出现在 6 000 m 以上高空，且与对流云无关的大气湍流。由于晴空湍流不伴生可见的天气现象，无人机驾驶员很难发现，因此对飞行威胁非常大。

晴空湍流归因于切变不稳定性。在结构层稳定的大气中，当存在风速的垂直切变时，在风的作用下就会产生重力波，当风速足够大且垂直切变大于某一产生切变不稳定的临界值时，重力波出现切变不稳定性，使得振幅随时间增长，当振幅增长到一定程度，完整的波形受到破坏，流体就分解成小尺度的湍流运动。这种小尺度湍流就是晴空湍流。

6.3.4.2 对飞行的影响

湍流对飞行的影响主要体现在以下两个方面。

1. 对无人机结构的影响

湍流易造成飞行中出现颠簸，无人机各种零部件需要经受忽大忽小的载荷变化，颠簸越大，载荷变化越大。当超过无人机能承受的临界值时，某些部件就会变形或受损。

2. 对操纵无人机的影响

无人机出现颠簸，其高度、速度、飞行姿态会发生不规则变化，会使得无人机失控，酿成事故。

6.3.4.3 防范措施

一旦遭遇较强的颠簸，驾驶员应保持沉着冷静，可采取下列措施。

（1）操纵动作要柔和，保持无人机平飞。粗猛修正会导致飞控失灵。低空遭遇颠簸要注意保持高度。

（2）采用适当的飞行速度。速度上限按无人机结构可以承载的最大颠簸强度确定；速度下限按最大垂直阵性气流不失速来确定；安全速度介于两者之间。

（3）飞行速度和飞行高度选定后，不必严格保持。仪表指示摆动有可能是起因于颠簸，不一定表示飞行速度和高度的真实变化，过多关注仪表变化会引起载荷的变化。俯仰角发生变化，主要依靠无人机本身的稳定性来平衡和恢复，不用过多修正，否则会使得无人机承受过大载荷。

（4）适当改变高度和航线，脱离颠簸区。

6.3.5 积冰对飞行的影响

积冰是指各种降水或雾滴与地面或空中冷却物体碰撞后冻结在其表面上的现象。过冷水滴是指温度低于 0 ℃而仍未冻结的云滴或雨滴。无人机在含有过冷水滴的云或雨中飞行时，如果无人机机体表面温度低于 0 ℃，过冷水滴撞在机体上就会立刻冻结累积起来，这种现象叫作积冰。无人机积冰的程度主要取决于云层温度、液态含水量、水滴直径和云层范围（水平长度和垂直高度）。

6.3.5.1 积冰的分类

积冰根据特征可分为明冰、毛冰、雾凇和霜 4 类。其中明冰和毛冰对飞行的威胁最大。

1. 明冰

明冰通常是在 -10～0 ℃的过冷雨中或大水滴组成的云中形成的，呈透明玻璃状，平滑而坚固，主要出现于机翼水平安定面的前缘，无人机机头整流罩和发动机的进气口。这类冰是由较大的水滴在结冰速度相对较慢的情况下形成的。当水滴与无人机结构表面接触时，有顺气流方向流动的趋势，冻结后光滑透明且十分牢固，不易排除，类似冬季地面上常见的薄冰。图 6-27 为明冰。

2. 毛冰

毛冰多形成在温度-20～-5 ℃的过冷云或混合云中，如层积云和积雨云。在这种云中，大小过冷水滴同时存在，有时还夹杂着冰晶，在无人机表面一起冻结，所以它比较牢固，内部结构不均匀。毛冰对无人机空气动力特性的改变比明冰大，冻结得又比较牢固，所以它对飞行的危害不亚于明冰。图 6-28 为毛冰。

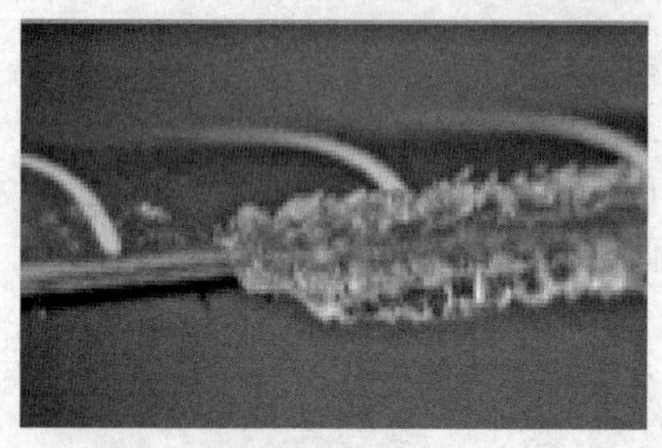

图 6-27　明冰

图 6-28　毛冰

3. 雾凇

雾凇是附着于机翼迎风面上的白色或乳白色不透明冰层。它也是由过冷水滴凝结而成，一般形成于冬雨或积状云中，温度在-10～0 ℃。特点是不透明、表面粗糙、结构松脆。图 6-29 为雾凇。

4. 霜

霜由水汽在寒冷的机体表面直接凝华而成。无人机形成霜有几种方式：从寒冷的高空迅速下降到温暖潮湿但无云的气层时形成；从较冷的机场起飞，穿过明显的逆温层时形成。图 6-30 为霜。

图 6-29　雾凇

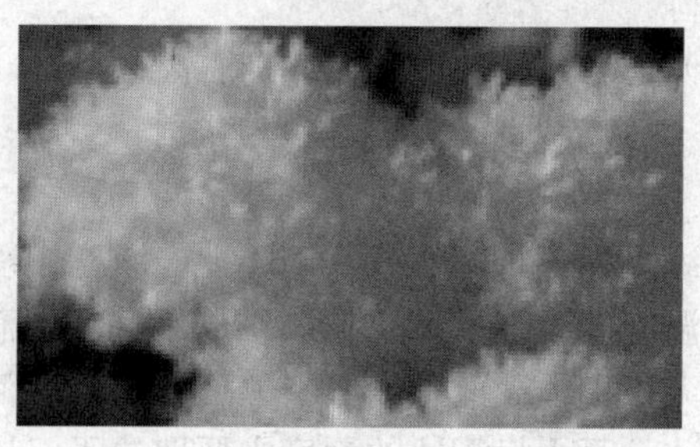

图 6-30　霜

积冰的程度可分为轻度、中度和严重三种。

1）轻度积冰

如果长时间飞行（超过 1 h），轻度积冰可能会影响飞行。这时需要间断使用除冰/防冰设备来除掉/防止冰的集聚。

2）中度积冰

集聚率很快，短时间内就会构成危险，需要使用除冰/防冰设备或改航。

3）严重积冰

集聚率非常快，除冰/防冰设备也不能减小或控制危险，必须改航并向空管部门进行报告。

6.3.5.2 积冰的形状

积冰的形状主要取决于冰的种类、飞行速度和气流绕过飞行器的不同部位的情况。积冰的形状一般分为槽状冰、楔形冰、混合冰。其中槽状冰约占 30%，楔形冰约占 15%，混合冰约占 55%。

6.3.5.3 对飞行的影响

积冰对飞行的影响主要体现在以下几个方面。

（1）升力面积冰。破坏无人机的空气动力性能。机翼和尾翼结冰，使升力系数减小，阻力系数增大，并可引起飞机抖动，致使飞行进入不稳定状态，严重结冰将使操纵发生困难。

（2）发动机积冰。降低动力装置效率，甚至产生故障。发动机进气口结冰，使进气量减少；螺旋桨的桨叶结冰，会造成螺旋桨转动失去平衡，产生振动和摆动现象，会减小拉力，使无人机推力减小，同时，掉落的冰块还会打坏发动机和机身。

（3）空速管天线积冰。影响仪表和通信，甚至使之失灵。空速管积冰影响空速表工作；天线积冰影响通信质量，甚至使通信中断。

（4）无人机镜头积冰。严重影响驾驶员视线，影响航拍。

（5）操纵面积冰。导致操纵面冻结在原有位置或运动受阻。

6.3.6 云对飞行的影响

6.3.6.1 云的分类

云是大气中的水蒸气遇冷液化成的小水滴或凝华成的小冰晶等混合组成的飘浮在空中的可见混合体。按云底高度不同可将云划分为低云（云底高度在 2 000 m 以下）、中云（云底高度在 2 000～6 000 m 之间）和高云（云底高度在 6 000 m 以上）。

常见的云有 14 种，按照云底高度可进行如下划分。

（1）高云：卷云、卷层云、卷积云。

（2）中云：高层云、高积云。

（3）低云：淡积云、浓积云、积雨云、层云、层积云、雨层云、碎积云、碎层云、碎雨云。

6.3.6.2 对飞行的影响

云对飞行活动影响很大，主要影响是云中的过冷水滴会使无人机积冰，云中湍流会造成无人机颠簸，云的明暗不均容易使驾驶员产生错觉，云中的雷电会破坏无人机，且云底很低的云会影响无人机起飞和降落。

飞行中如果遇到湍流产生颠簸，会使无人机上下抛掷，左右摇晃，造成操纵困难，仪表不准。颠簸强烈时会使无人机操纵性能变差或失去操纵。颠簸特别严重时，产生的过载会造成无人机解体，严重威胁飞行安全。

1. 积云和积雨云对飞行的影响

积云是由从近地面层向上抬升的垂直气流形成的，上行前的气温和湿度比较高，由于垂直运动的绝热变化，使未达到饱和的空气达到饱和，形成云，云中水汽和水滴都比较大，会发生强烈积冰。云中各部位的含水量和水滴大小分布不同，中、上部是积冰最强区域。图 6-31 为积云。

夏季，在积云中飞行一般不发生积冰，只有在积雨云和浓积云的中、上部才会有积冰。在纬度比较低的地区，厚度较小的浓积云也不会积冰。春秋季节，在北方的积云中，通常在云的下部也可能出现积冰，而在南方，开始积冰的高度通常在云的中部。图 6-32 为积雨云。

图 6-31　积云

图 6-32　积雨云

2. 层云和层积云对飞行的影响

层积云一般水汽含量较少，因此积冰强度为轻度或者中度。层云和层积云是我国冬季常见的降雨云系，飞行中遇到的机会比较多，积冰的机会也会随之增多，如果整个云层有过冷水滴，则云中可能有中度以上的积冰。图 6-33 为层云，图 6-34 为层积云。

图 6-33　层云

图 6-34　层积云

3. 高云对飞行的影响

高云包括卷云、卷层云、卷积云。由于高度高、温度低、厚度薄、水量少，因而往往是轻度积冰。图 6-35 为高云。

(a) 卷云

(b) 卷层云

图 6-35　高云

（c）卷积云

图6-35 高云（续）

4. 雨层云和高层云

雨层云和高层云只会形成轻度积冰，但多在锋线上形成，范围广、厚度大，延锋面伸展可达1 000 km以上，垂直锋面伸展可达200～400 km，其厚度有1.5 km以上，因此无人机穿越它们的时间比较长，有厚积冰的危险。由于两种云的含水量都随高度增大而减小，因此积冰强度随高度增大而减弱。

6.3.7 能见度对飞行的影响

能见度是指视力正常的人在当时天气条件下，能从天空背景中看到和辨认出目标物（黑色、大小适度）轮廓的最大水平距离；夜间则是指能看到和确定出一定强度灯光的发光点的最大水平距离，单位以m或km表示。当出现降雨、雾、霾、沙尘等天气时，大气透明度降低，能见度也会变差。

气象学中用气象光学视程表示能见度，是指白炽灯发出色温为2 700 K的平行光束的光通量，在大气中削弱至初始值的5%所通过的路径长度。

6.3.7.1 能见度类型

常见的能见度有很多种，下面分别来进行介绍。

1. 航空能见度

航空能见度包括地面能见度和空中能见度。地面能见度是指在昼间，以靠近地平线的天空为背景，能分辨视角大于20′的地面灰暗目标轮廓的最大距离。空中能见度是指空中飞行时，透过座舱玻璃观测地面或者空中目标的能见度。

2. 有效能见度

有效能见度是指观测点四周一半以上的视野内都能达到的最大水平距离。我国民航观测和报告用有效能见度。

3. 主导能见度

主导能见度是指观测四周一半或者以上的视野内能达到的最大水平距离。

4. 跑道能见度

跑道能见度是指从跑道的一端沿着跑道方向可以辨认跑道本身或者接近跑道的目标（夜间为指定的跑道边灯）的最大距离。

5. 垂直能见度

垂直能见度是指浑浊媒介中的垂直视程。

6. 倾斜能见度

倾斜能见度是指从飞行中的无人机载荷设备观测未被云层遮蔽的地面上的明显目标物（夜间为规定的灯光）时，能够辨认出来的最大距离。从地面向斜上方观测时的能见度也称为切斜能见度。

7. 最小能见度

最小能见度是指能见度因方向而异时，其中最小的能见距离。

6.3.7.2 能见度观测方法

大气能见度可直接目测，也可使用大气透射仪、激光能见度自动测量仪等测量仪器来测量。目测观察法的客观性和规范性相对较差。大气透射仪是通过光束透过两个固定点之间的大气柱直接测量大气柱透射率，以此来推算能见度的值。激光能见度自动测量仪是通过激光测量大气消光系数来进行能见度推算的。表 6-3 为能见度划分标准。

表 6-3 能见度划分标准

等级	划分标准	特征
1	能见度 20～30 km	能见度极好，视野清晰
2	能见度 15～25 km	能见度好，视野较清晰
3	能见度 10～20 km	能见度一般
4	能见度 5～15 km	能见度较差，视野不清晰
5	能见度 1～10 km	轻雾，能见度差，视野不清晰
6	能见度 0.3～1 km	大雾，能见度很差
7	能见度小于 0.3 km	重雾，能见度极差
8	能见度小于 0.1 km	浓雾，能见度极差
9	能见度不足 100 m	能见度为零

6.3.7.3 对飞行的影响

常见的对能见度造成影响的因素主要有雾、轻雾、烟幕、风沙、浮尘、霾和降水。

1. 雾、轻雾对飞行的影响

雾是指悬浮于近地面气层中的大量小水滴或小冰晶（高纬度地区出现冰晶雾），使能见度变差的现象。雾的能见度小于 1 km。轻雾是微小水滴或湿颗粒构成的灰白色稀薄雾幕，能见度小于 10 km。图 6-36 为雾，图 6-37 为轻雾。

图 6-36 雾

图 6-37 轻雾

机场有雾会妨碍无人机起飞和着陆，处理不好会危及飞行安全。航线上有雾会影响地标领航，影响无人机拍摄和侦察活动。

2. 烟幕对飞行的影响

烟幕是大量烟尘（一种固体颗粒气溶胶，一般由草原或森林火、工厂排放、火山爆发等原因造成）存在于空气之中，使水平能见度小于 10 km 的大气现象。图 6-38 为烟幕。

图 6-38 烟幕

烟幕对能见度影响很大。烟幕的高度一般在 500 m 以下，对驾驶员判断航线和跑道关系位置有很大影响，给驾驶员目视着陆带来困难。

3. 风沙、浮尘、霾对飞行的影响

风沙是指大量的尘土、沙粒被强风卷入空中使能见度小于 10 km 的现象。沙粒和无人机蒙皮之间的摩擦会产生静电，干扰无人机无线通信。沙粒被吸入发动机内会造成部件磨损、油路堵塞、仪表按键卡滞等，严重影响飞行安全。图 6-39 为风沙。

图 6-39 风沙

风沙、浮尘和霾主要是对低空飞行的直升机和小型无人机影响大，影响能见度，造成迷航和错觉。图 6-40 为浮尘，图 6-41 为霾。

图 6-40 浮尘

图 6-41 霾

4. 降水对飞行的影响

降水会影响无人机的观测能力，使得设备上形成水流或黏附的雪花，从而破坏能见度。当气温降到−4 ℃时，无人机结冰会影响飞行安全。在雨中飞行会导致电气设备接触不良或者短路，对无线电设备也有一定的干扰。

6.3.7.4 防范措施

能见度与无人机飞行活动有密切关系，能见度低会给驾驶员目视操纵无人机飞行造成困难，严重威胁无人机起飞和着陆安全。无人机着陆时要靠目视跑道标志和跑道等来定向和判断高度，如果能见度不高，目视有困难，起飞和着陆就会有危险。虽然现代机场和无人机都装有先进的导航、着陆设备，但能见度对飞行的影响仍然不能低估。防范措施如下。

（1）提前了解天气状况，把握天气变化趋势，根据情况（例如在秋冬季早晨有雾的情况下）做好盲降准备。

（2）尽量避免在烟幕中飞行，如无法避开，则应该打开盲降系统实施盲降。定期检查无人机重要部件的腐蚀情况，加强保养。

（3）在无人机上安装防尘防沙装置，实时把握天气状况。

（4）避免在大的降水或有雷电的云层中飞行。如果航线上有降水则需要改变飞行高度或者绕开降水区飞行。进入降水区前打开防结冰系统，时刻关注结冰状况。注意下雨着陆时跑道上水对着陆的影响，预防无人机滑出跑道。

本章练习

（一）选择题

1. 大气是由（　　）。

（A）78%的氮气、21%的氧气以及1%的其他气体组成

（B）75%的氮气、24%的氧气以及1%的其他气体组成

（C）78%的氮气、20%的氧气以及2%的其他气体组成

2. 地表和潮湿物体表面的水分蒸发进入大气就形成了大气中的水汽。大气中的水汽含量平均占整个大气体积的0～4%，并随着高度的增加而逐渐（　　）。

（A）增加

（B）不变

（C）减少

3. 对流层中的平均气温垂直递减率为（　　）。

（A）0.65 ℃/100 m

（B）6.5 ℃/100 m

（C）0.5 ℃/100 m

4. 平流层对航空活动有利的方面是（　　）。

（A）气流平稳，无恶劣天气，发动机推力增大

（B）气温低，无人机载重量增加，无人机真空速增大

（C）气流平稳，能见度好，空气阻力小

5. 气压一定时，气温露点的高低可以表示（　　）。

（A）空气的饱和程度

（B）空气中的水汽含量

（C）空气含水汽的能力

6. 气温、气压和空气湿度的变化都会对无人机性能和仪表指示造成一定的影响，这种影响主要通过它们对空气密度的影响而实现，下列（　　）描述正确。

（A）空气密度与气压成正比，与气温也成正比

（B）空气密度与气压成正比，与气温成反比

（C）空气密度与气压成反比，与气温成正比

7. 无人机按气压式高度表指示的一定高度飞行，在飞向低压区时，无人机的实际高度将（　　）。

（A）保持不变

（B）逐渐升高

（C）逐渐降低

8. 地面的地形和大的建筑物会（　　）。

（A）汇聚风的流向

（B）产生会快速改变方向和速度的阵风

（C）产生稳定方向和速度的阵风

9. 气温高低，对无人机滑跑距离的影响为（　　）。

（A）气温高时，空气密度小，无人机增速慢，无人机的离地速度增大，起飞滑跑距离要长

（B）气温低时，空气密度小，无人机增速快，无人机升力减小，起飞滑跑距离要长

（C）气温高时，空气密度大，无人机增速快，无人机升力增大，起飞滑跑距离要短

10. 相对湿度是指（　　）。

（A）空气中水汽含量与饱和水汽含量的百分比

（B）空气中水汽压与饱和水汽压的百分比

（C）空气中水分占空气总量的百分比

11. 积冰是指无人机机体表面某些部位聚集冰层的现象，积冰主要分为（　　）。

（A）冰、雾凇、霜

（B）明冰、毛冰、白冰

（C）坚冰、松冰、霜冰

12. 在下述各类无人机积冰中，对飞行影响最大的是（　　）。

（A）雾凇和毛冰

（B）明冰和毛冰

（C）毛冰和霜

13. 在山区飞行时应当注意，最强的乱流出现在（　　）。

（A）山谷中间

（B）山的迎风坡

（C）山的背风坡

14. 无人机在着陆时突然遇到逆风切变，会出现（　　）现象。

（A）无人机空速突然增大，升力增大，无人机上仰并上升到下滑线之上

（B）无人机高度下降，空速减小，未到正常着陆点即提前着陆

（C）无人机空速突然减小，升力减小，无人机将掉至正常下滑线以下

15. 从地球表面到外层空间，大气层依次是（　　）。

（A）对流层、平流层、中间层、电离层和散逸层

（B）对流层、平流层、电离层、中间层和散逸层

（C）对流层、中间层、平流层、电离层和散落层

（二）简答题

1. 什么是风切变？风切变包括哪些？风切变对无人机飞行有哪些影响？

2. 锋面天气包括哪些？锋面天气对无人机飞行有哪些影响？

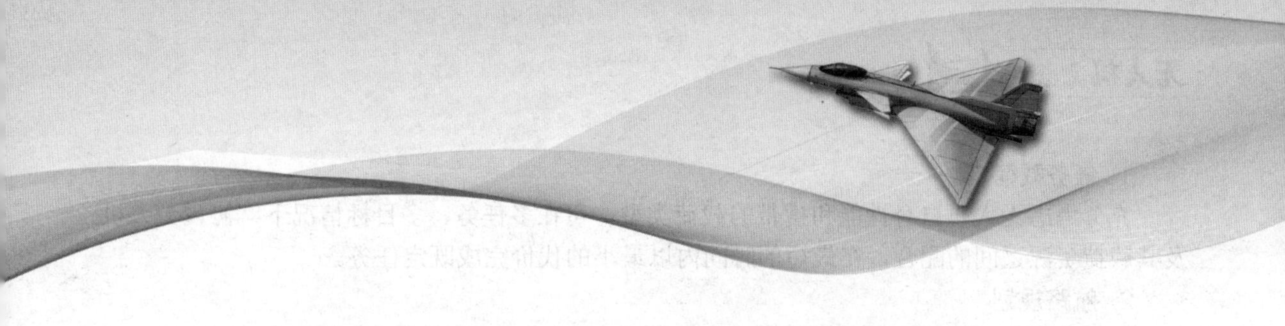

第7章　无人机任务规划

任务规划是无人机使用过程中的必要和关键环节，是指根据无人机航飞任务、无人机的类型和数量、航飞地理环境信息、航飞时间以及携带的任务载荷类型，对无人机制定飞行路线并进行任务分配，以保证无人机高效圆满地完成任务。无人机执行任务数据采集质量的关键在于任务规划的合理性和准确性。本章主要从无人机规划的概念与内容、任务规划的流程、航线规划3个方面来进行介绍。

思政目标

通过学习无人机任务规划相关知识，培养学生的系统科学思维能力，能够从全局出发进行构思的总体设计素养，培养质量第一的职业精神。

学习目标

1. 了解无人机任务规划的概念与内容。
2. 了解任务规划的流程。

7.1　无人机任务规划的概念与内容

7.1.1　无人机任务规划的概念

无人机任务规划通常是指根据无人机航飞任务、无人机的类型和数量、航飞地理环境信息、航飞时间以及携带的任务载荷类型，对无人机制定飞行路线并进行任务分配。因此，任务规划先于路径规划，任务规划是路径规划的基础。任务规划的主要目标是综合考虑无人机的性能、航飞时间、耗能、威胁以及飞行区域等约束条件，为无人机规划出一条或多条覆盖任务区的最优或次优航迹，最大限度地保证无人机高效、圆满地完成飞行任务。

无人机任务规划需要实现多种功能。

1. 任务载荷规划

充分考虑无人机自身性能和携带的载荷类型，可在多任务、多目标情况下，协调无人机及其载荷资源之间的配合，在最短的时间内以最小的代价完成既定任务。

2. 航路规划

航路规划也称航迹规划，是指在使无人机避开限制风险区域以及油耗最小的原则下，指定无人机的起飞、着陆、接近任务点和任务区域、离开任务点、返航及应急飞行等任务过程的飞行航迹。

3. 数据链路规划

根据频率管控要求及电磁环境特点，制定不同飞行阶段数据链路的使用策略规划，包括视距和卫星链路的选择、链路工作频段、使用区域、使用时间段、功率控制以及控制权交接等。

4. 应急处置规划

规划不同任务阶段的突发情况处置，针对性规划应急航路、返航航路、备降机场及链路问题应急处置等内容。

5. 任务推演与评估

能够实现飞行仿真表演、环境威胁表演、监测结果演示。可在数字地图上添加飞行路线，仿真飞行过程，检验飞行高度、油耗等飞行指标的可行性；可在数字地图上标示飞行禁区，使无人机在执行任务过程中尽可能避开这些区域；可进行基于数字地图的合成图像计算，显示不同坐标与海拔位置上的地景图像，以便地面驾驶员为执行任务选取最佳方案。

6. 数据生成加载

能够将任务载荷规划、航路规划、数据链路规划和应急处置规划等内容和结果自动生成任务加载数据，并通过数据加载或无线链路加载到无人机相关功能中。

7.1.2 无人机任务规划的内容

无人机任务规划的主要内容包括无人机的选择、飞行环境的选择和航线规划。

7.1.2.1 无人机的选择

执行任务时，在无人机选用上必须综合考虑无人机飞行性能、设备探测能力任务目标、任务区域和时间限制等因素。

1. 飞行性能

无人机的飞行性能是指无人机在飞行方面所具有的能力。飞行性能的优劣主要取决于无人机的机体结构、气动布局和发动机 3 个方面，一般用飞行半径、飞行速度、飞行高度、转弯半径、控制方式等项目来反映。

（1）飞行半径是指无人机在燃料或电量充足的情况下，往返飞行、执行任务能够达到的最远距离。它的大小与无人机的飞行状态、气象条件、任务要求有关。

（2）飞行速度是指无人机在空中飞行的速度。飞行速度有空速、地速之分。相对于空气的飞行速度称为空速；相对于地面的飞行速度称为地速。飞行速度还有最大、最小、巡航速度之分。

（3）飞行高度有绝对高度（海拔高度）、相对高度、真实高度之分。相对于海平面的飞行高度称为绝对高度；相对于起飞平面的高度称为相对高度；相对于地面的飞行高度称为真实高度。任务高度一般指的是真实高度。

（4）转弯半径是指无人机转弯时的最小半径。

（5）控制方式是指控制无人机飞行状态和工作状态的方法。对无线电控制而言，通常需要给出控制方法和控制距离。

2. 设备探测能力

设备探测能力是指无人机机载设备发现、识别和跟踪目标的能力。机载设备有照相、视频、红外、合成孔径雷达等多种设备，其探测能力从探测距离、探测范围、分辨率和工作环境方面来体现。

（1）探测距离是指机载设备的作用距离，通常在技术指标中给出发现距离和识别距离。

（2）探测范围是指设备同时探测到的区域，也就是机载设备一次能覆盖的最大探测范围，通常以视场角的形式给出。

（3）分辨率是指设备区分相邻两个目标的能力，分辨率有距离分辨率和角度分辨率。

（4）工作环境是指设备的适用工作条件，通常是指适用于白天还是夜间，是否能够在阴雨天、沙尘、高温等环境中进行工作。

3. 任务目标

任务目标是指无人机需要获取的目标及目标信息。对于测绘领域而言，目标信息特指目标的影像信息和位置信息。按目标的性质和种类的不同，任务目标也有不同的区分。

按目标是否有运动能力，任务目标分为固定目标和活动目标。其中，固定目标也称为静态目标，指那些自身不具有运动能力，又不便于移动的目标，例如车站、机场等，这类目标的位置参数通常固定不变。活动目标也称为动态目标，是指那些自身具有运动能力或者借助外力可移动的目标，例如汽车、无人机等，这类目标的位置参数经常发生变化。

按目标的形状不同，分为点状目标、线状目标和面状目标。点状目标是指那些尺寸不大、面积较小的目标，例如铁塔、旗杆等，这类目标的位置通常用一个点坐标来表示。线状目标是指那些形状是长条形或者折线、曲线的目标，例如河流，这类目标的位置通常需要用多个坐标点串联表示。面状目标指面积较大或分布面积较大的目标，例如农田、学校等，这类目标的位置通常需要用多个坐标点连成一个闭合区域边界表示。

目标特征不同，对于无人机提出的要求不同，因此需要考虑目标特征因素。

4. 任务区域

任务区域是指调查任务所覆盖的空间范围，该范围可能会随时间发生变化，是无人机执行任务在空间和时间上的表现形式。任务区域确定以后，根据目标区域范围大小、地形、气象等特征选择合适的无人机系统。

5. 时间限制

时间限制是由用户方和工作方共同协商确定的完成无人机执行任务的起止时间。在接收到工作任务后，通常需要经过组织准备、规划设计、任务实施、成果处理等阶段。对于不同任务、不同任务环境、不同无人机性能，在每一个阶段所需要的时间是不同的。例如，在应急救援时，无人机的测绘时间限制就要求非常短。因此，时间限制也是选择无人机类型要考虑的一个重要因素。

7.1.2.2　飞行环境的选择

无人机在执行任务时，会受到环境限制，例如禁飞区、障碍物、险恶地形等复杂地理环境，因此在飞行过程中需要尽量避开这些区域。飞行环境对无人机是否能够顺利完成任务起到至关重要的作用。

1. 场地勘察

作业人员需要对无人机执行任务的区域及其周围进行场地勘察，收集地形地貌、地表植被以及周边机场、重要基础设施、交通等信息，为无人机起降场地选择、航线规划、应急预案制定等提供材料。

2. 飞行环境分析

根据掌握的环境数据资料和无人机系统设备性能指标，判断飞行环境是否符合无人机的飞行，如不符合，应暂停或另选环境进行飞行。飞行环境条件需要考虑的因素如下。

（1）海拔高度。无人机的升限高度应该大于当地海拔高度加上航高。

（2）地形地貌条件。沙漠、戈壁、森林、草地、大面积的盐滩和盐碱地等反光强烈的地区，当地正午前后 2 h 内不应摄影；陡峭山区和高层建筑物密集的大城市应尽量避免阴影，应当在当地正午前后 1 h 内摄影。

（3）风向和风力。地面的风向决定了无人机的起飞和降落的方向，空中的风向决定了无人机作业的方向。风力对无人机平台的稳定性影响很大，进而影响无人机的成像质量。

（4）温度和湿度。当地的环境温度应在维持无人机设备正常工作的温度区间内。同时，当地的环境湿度应不影响无人机设备的正常工作。

（5）含尘量。起降场地地面的尘土不应影响无人机驾驶员对无人机起降和飞行姿态的观察。无人机在空中作业时，要保证能见度，确保数据采集的质量。

（6）电磁环境和雷电。保证无人机导航及数据链路系统工作正常，不受电磁干扰。

（7）云量、云高。无人机作业时，既要保证具有充足的光照度，又要避免过大的阴影。当云层较高时，可以实施云下作业。

3. 起降场地选择

不同类型的无人机起降方式不同，对飞行起降场地的要求也不同。需要综合考虑以下要求。

（1）起降场地相对平坦、通视良好。

（2）起降场地周围不能有高压线、高大建筑物、重要设施等。

（3）起降场地地面没有明显凸起的岩石块、土坎、树桩，无水塘、大型沟渠等。

（4）起降场地附近没有雷达、微波、无线电通信等干扰。如有干扰，需要重新选定起降场地。

（5）采用滑跑起飞、降落的无人机，滑跑路面条件应该满足其性能指标要求；采用手抛、弹射等起飞方式的无人机对地面要求较低，只需路面保持一定的平整度即可。

7.1.2.3 航线规划

无人机航线规划是指在一定的约束条件下，综合考虑无人机自身的性能（包括续航、最小转弯半径、最大俯仰角、升限等）和周围环境信息（如地面环境、大气环境等），为无人机规划从起始点出发，执行任务并完成返航的最优路径。

无人机航线一般分为 3 个部分，分别是前往任务区的航线、任务区域内的航线和返回降落区的航线。其中，前往任务区的航线和返回降落区的航线以规避危险因素为主。任务区域内的航线主要考虑成像质量和覆盖率的要求。

从时间上来进行划分，任务规划可以划分为预先规划（预规划）和实时规划（重规划）。预先规划是在无人机执行任务前，由地面站制定，需要综合任务要求、地理环境、无人机任务载荷等因素进行规划，其特点是约束和飞行环境给定，规划的主要目的是通过选用合适的算法谋求全局最优飞行航迹。实时规划是在无人机飞行过程中，根据实际的飞行情况和环境及其变化制定出一条可飞航迹，包括对预先规划的修改，以及选择应急的方案，其特点是约束和飞行环境实时变化。

任务规划系统需要综合考虑威胁、航程、约束等多种条件，采用快速航迹规划算法生成飞行器的安全飞行航迹。

7.2　任务规划的流程

任务规划的流程包括任务理解、环境评估、任务分配、航迹规划、航迹优化和航迹评价。

1. 任务理解

驾驶员在接收到上级下发的任务、命令，并进行查阅后，需要对所执行任务进行理解和分析。主要分析执行任务所在地理区域、时间区间、任务所包含的目标、各航点的位置和重要程度等。

2. 环境评估

环境评估主要是根据任务涉及的区域查询并显示地形概况、禁飞区障碍物分布情况及气象信息，为航迹规划提供环境依据。

3. 任务分配

任务分配提供可用的无人机资源和着陆点的显示，辅助驾驶员进行载荷规划、通信规划和目标分配。载荷规划包括携带的传感器类型、摄像机类型和专用设备类型等，规划工作时间及工作模式，同时需要考虑气象情况对设备的影响程度。通信规划包括在执行任务过程中需要根据情况的变化制定一些通信任务，调整与任务控制站之间的通信方式，等等。目标分配主要是指执行过程中实现动作的时间点、方式和方法，设定航点的时间节点、飞行高度、航速、飞行姿态以及配合载荷设备的工作状态与模式，当无人机到达该航点时实施航拍、盘旋等任务。

4. 航迹规划

航迹规划是实现无人机自动导航的一项关键技术，是人工智能及导航与制导领域中的重要研究方向之一，是指在目标分配的基础上，根据环境变化情况、无人机航速、飞行高度范围、设备性能、续航时间来制定无人机飞行的航迹，并申请通信保障和气象保障。

5. 航迹优化

航迹规划完成后，根据无人机飞行的性能、现场环境，对航迹进行调整和优化处理，制定出更优的、更加适合无人机飞行的航迹。

6. 航迹评价

航迹评价同样是任务规划系统中一项重要的内容，它的主要任务是根据航迹的主要参数指标和给定的航迹优劣标准，分析航迹的优劣程度。航迹评价是一个复杂的多因素决策问题，在多因素决策领域比较经典的方法包括简单加权法、层次分析法、逼近理想排序方法等。

7.3 航线规划

7.3.1 航线规划内容及功能

航线规划一般分为两步：首先是飞行前预规划，即根据既定任务，结合环境限制与飞行条件约束，从整体上制定最优参考路径；其次是飞行中重规划，根据飞行过程中遇到的具体情况，局部动态地调整飞行路径或改变动作任务。

航线规划的内容包括出发点、途经地点、目的地点位置信息、飞行高度和速度与需要达到的时间段。航线规划需要具备如下功能。

（1）具有标准飞行轨迹生成功能。可生成常用的标准飞行轨迹，存储到标准飞行轨迹数据中，以便在飞行过程中可以根据任务的需要使无人机及时进入和退出标准飞行轨迹。

（2）具有常规的飞行航线生成、管理功能。可生成对待定区域进行搜索的常规飞行航线，存储到常规航线库中，航线库中的航线在考虑了传感器特性、传感器搜索模式（包括搜索速度、搜索时间）和传感器观察方位（包括搜索半径、搜索方向、观测距离、观测角度）等多种因素后，可实现对目标的最佳探测。

7.3.2 航线规划参数

本节以低空数字航空摄影生产的航摄系统要求为例，以无人机飞行器摄影系统为准，以1:500、1:1 000、1:2 000 航测成图为主要目的来进行航摄参数介绍。

无人机飞行摄影系统采用 2 000 万像素以上框幅式小像幅数码相机以固定翼无人机、无人直升机、多旋翼无人机为飞行平台进行航空摄影。

1. 航摄分区的划分

划分航摄分区应遵循以下原则。

（1）分区接线应与图廓线相一致。

（2）分区内的地形高差不应大于 1/6 摄影航高。

（3）地形高度符合（2）的要求，且能够在确保航线直线性的情况下，分区的跨度应尽量划大，能完整覆盖整个摄区。

（4）当地面高差突变，地形特征差别显著或有特殊要求时，可以突破图廓划分航摄分区。

2. 地面分辨率的选择及航高

航高是指摄影机物镜中心 S 相对于某一基准面的高度。图 7-1 为航高示意图。

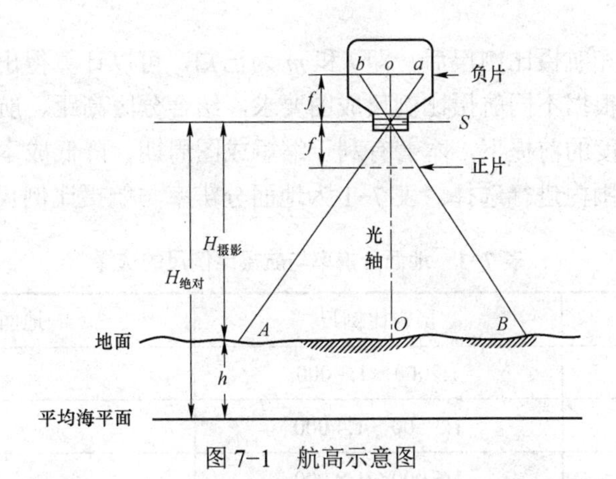

图 7-1　航高示意图

当摄影基准面为地面时，该高度为相对高度，公式如下：

$$H_{摄影}=\frac{f\times \mathrm{GSD}}{a} \tag{7-1}$$

其中：$H_{摄影}$ 为摄影航高，单位为 m；f 为镜头焦距，单位为 mm；a 为像元尺寸，单位为 mm；GSD 为地面分辨率，单位为 m。

当摄影基准面为海平面时，该高度为绝对高度，公式如下：

$$H_{绝对}=H_{摄像}+h_{ave} \tag{7-2}$$

$$h_{ave}=\frac{h_{max}+h_{min}}{2} \tag{7-3}$$

其中：绝对高度 $H_{绝对}$ 为摄影高度 $H_{摄像}$ 与地面平均海拔高度 h_{ave} 之和。

航摄像片上一线段 l 与地面上相应的水平距 L 之比为航摄比例尺（像片比例尺），即：

$$\frac{1}{m}=\frac{l}{L} \tag{7-4}$$

其中：m 为航摄比例尺分母。

图 7-2 为航摄比例尺对应关系，通过对应关系可推出：

$$\frac{f}{H}=\frac{l}{L} \tag{7-5}$$

$$\frac{f}{H}=\frac{1}{m} \tag{7-6}$$

$$H=fm \tag{7-7}$$

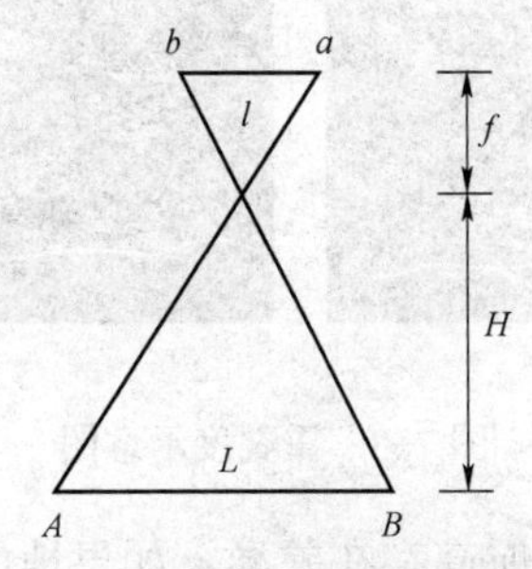

图 7-2　航摄比例尺对应关系

当选定了摄影机和航摄比例尺后，即 f 和 m 为已知，可以计算得出航高。各航摄分区基准边的地面分辨率应根据不同航摄比例尺成图要求，结合分区高距、航摄基高比以及摄影用途等，在确保成图精度的前提下，本着有利于缩短成图周期、降低成本、提高测绘综合效益的原则在表 7-1 的范围内进行选择。表 7-1 为地面分辨率与航摄比例尺的选择。

表 7-1　地面分辨率与航摄比例尺的选择

测图比例尺	摄影比例尺	地面分辨率/cm
1:500	1:2000～1:3 000	≤5
1:1 000	1:3 500～1:4 000	8～10
1:2 000	1:6 000～1:8 000	15～20

3. 摄影基准面重叠度

摄影基准面重叠度包含两个参数，分别为航向重叠度和旁向重叠度。同一条航线内相邻像片之间的重叠部分称为航向重叠，重叠部分与整个像幅长的百分比称为航向重叠度。相邻航带像片之间的影像重叠称为旁向重叠，重叠部分与像幅的长的百分比称为旁向重叠度。具体公式如下：

$$p'_x = (P_x / L_x) \times 100\% \tag{7-8}$$

$$q'_y = (P_y / L_y) \times 100\% \tag{7-9}$$

其中：p'_x、q'_y 为航摄像片的航向、旁向标准重叠度；P_x、P_y 为像片上重叠部分的长度和宽度；L_x，L_y 为像幅的长度和宽度。

我们在实现立体测图时，需要综合考虑像片上地物信息的完整性以及内业工作量大小等因素。航向重叠度一般规定为 60%，最小为 53%，最大为 75%。旁向重叠度一般规定为 30%，最小为 15%，最大为 50%。这种一般规定的重叠度适用于拍摄区域的平均平面概略数值。图 7-3 为重叠度示意图。

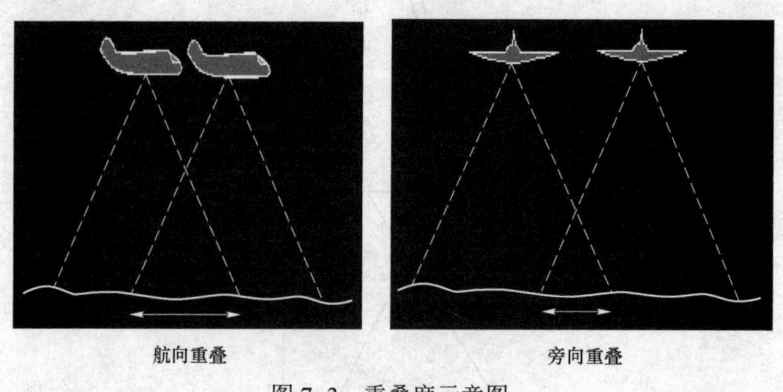

图 7-3　重叠度示意图

但实际上，实际航高与设计的航高存在差异。如果地面起伏不大，则实际重叠度通常不会小于一般规定的值。但是当地面起伏较大时，则在最高的地方可能达不到最小重叠度的要求。

在有地形起伏的区域，如果以地形低的地方为准则进行重叠度设置，则在地形低的地方重叠度大；在地形高的地方重叠度小，甚至会产生航摄漏洞。图 7-4 为航摄漏洞示例图。图 7-4 中线框内黑色的不规则区域就是航摄漏洞，该区域由于重叠度小于最小重叠度要求，而不能满足立体测图和图像拼接的需要，导致影像信息缺失。因此，我们在设置和检查重叠度时，要以最高地形为准。

图 7-4　航摄漏洞示例图

在实际应用过程中，在地形起伏较大区域设计重叠度应将地形起伏因素考虑进去。修正后的公式将高差引起的重叠度减小量进行了补偿，这样就可以保证像片立体测量和拼接的需要。修正后的公式为：

$$p_x = p'_x + (1 - p'_x)\Delta h / H \quad (7\text{–}10)$$

$$q_y = q'_y + (1 - q'_y)\Delta h / H \quad (7\text{–}11)$$

其中：p'_x、q'_y 为航摄像片的航向、旁向标准重叠度（以百分比表示）；Δh 为相对于摄影基准面的高差，单位为 m；H 为摄影航高，单位为 m。

4. 摄影基线间隔与航线间隔

摄影基线间隔是指相邻两个摄影物镜中心之间的距离。图 7-5 为摄影基线间隔示意图。

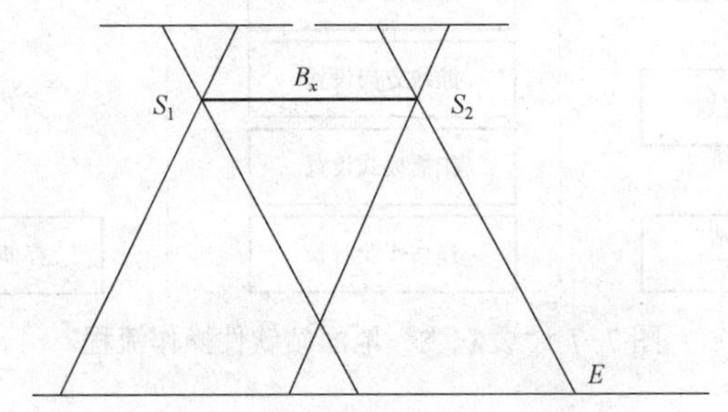

图 7-5　摄影基线间隔示意图

航线间隔是指相邻两条航线之间的距离。图 7-6 为航线间隔示意图。

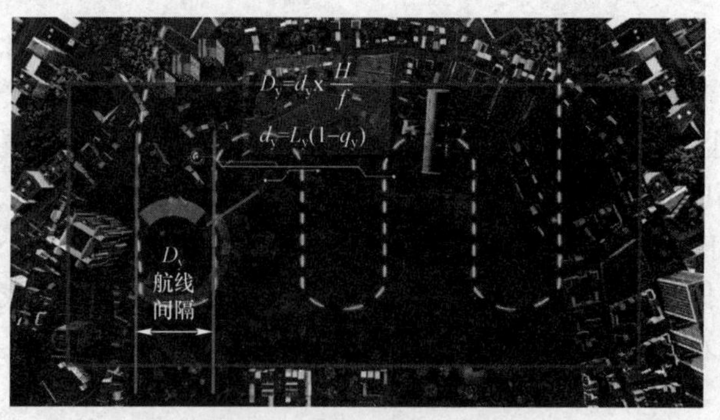

图 7-6　航线间隔示意图

5. 航线数

$$N_1=\text{int}\left(\frac{X}{B_x}\right)+5 \tag{7-12}$$

$$N_2=\text{int}\left(\frac{Y}{D_y}+0.5\right)+1 \tag{7-13}$$

其中：N_1 为航线数；N_2 为每条航线的像片数；X 为摄区长度；Y 为摄区宽度。

7.3.3　航线规划案例

无人机地面站软件类型繁多，不同类型无人机操作界面不同，但大部分界面主要包括两个，分别是数据库窗口和地图显示窗口。这里以北京艾尔思时代科技有限公司研发的“爱农飞”无人机地面站软件操作为例，展示航线规划的基本功能。

软件操作主要包括准备阶段、参数设置和档案存储。图 7-7 为“爱农飞”地面站软件操作流程。

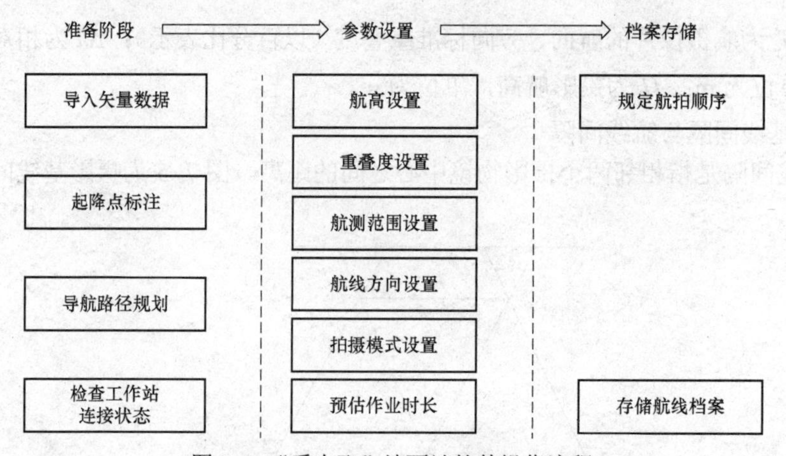

图 7-7　“爱农飞”地面站软件操作流程

7.3.3.1　准备阶段

1. 加载电子地图，导入矢量数据，检查工作站连接状态

电子地图在无人机航线规划中起到的作用是显示无人机飞行位置，画出无人机飞行轨迹，

标注规划点以及显示规划航迹等。电子地图可以直接安装于无人机地面控制站中，也可与其他地图软件（如高德地图、百度地图等）集成，通过网络进行调用。

为了能够更加准确地执行拍摄任务，导入精确的任务区矢量数据，以确定航拍区域。同时检查工作站和无人机的连接状态，确保任务的顺利执行。图 7-8 为“爱农飞”地面站软件显示的基础信息。

图 7-8 “爱农飞”地面站软件显示的基础信息

2. 起降点标注，导航路径规划

分析任务区及其周边情况，初步确定起降点，并利用导航地图来规划到达起降点的路径。起降点标注需要认真分析任务区周围环境，避开危险，选择通达性较好的地方。多旋翼无人机可以垂直起降，对于起飞场地的限制较少。固定翼无人机需要考虑安全飞行半径内不能有遮盖物。图 7-9 为起降点标注与导航路径规划。

图 7-9　起降点标注与导航路径规划

7.3.3.2　参数设置

参数设置方面主要根据 7.3.2 节进行相关参数计算。主要参数包括：根据测图比例尺来确定航高；根据任务区地形状况设置重叠度；根据任务区和成图需求来设置航测范围。在操作过程中，软件能够根据所设置数据自动生成航线，可进行飞行高度、旁向重叠度、航向重叠度的调整。为了保证任务区边界的成图需要，可以设置飞行外延，将任务区向外进行扩展。

可根据任务区形状和现场风向对航线方向进行角度调整。另外，需要根据航测范围来预估作业时长，保证无人机续航满足需求。图 7-10 为“爱农飞”地面站参数设置。

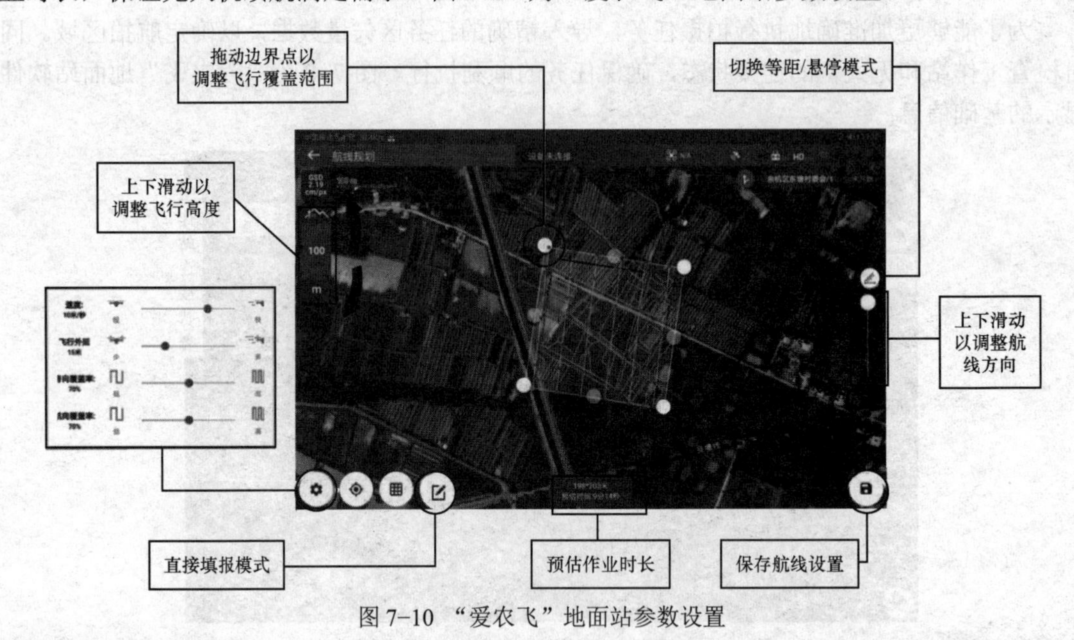

图 7-10 “爱农飞”地面站参数设置

7.3.3.3 档案存储

根据拍摄任务选择从远处拍摄区起飞，如果有多个拍摄区则选择多个拍摄区功能，程序将依次完成自动飞行任务。最后完成航线档案存储，将档案存储到服务器中进行备份，以便下一次执行任务时直接调取使用。图 7-11 为地面站档案存储界面。

图 7-11 地面站档案存储界面

本章练习

（一）选择题

1. 无人机（　　）是指根据无人机航飞任务、无人机的类型和数量、航飞地理环境信息、航飞时间以及携带的任务载荷类型，对无人机制定飞行路线并进行任务分配。

（A）航迹规划

（B）任务规划

（C）飞行规划

2. 任务规划的主要目标是依据地形信息和执行任务环境条件信息，综合考虑无人机的性能、到达时间、耗能、威胁以及飞行区域等约束条件，为无人机规划出一条或多条（　　）的（　　），保证无人机高效、圆满地完成飞行任务，并安全返回基地。

（A）自起点到终点，最短路径

（B）自起飞点到着陆点，最佳路径

（C）覆盖任务区，最优或次优航迹

3. 无人机任务规划需要实现的功能包括（　　）。

（A）自主导航功能，应急处理功能，航迹规划功能

（B）任务分配功能，航迹规划功能，仿真演示功能

（C）自主导航功能，自主起降功能，航迹规划功能

4. 无人机物理限制对飞行航迹有以下限制（　　），最小航迹段长度，最低安全飞行高度。

（A）最大转弯半径，最小俯仰角

（B）最小转弯半径，最小俯仰角

（C）最小转弯半径，最大俯仰角

5.（　　）限制了航迹在垂直平面内上升和下滑的最大角度。

（A）最小转弯半径

（B）最大俯仰角

（C）最大转弯半径

6. 从实施时间上划分，任务规划可分为（　　）。

（A）航迹规划和任务分配规划

（B）航迹规划和数据链路规划

（C）预先规划和实时规划

7.（　　）是在无人机执行任务前，由地面站制定，综合任务要求、地理环境、无人机任务载荷等因素进行规划，其特点是约束和飞行环境给定，规划的主要目的是通过选用合适的算法谋求（　　）飞行航迹。

（A）实时规划，航程最短

（B）预先规划，全局最优

（C）航迹规划，航时最短

8. 任务规划由（　　）等组成。

（A）任务接收、姿态控制、载荷分配、航迹规划、航迹调整和航迹评价

（B）任务理解、环境评估、任务分配、航迹规划、航迹优化和航迹评价

（C）任务分配、姿态控制、导航控制、航迹规划、航迹调整和航迹评价

9. 任务分配提供可用的无人机资源和着陆点的显示，辅助驾驶员进行（　　）。

（A）载荷规划、通信规划和目标分配

（B）链路规划、返航规划和载荷分配

（C）任务规划、返航规划和载荷分配

10. 航线规划一般分两步：首先是飞行前（　　），其次是飞行中（　　）。

（A）预先规划，在线规划

（B）预先规划，实时规划

（C）预规划，重规划

11.（　　）是飞行重规划要考虑的内容。

（A）已知威胁区域

（B）未知威胁区域

（C）无人机自身约束条件

（二）简答题

1. 简述无人机任务规划的内容。

2. 简述任务规划的流程。

第 8 章　无人机飞行管理

近年来，随着无人机的广泛使用，无人机干扰航班和造成人民群众财产损失的事件层出不穷（如成都双流机场发生的“无人机扰航”事件等）。无人机“黑飞”事件是对公共安全的直接威胁，其对飞行安全造成的潜在威胁不容忽视。为保障无人机在空中安全有效飞行，其飞行活动必须遵守空中交通规则，接受专门机构的指挥与调度。因此我们有必要学习空中交通管制空域与飞行计划申请相关内容，以增强法律意识，培养按章操作、安全生产的意识。

思政目标

通过学习无人机飞行管理相关法律法规，树立较强的法律、安全、环保意识，培养良好的职业道德。

学习目标

1. 了解空中交通管制和无人机飞行管理体系。
2. 了解空域与飞行计划申请。

8.1　空中交通管制

8.1.1　空中交通管制的内涵

空中交通管制是国家在平时或战争情况下对领空或某一空域一切飞行活动实施的统一监督、管理和控制的统称，又称航空管制。飞行器要在有限的空间、时间条件下起飞、降落和飞行，并受诸多因素的限制和影响。人们通过实践以及飞行事故的痛苦教训，逐步形成一套管理空中飞行的规章制度和组织。

（1）利用通信、导航技术和监控等专业手段对飞机飞行活动进行监视、控制与指挥，从而保证飞机安全飞行，使飞机按照一定线路有秩序飞行。

（2）把飞行航线的空域划分为不同的管理空域（包括航路、飞行情报管理区、进近管理区、等待空域管理区等），并按管理区的范围与情况选择不同雷达设备对飞机进行管制。

（3）在管理空域内进行飞机间水平和垂直方向间隔划分

（4）由导航设备、雷达系统、通信设备和地面控制中心组成空中交通管理系统，监视、识别、引导覆盖区域内飞行器，保证其正常安全飞行。

8.1.2 管制部门

管制部门分为航路交通管制中心、进近管制室和飞机场管制塔台。

1. 航路交通管制中心

航路交通管制中心也称区域管制中心，对所管制的飞机沿航路和在空域其他部分飞行时进行引导和监视。每一个区域管制中心均有一个明确的地理区域，它把所管辖的地理区域分为若干个扇区。如果备有雷达设备，这一雷达须能探测整个扇区，并能监视扇区内飞机间的间隔。飞机机组和管制员之间的联系用无线电话。在标明本中心的管制区域界限的边界点上，飞机被交给相邻的航路交通管制中心或交给进近管制室。

2. 进近管制室

进近管制是管制从飞机场管制塔台的边界至距离飞机场 50～100 km 范围内，从航路交通管制中心把飞机接收过来，并将其引导到所管辖飞机场中的一个飞机场。在提供这样的引导时，要按顺序安排好飞机，使它们均匀地和有秩序地飞往目的地。进近管制室对所管辖的区域也分为若干个扇区，以均分管制员的工作负担。当飞机飞向或飞离飞机场大约 10 km 时，进近管制室将到达的飞机交给飞机场管制塔台或飞机场管制塔台将飞离的飞机交给进近管制室。当进近管制设有雷达时，称为航站雷达进近管制。

3. 飞机场管制塔台

飞机场管制塔台对飞机场上和在飞机场区域内所规定的空域内起飞和降落的飞机进行管制，向机组提供关于风、气温、气压等气象要素和飞机场上有关飞行的情报以及管制在地面上除停放场地外所有的飞机。

航路交通管制中心和进近管制室可以设在飞机场的航管楼内，也可以在飞机场外单建。飞机场管制塔台有的是独立建筑，有的是建在航管楼的顶层。小型飞机场一般将进近管制的任务并在飞机场管制塔台内，不单建进近管制室。飞机场管制塔台应布置在便于观看升降带飞机起飞和降落的地方，最好设在跑道中部附近，结合航站区的规划布置，并服从飞机场的总体规划。

8.1.3 管制区域

为实行空中交通管制，需要在飞行航线上划定不同的管制区域，如航路、空中走廊、航站管制区、塔台管制区和等待空域管制区等。

航路是可航行空域中的标志性通道，连接机场与空中交通管制交点。航路通常在飞行频繁的大城市之间划设。沿航路一定距离及转弯点都有导航设施，连接各个导航设施的直线就构成航路中心线。航路规定有上限高度、下限高度和宽度，宽度取决于导航设施配置的间距和性能，一般不是固定的，中国除沈阳到长春和无锡到合肥等少数航路较窄外，其余航路的宽度均为距中心线两侧各 10 km。沿航线飞行的飞机都要在航路内飞行，并接受管制。

空中走廊是为飞机进出某地区而划定的具有一定宽度的空中通道，通常设在飞行频繁的城市附近上空以及国际航线通过的边境地带上空，与航路相连接。走廊宽度一般为 8～10 km，长度离机场 100 km 左右。飞机在走廊内飞行必须保持规定的航向和高度，严格遵守管理员的指挥。

为确定各空中交通管制中心管辖的范围，将航路通过的区域又划分管制区。在管制区飞行的飞机，必须服从这一区域空中交通管制中心的管制。管制区的下限高度一般高于地面 200 m。

航站管制区通常为以机场为中心、半径 50～100 km 范围内的空域，但不包括机场塔台所管制的范围。该管制区主要对进场和离场的飞机进行管制。

塔台管制区是以机场为中心、半径 9 km 左右由地面向上延伸的圆柱形空间。该管制区的职能是维持机场秩序，指挥飞机滑行、起飞和着陆，防止飞机发生碰撞。

由于机场起降航线拥挤或气象原因，飞机不能立即着陆时，为这些飞机划定的一个飞行区域叫等待空域。等待着陆的飞机可在该空域内盘旋飞行，然后按由低到高的顺序逐层下降着陆。等待空域一般设在全向信标台附近。

8.1.4　管制过程

1. 放行管制

放行管制又称放行许可，负责对包括飞行目的地、使用跑道、飞行计划航路、巡航高度、离场程序、应答机编码在内的项目进行确认管理，有时还应该包括起始高度、离场频率、特殊要求等。获准放行许可后，飞机开始做起飞前准备，都准备好后，请求推出许可。放行管制内容还包括按规定与相关管制单位协调以及移交管制。

2. 地面管制

地面管制主要负责对飞机推出、发动机启动、地面牵引或滑行进行管理。地面滑行管理主要包括对滑行道、滑行速度、滑行间距、滑行到达的跑道号、等待位置等进行管理，对着陆后的飞机，负责引导滑行至指定的停机位置。按规定与相关管制单位协调以及移交管制。

3. 塔台管制

塔台管制主要负责对飞机起飞、上升、下降和着陆进行管理。塔台管制要合理调配和控制航空器之间的间隔，准确发布起飞、上升、下降、着陆等管制指令，并按规定和协议实施管制协调和移交等。对一些吞吐量比较小的机场，可以将地面管制归并到塔台管制。

4. 离场/进近管制

离场/进近管制主要负责航路空域和机场空域之间的飞行转换管理。离场管制负责对起飞离场加入航路的航空器提供空中交通管制服务，一般都有一套标准离场程序。在这套程序中包括飞机飞离机场时的航向、高度、转弯地点、时间等。管制员仅需控制飞机的飞行间隔，飞机按照这个程序就可以飞离机场进入航线。进近管制负责对进场着陆的航空器提供空中交通管制服务，在飞机准备从航路上下降时，管制员把飞机引导到仪表着陆系统的作用范围内，并移交给塔台管制员。也可以设计一套标准进场程序，使飞机可以按照一条标准路线进近，驾驶员使用某个机场时必须预先熟悉它的标准离场、进场程序。进近管制工作比较繁忙的机场都有几位进近管制员同时提供进近管制服务。

5. 区域管制

区域管制又称区调，主要负责向本管制区内受管制的航空器提供空中交通管制服务，其负责管理的空域面积大，需要对空军计划、航班动态、资源管理、航行情报、气象情报、卫星云图、通航计划等信息进行管理。其中航班动态主要包括飞机的航班号、离地面的高度、地速和目的地机场等。

8.2 空域与飞行计划申请

8.2.1 空域

空域是根据飞行训练和作战的需要而划定的一定范围的空间，是航空器运行的环境。空域组成要素包括一定的空间范围、位置点、航路或航线、飞行高度、方向、位置和时间等限制，以及通信导航和监视设施。

为满足公共运输航空、通用航空、军事航空的不同需求，需要对空域进行分类，以确保空域的安全合理和充分有效利用。

国际民航组织（International Civil Aviation Organization，ICAO）将空域划分为七类，分别是 A、B、C、D、E、F、G，如表 8-1 所示。

表 8-1 国际民航组织空域划分

空域种类	飞行种类	能飞行种类	提供的服务类型	能见度及云的距离	速度限制
A	IFR	所有飞行	空中交通管制服务	无	无
B	IFR	所有飞行	空中交通管制服务	无	无
	VFR	所有飞行	空中交通管制服务	3 050 m 及其以上 8 km，3 050 m 以下 5 km；无云	无
C	IFR	IFR 与 IFR，IFR 与 VFR	空中交通管制服务	无	无
	VFR	VFR 与 IFR	1. IFR 与 IFR 间隔服务；2. VFR 与 VFR 间的活动信息（根据要求提供活动避让警告）	3 050 m 及其以上 8 km，3 050 m 以下 5 km；距云水平距离 1 500 m，垂直距离 300 m	3 050 m 以下表速度 250 节
D	IFR	IFR 与 IFR	目视和仪表飞行间的活动信息（含因要求提供的活动避让警告）	无	3 050 m 以下表速度 250 节
	VFR	无	目视和仪表飞行间的活动信息（含因要求提供的活动避让警告）	3 050 m 及其以上 8 km，3 050 m 以下 5 km；距云水平距离 1 500 m，垂直距离 300 m	3 050 m 以下表速度 250 节

续表

空域种类	飞行种类	能飞行种类	提供的服务类型	能见度及云的距离	速度限制
E	IFR	IFR 与 IFR	空中交通管制服务，尽可能提供有关目视飞行的活动信息	无	3 050 m 以下表速度 250 节
	VFR	无	尽可能提供活动信息	3 050 m 及其以上 8 km，3 050 m 以下 5 km；距云水平距离 1 500 m，垂直距离 300 m	3 050 m 以下表速度 250 节
F	IFR	尽可能保证 IFR 与 IFR 间的间隔	空中交通咨询服务，飞行情报服务	无	3 050 m 以下表速度 250 节
	VFR	无	飞行情报服务	3 050 m 及其以上 8 km，3 050 m 以下 5 km；距云水平距离 1 500 m，垂直距离 300 m；900 m 及以下 5 km	3 050 m 以下表速度 250 节
G	IFR	无	飞行情报服务	无	3 050 m 以下表速度 250 节
	VFR	无	飞行情报服务	3 050 m 及其以上 8 km，3 050 m 以下 5 km；距云水平距离 1 500 m，垂直距离 300 m；900 m 及以下 5 km	3 050 m 以下表速度 250 节

其中：IFR 为仪表飞行规则，一般用于高空飞行和恶劣天气情况下。VFR 为目视飞行规则，在 IFR 不可用时使用。

目前民用空域分为飞行情报区、空中交通服务空域、禁航区、限制区和危险区。

1. 飞行情报区

飞行情报区（flight information region）是指能够区分各个国家或者地区在该区的航管及航空情报服务的责任区，是为提供飞行情报服务和告警服务而划定范围的空域。飞行情报区是由国际民航组织进行划分的，与领空、领海主权无关。

我国境内划设了 11 个飞行情报区（括号为其 ICAO 代号）。

东北地区：沈阳飞行情报区（ZYSH）。

华北地区：北京飞行情报区（ZBPE）。

华东地区：上海飞行情报区（ZSHA）、台北飞行情报区（RCAA）。

中南地区：武汉飞行情报区（ZHWH）、广州飞行情报区（ZGZU）、香港飞行情报区（VHHK）、三亚飞行情报区（ZJSA）。

西南地区：昆明飞行情报区（ZPKM）。

西北地区：兰州飞行情报区（ZLHW）、乌鲁木齐飞行情报区（ZWUQ）。

2. 空中交通服务空域

空中交通服务空域（air traffic service airspace）分为管制空域和非管制空域。

1）管制空域

管制空域（control area）是一个划定的空间，在其中飞行的航空器接受空中交通管制服务，根据空域内航路结构和通信导航能力、监视能力，我国将其分为A、B、C、D四类。

A类空域为高空管制空域，在中国境内，6 600 m（含）以上直至巡航高度层上限的空间划分为若干个高空管制空域，只允许IFR飞行，由高空区管制室负责。

B类空域为中低空管制空域，在中国境内6 600 m（不含）以下至最低高度层以上的空间划分为若干个中低空管制空域，接受IFR飞行和VFR飞行，并对在其中飞行的航空器提供空中交通管制。VFR飞行须经航空器驾驶员申请并经中低空管制室批准。

C类空域为进近管制空域，指在一个或几个机场附近的航路汇合处划设的便于进场和离场航空器飞行的管制空域。

D类空域为塔台管制空域，通常包括起落航线、第一等待高度层（含）及其以下地球表面以上的空间和机场机动区。

2）非管制空域

非管制空域（uncontroled airspace）是指未被指定为管制空域的空域，在该空域内不提供空中交通管制服务，但需要申报飞行计划和飞行动态。

3. 禁航区

禁航区（prohibited area）又称禁飞区，指的是某一地的上空，禁止任何未经特别申请许可的航空器（包括固定翼飞机、直升机、热气球等）飞入或飞越的空域。

4. 限制区

限制区（restricted area）是限制、约束等级比危险区高，又比禁飞区低的一种空域，在该空域内飞行并非绝对禁止，而是要看是否危险。除遵守规定的限制条件外，不得飞入限制区。

5. 危险区

危险区（danger area）是指在规定时限内，对航空器飞行存在危险而划定的空域。在规定时限内，禁止无关航空器飞入危险区；在规定时限外，允许符合条件的航空器飞入危险区。

8.2.2 飞行计划申请

目前我国民用遥控监视航空器系统使用的空域包括融合空域和隔离空域。为了加强民用无人驾驶航空器飞行活动的管理，规范其空中交通管理，需要根据有关法律法规（如《民用无人机驾驶航空器系统空中交通管理办法》和《无人机驾驶航空器飞行管理暂行条例（征求意见稿)》），对航路航线、进近和机场管制地带等空域内或对以上空域内存在影响的民用驾驶航空器系统活动进行空中交通管理，内容包括评估管理、交通服务和无线电管理三个方面，以规避碰撞风险。

1. 隔离空域

民用无人驾驶航空器飞行应当为其单独划设隔离空域，明确水平范围、垂直范围和使用时段。可在民航使用空域内临时为民用无人机驾驶航空器划设隔离空域。飞行密集区、人口稠密区、重点地区、繁忙机场周边空域原则上不划设民用无人机驾驶航空器飞行空域。

隔离空域边界原则上与其他航空器使用空域边界水平距离不小于10 km；垂直间隔不小于2 km。

隔离空域申请由申请人在拟使用空域7个工作日前向有关飞行管制部门提出；负责批准

该隔离空域的飞行管制部门应当在拟使用隔离空域3个工作日前做出批准或不予批准的决定，并通知申请单位或者个人。

1）隔离空域申请内容

隔离空域申请应包括以下内容：

（1）使用单位或者个人；

（2）无人机类型及主要性能；

（3）飞行活动性质；

（4）隔离空域使用时间、水平范围、垂直范围；

（5）起降区域或者坐标；

（6）飞入、飞出隔离空域方法；

（7）登记管理的信息等。

2）批准权限相关规定

划设无人机隔离空域，按照下列规定的权限批准：

（1）在飞行管制分区内划设的，由负责该分区飞行管制的部门批准；

（2）超出飞行管制分区在飞行管制区内划设的，由负责该管制区飞行管制的部门批准；

（3）在飞行管制区间划设的，由空军批准。

批准划设隔离空域的部门应当将划设的隔离空域报上一级飞行管制部门备案，并通报有关单位。

无人机隔离空域的使用期限，应当根据飞行的性质和需要确定，通常不得超过12个月。

因飞行任务需要延长隔离空域使用期限的，应当报经批准该隔离空域的飞行管制部门同意。

隔离空域飞行活动全部结束后，空域申请人应当及时报告有关飞行管制部门，其申请划设的隔离空域即行撤销。

已划设的隔离空域，经飞行管制部门同意后，其他单位或者个人也可以使用。

2. 飞行计划

从事无人机飞行活动的单位或者个人实施飞行前，应当向当地飞行管制部门提出飞行计划申请，经批准后方可实施。飞行计划申请应当于飞行前1日15时前，向所在机场或者起降场地所在的飞行管制部门提出；飞行管制部门应当于飞行前1日21时前批复。

国家无人机在飞行安全高度以下执行作战战备、反恐维稳、抢险救灾等飞行任务，可适当简化飞行计划审批流程。

微型无人机在禁止飞行空域外飞行，无需申请飞行计划。轻型、植保无人机在相应适飞空域飞行，无需申请飞行计划，但需向综合监管平台实时报送动态信息。

1）无人机飞行计划申请内容

无人机飞行计划申请内容通常包括：

（1）组织该次飞行活动的单位或者个人；

（2）飞行任务性质；

（3）无人机类型、架数；

（4）通信联络方法；

（5）起飞、降落和备降机场（场地）；

（6）预计飞行开始、结束时刻；
（7）飞行航线、高度、速度和范围，进出空域方法；
（8）指挥和控制频率；
（9）导航方式，自主能力；
（10）安装二次雷达应答机的，注明二次雷达应答机代码申请；
（11）应急处置程序；
（12）其他特殊保障需求。

有特殊要求的，应当提交有效任务批准文件和必要资质证明。

2）批准权限相关规定

无人机飞行计划按照下列规定权限批准：
（1）在机场区域内的，由负责该机场飞行管制的部门批准；
（2）超出机场区域在飞行管制分区内的，由负责该分区飞行管制的部门批准；
（3）超出飞行管制分区在飞行管制区内的，由负责该区域飞行管制的部门批准；
（4）超出飞行管制区的，由空军批准。

使用无人机执行反恐维稳、抢险救灾、医疗救护或者其他紧急任务的，可以提出临时飞行计划申请。临时飞行计划申请最迟应当于起飞前 30 min 提出，飞行管制部门应当在起飞前 15 min 批复。

本章练习

（一）选择题

1. 空域管理的具体办法由（　　）制定。
（A）民用航空局
（B）中央军事委员会
（C）国务院和中央军事委员会

2. 在一个划定的管制空域内，由（　　）负责该空域内的航空器的空中交通管制。
（A）军航或民航的一个空中交通管制单位
（B）军航和民航的各一个空中交通管制单位
（C）军航的一个空中交通管制单位

3. 关于民用航空器使用禁航区的规定是（　　）。
（A）绝对不得飞入
（B）符合目视气象条件方可飞入
（C）按照国家规定经批准后方可飞入

4. 空中交通管制单位为飞行中的民用航空器提供的空中交通服务中含有（　　）。
（A）飞行情报服务
（B）机场保障服务
（C）导航服务

5. 民用航空器的适航管理由（　　）负责。
（A）民航局

（B）国务院

（C）中央军委

6. 飞行计划申请的内容包括（　　）。

（A）任务性质、航空器型别、装载情况、飞行范围、起止时间、飞行高度和飞行条件

（B）任务性质、航空器型别、飞行范围、起止时间、飞行高度和飞行条件

（C）任务性质、航空器型别、装载情况、起止时间、飞行高度和飞行条件

7. 航空器使用航路和航线，应当经（　　）同意。

（A）负责该航路和航线的飞行管制部门

（B）空中交通管理局下属的区域管制部门

（C）中国人民解放军空军

8. 我国管制空域包括 A、B、C、D 四类空中交通服务空域。每一空域都是一划定范围的三维空间，其中（　　）空域是中低空管制空域，为 6 600 m（含）以下至最低高度层以上的空间。

（A）A 类

（B）B 类

（C）C 类

（二）简答题

1. 隔离空域申请包括哪些内容？

2. 飞行计划申请包括哪些内容？

习题参考答案

第1章　无人机概述

（一）单选题

1. C　2. B　3. B　4. A　5. A
6. B　7. A　8. A　9. B　10. B
11. C　12. A　13. C　14. C

（二）简答题

略

第2章　无人机构造

（一）单选题

1. B　2. B　3. C　4. B　5. C
6. B　7. C　8. A　9. B　10. B

（二）填空题

（1）分布载荷、集中载荷
（2）翼梁、纵墙、桁条
（3）蒙皮骨架式、整体壁板式、夹层式
（4）全铰式、无铰式、半铰式、无轴承式
（5）收放动作筒、撑杆、机轮、铰链、减震支柱

（三）简答题

略

第3章　无人机系统组成

（一）单选题

1. A　2. A　3. A　4. A　5. B
6. C　7. A　8. A　9. C　10. C
11. C　12. A　13. C

（二）填空题

（1）执行机构

（2）无人机动力系统
（3）无人机地面站系统
（4）1 045
（三）简答题
略

第 4 章　无人机飞行原理

（一）单选题

1. B	2. C	3. B	4. B	5. C
6. B	7. C	8. B	9. A	10. C
11. A	12. C	13. A	14. A	15. C
16. B	17. B	18. C	19. A	20. A

（二）简答题
略

第 5 章　无人机飞行性能

（一）选择题

1. A	2. C	3. A	4. B	5. A
6. A				

（二）简答题
略

第 6 章　航空气象

（一）选择题

1. A	2. C	3. A	4. C	5. B
6. B	7. C	8. B	9. A	10. B
11. A	12. B	13. A	14. A	15. A

（二）简答题
略

第 7 章　无人机任务规划

（一）选择题

1. B	2. C	3. B	4. C	5. B
6. C	7. B	8. B	9. A	10. C
11. B				

（二）简答题
略

第8章　无人机飞行管理

（一）选择题

1. C	2. A	3. C	4. A	5. A
6. B	7. A	8. B		

（二）简答题

略

参 考 文 献

[1] 孙毅. 无人机驾驶员航空知识手册[M]. 北京：中国民航出版社，2014.
[2] 贾玉红. 无人机系统概论[M]. 北京：北京航空航天大学出版社，2020.
[3] 钟伟雄，韦凤，邹仁，等. 无人机概论[M]. 北京：清华大学出版社，2019.
[4] 全广军，康习军，张朝辉. 无人机及其测绘新技术探索[M]. 长春：吉林科学技术出版社，2019.
[5] 万刚. 无人机测绘技术及应用[M]. 北京：测绘出版社，2015.
[6] 贾玉红. 航空航天概论[M]. 北京：北京航空航天大学出版社，2018.
[7] 谢辉. 无人机应用基础[M]. 西安：西北工业大学出版社，2018.
[8] 陈康，刘建新. 直升机结构与系统（ME-TH、PH）[M]. 北京：清华大学出版社，2016.
[9] 王永虎. 直升机飞行原理[M]. 成都：西南交通大学出版社，2017.
[10] 陈金良. 无人机飞行管理[M]. 北京：航空工业出版社，2007.
[11] 杨华保，王和平，艾剑良. 飞机原理与构造[M]. 西安：西北工业大学出版社，2016.
[12] 于坤林，陈文贵. 无人机结构与系统[M]. 西安：西北工业大学出版社，2016.